THE LAST WALK
ラストウォーク
愛犬オディー最後の一年

ジェシカ・ピアス Jessica Pierce　栗山圭世子 訳

新泉社

The Last Walk: Reflections on Our Pets at the End of Their Lives
by Jessica Pierce

Licensed by The University of Chicago Press, Chicago, Illinois, U.S.A.
through Japan UNI Agency, Inc., Tokyo

オディーを偲んで

もくじ

凡例

・説明が必要だと思われる箇所は、訳註として〔　〕の中に記した。
・地域、場所、施設、団体、その他の名称などは、わかりやすくするため〈　〉で括った。
・本文中に出てくる書名は、日本語版があるものはそちらを記した。
・日本語版がある書物の引用文については、必ずしも日本語版によらず、本書の原書にもとづいて訳した箇所がある。
・統計学的数字、薬品の種類、ホームページのＵＲＬ、その他の情報は、二〇一二年当時のものである。
・原書での明らかな誤植は適宜修正を加えた。
・原書の巻末にあった註は、註番号ではなくページ番号で対照しているので、本書もそれにならった。

装幀　松田行正＋杉本聖士

第一章
終局への旅

オディーが足を引きずりながら廊下を歩き、オフィスの出入口までやってきました。そこに立ったまま、濁った茶色の目で、オフィスの中にいるわたしをじっと見つめています。以前のように部屋の中まで入ってきて、わたしの膝に鼻づら《マズル》をのせたり、手を下からくいっと鼻で押しあげたりすることはもうありません。挨拶がきちんとできなくなったオディー。ちがう世界に住んでいるのだ、とあらためて思い知らされる瞬間です。

わたしは椅子をくるりと回して振り向き、オディーの名前を呼びます。オディーは近寄ってきませんが、太くて短い尻尾をぱたぱたと振っているので、ちゃんと聞いているのがわかります。毎日、こんなやりとりを繰り返しているため、次にオディーが何をするかということもわかるようになりました。鼻を鳴らしながら咳きこむと、ゆっくり身体の向きを変えて、廊下を戻ろうとします。カチンカチンと爪が床に当たる音を聞けば、どこに向かうつもりなのかわかります。けれども、もう少しここにいてほしいのです。

わたしは立ち上がって出入口まで行き、膝をついて、オディーの顔を両手ではさみました。それから、ビロードのような長い耳を触り、両手を身体のラインにそって滑らせます。すると、あちこちにできた柔らかいこぶに触れます。まるで、特人の点字のようなこぶ。かかりつけの獣医の話では、脂肪のかたまり、脂肪腫と呼ばれるものだそうです。見てくれが悪いかもしれませんが、害はなく、老化現象のひとつです。たとえ、こぶやいぼや白髪があっても、わたしの目に映るオディーは、いまもハンサムなまま、変わりありません。

いつものスキンシップを繰り返してから、わたしは頭を下げて、自分の鼻をオディーの鼻にくっつけます。オディーの鼻がずっと大好きでした。毛の色にびっくりするほどよく似た赤褐色の鼻。目を閉じたまま、冷たくてざらざらした感触を味わいました。息を嗅げば、歯が欠けたりすり減ったりしていることや、年とともに歯茎が減っていることがわかります。鼻と鼻をくっつけたまま、しばらくしてから、立ち上がり、仕事に戻ります。オディーはカチンカチンと音を立てながら、足を引きずって廊下を歩いていきました。

十四歳になったばかりですが、たまに散歩している姿を見れば（歩くときは気分が良いときだけで、そういうとき以外は家から出ようとしない）、老犬だとわかるはずです。後ろ足は衰えて弱くなり、立ち上がっても、腰を浮かせたお座りにしか見えません。数歩進むたびに、片方の後ろ足をうまく動かせなくなり、肉球ではなくて指の関節を地面に着いてしまいます。すると、体重を支えられないため、ふらつきながらしゃがみこんでしまうのです。これは神経機能障害によって、脳が誤った信号を後ろ足に送っている可能性が考えられます。この症状は「認知機能障害症候群」と呼ばれるものです。つまり、オディーは認知症なのです。

オディーの死が間近に迫っています。命の終わりが近づくにつれて、オディーにとって、どんな死に方が良いのかが、ますますわからなくなりました。悪い死に方というのは、かなりはっきりとしています。世界中であまりに多くの動物が、悪い死に方をさせられています。恐れながら、痛みに苦しみながら、ひとりぼっちで、もしくは見知らぬ人たちに囲まれて、死んでいくのです。

それでは、良い死に方とはどういうものなのでしょうか？　わたしが本を読んだり、人と話したりしてわかったのは、いずれオディーにとって生きることが重荷になるときが来ること、その重荷から逃れたいという思いを、オディーが伝えてくれるだろうということ。そのときが来たら、わたしはオディーを動物病院に連れていくでしょう。すると、親切なスタッフがオディーにすばやく、それでいて痛くないように優しく注射針を刺すでしょう。けれども、このシナリオの何かが心にひっかかるのです。良心の呵責のようなものを感じるのです。オディーがのろのろと足を引きずりながら、目に見えない終わりに近づけば近づくほど、抵抗を感じるようになりました。

オディーは安楽死よりも〝自然な死〟を望んでいるのだろうか？　どうして人間が安楽死させられることには嫌悪感を抱くのに、動物となると、安楽死をさせなければならないと思ってしまうのか？　もしも安楽死が良い死に方をさせてあげようという気持ちから出た行為なら、愛する人たちにも、もっと安楽死をさせてあげるべきなのではないだろうか？

わたしは悩んでいます。はたして、オディーの合図に気づくことができるだろうか、と。さらに、自分に問いかけています。動物は生きることが辛いからといって、死を望んだりするだろうか？　それはまわりにいる人間に判断できることだろうか？　生きていることが重荷になるのは、動物、それとも人間？　オディーに手がかかるようになればなるほど――床におしっこを漏らしたり、夜に訳もなく吠えたり、わたしが夕食の準備をしているあいだ、キッチンの真ん中でゼーゼーと荒い息をしたりすることが増えれば増えるほど――どちらにとっての重荷なのか、ますますわからなくなります。

この本を書いた理由

オディーが十三歳と六カ月のころ、わたしはオディーの生活を日記に記録しておこうと決めました。そのころのオディーはまだわりと元気だったとはいえ、老いが心身に影を落としはじめていたのです。健康をおびやかすような症状もいくつか出ていました。耳やお尻にできた肥満細胞腫〔肥満細胞より構成される皮膚の悪性腫瘍〕を切除してもらったり、耳が聞こえにくくなったり、立ち上がるのが少し大変になったりしたのです。そこで、オディーのおかしな行動や困ったことを書き記すことにしました。日記を見れば、こまかいことまではっきりと思い出せます。また、老いていくオディーに対する自分の反応も記録しました。こうすることで、いつの日かオディーを失ったときに感じる苦しみをうまく乗りこえられるし、今後むずかしい決断をしなければならないときにも役に立つと考えました。そのときにはまだわからなかったのですが、『オディーの日記』がこの本のもとになったというわけです。

まもなく、ペットの老いは自分だけがかかえる問題ではないとわかりました。生命倫理学者としてのわたしの仕事は、とくに医療という点から、生物医科学が人間の価値とどのようにかかわっているのかを考えることとです。オディーのことを日記に書きはじめたちょうどそのころ、大学生向けに生命倫理学の分厚いテキストを書きあげました。終末期の倫理は、応用哲学の中心的な問題として、長いあいだ研究されてきました。わたしはテキストの重要な章で、終末期における倫理をとりあげています。執筆中は机に向かって座り、人間の終末期に関する文献を読むかたわら、背後にいるオディーが飲んだ水を喉に詰まらせて吐きだすのを聞いたものです。たびたび仕事を中断しなければならず、いやになることもありました。というのも、オディーを外に連れていっておしっこをさせる必要があったからです。連れていかなければ、ドアのところで吠えつづけました。人間の終末期ケアでぶつかる問題の多くは、わたしがオディーと経験する問題とほぼ同じということがわかってきました。オディーに忍びよる障害を、どれだけ積極的に治療すべきなのでしょうか？　オディーが生活に満足しているかどうかを、どうやって判断すればいいのでしょうか？　オディーが激しい痛みにおそわれたとき、人道的に早く死なせてやったほうがいいと思うのでしょうか？

一般的に、生命倫理学は動物をあつかってきませんでした。ましてや、動物の老いや終末期となれば、なおさらです。けれども、わたしはオディーの老いを目の当たりにし、オディーの一生の終わりにさまざまなことを、どのように決断していくべきかを考えるうちに、ペットの終末期ケアには注目しつづける価値があることを知り、愛する人の終末期に、どうしてあげたらいちばんいいのだろうかと思い悩むのと同じように、ペットの飼い主や獣医も悩むことに気づいたのです。そして、つくづく思ったのは、飼い主の多くはいずれ経験するさまざまな試練を前もって考えているわけではないため、このような試練を乗りこえる準備ができていないのだ、と。老犬と暮らすのは大変なことであるとは、忍びよる愛犬の死の影に怯えるようになるだろうとは、誰も教えてくれませんでした。愛犬の死に備えて計画を立てていたら――いちばん良い死に方とはどういうものか、どんな変化が身体に起こるのか、どうやって悲しみに前向きに向き合えるのかを知っていれば――あまり後悔せずに、愛犬の死をもっとうまく乗りこえることができたはずです。

生命倫理学の本を書きおえたとき、次にやりたいことがはっきりしてきました。終末期の動物のケアについての本を書くこと。よく調べ、よく考えることによって、これからオディーに何をしてあげたらいいのかがわかるかもしれないと思ったのです。オディーの話を読んだ人は愛するペットの死をうまく乗りこえることができるかもしれません。

これはオディーの話だと書きましたが、わたしの話でもあるのです。わたしの愛する一匹の犬が年をとって老いによる病や衰えに苦しみ、死に近づいていくのを見守る話です。選ぶか選ばないかを決め、やるかやらないかを決め、変化を受け入れ、やむをえないとあきらめ、オディーの命をしっかりと受け止め、その命のあつかい方を見つけようとするわたしの話。わたしはオディーが年をとるずっと前からその死を恐れるようになっていました。死はわたしを怯えさせます。動物が茂みの影から獲物を覗うように、いつも心の奥に潜んでいました。オディーを〝安楽死〟させるか、それとも苦しむ姿を見守るかどうかを選ばなければならない日が来ることを、神でもない自分が命を支配しなければならなくなることを恐れていたのです。やがて、そのときがやってきました。

しかし、その話をするまえに、まずは出会いから話しましょう。

オディーとの出会い

オディーが家族の一員になったのは、生後十週目のときです。たるんだ赤い皮膚に覆われた子犬がもぞもぞと動いていました。一九九六年のことで、当時わたしは三十歳。昔からずっと犬を飼いたかったので、そのときは家で仕事をする生活になり、ようやく自分も飼えると思いました。飼いたいと思ったら、飼いたくてたまらなくなりました。けれども、そのまえに、夫のクリスを説得しなければなりません。事あるごとに飼いたいということを伝えましたが、強引にならないよう、欲しがりすぎないよう気をつけました。最初はさりげなく、次第にはっきりと言ったのです。すると、クリスもだんだんその気になってきました。

わたしは犬種にはこだわりませんでした。どんな種類でもよかったのです。だから、クリスがヴィズラに興味があると言ったとき、「ヴィズラってどんな犬なの？」などとは聞きもせず、すぐに新聞広告と、犬の飼育場のリストにすばやく目を通したのです。ヴィズラはどこにでもいる犬ではないので、探すのが大変だろうと覚悟していました。しかし、それからほんの数日後、『オマハ・ワールド・ヘラルド』紙の案内広告欄を開いたときに、「ヴィズラの子犬、二百ドルで売ります」という文字が目に飛びこんできました。これだ、とピンときて、その日の午後には、わたしたちはオディーと、タンクという、ぴったりの名前がつけられた兄弟に会っていました。この二匹だけ売れ残っていたのです。二匹がじゃれたり、嚙みついたりするのを見ていると、すぐにタンクのほうが兄だとわかりました。度胸があって、ちょこまかと動きまわり、わたしたちには興味を示しません。もう一匹は少し小さくてかわいらしく、人懐っこくて、覆いかぶさるタンクの下から這いでると、よたよたと近寄ってきて、わたしたちの膝のあいだにもぐりこもうとしました。わたしたちはすっかりオディーに心を奪われました。そのつづきは、もうおわかりだと思います。

ヴィズラはハンガリー産の中形の猟犬で、〝実用的な銃猟犬〟として知られています。ところが、オディーは銃声を怖がり、ビニール袋をパンッと割ったり、エアークッションをぎゅっと絞って音を立てたりするだけでも、ハアハアとあえいでふるえだします。ヴィズラは体重が軽く筋肉質で、オスの平均体重は五十ポンド〔約二十三キログラム〕。そんなヴィズラのなかで、オディーは飛びぬけて身体が大きい。太っているわけではないけれども、胸が広くてたくましく、赤褐色の短毛に覆われた身体は七十五ポンド〔約三十四キログラム〕の重さがあります。ヴィズラに詳しい人はかならず、オディーの短すぎる尻尾のことを指摘します。完璧なヴィズラは尻尾を三分の二にカットされているものですが、オディーの尻尾は三分の一しかありません。おそらく、尾を切った人がハサミを滑らせてしまったにちがいありません。それでも、その短い尻尾を使って、びっくりするほど感情を豊かに表現します。尻尾を見れば性格がわかるだけでなく、そのときの気分も手にとるようにわかるものです。楽しいときや興奮しているときは上に向けて、こわいときやうろたえているときは下向きに丸め、警戒しているときは水平に伸ばす。オディーは尻尾を振るとき（しょっちゅう振っていますが）、身体も前後に揺すります。

　飼育書によれば、ヴィズラの血統は、十世紀にいまのハンガリーに進出してきたマジャール族が飼っていたものまでさかのぼります。ハンガリーの貴族にとって大切な猟犬になり、何世紀にもわたって純血種が守られたのです。しかし、第二次世界大戦後、ソビエトがハンガリーを占領していたときに、ヴィズラは国外に密輸されるようになり、やがてアメリカでも飼われるようになりました。わたしたちはオディーのことを、見た目だけはとびきり風格がある犬だと思っていました。その見た目から、〝オデュッセウス〟という偉大な王の名をつけてもらったのです。オデュッセウスはハンサムで、賢く、魅力的で、壮大な冒険旅行を企てた人物です。ちなみに、オディーの法律上の正式な名前は、サディーズ・リガラス・オデュッセウス。母親がサディー、父親がリガー（モーティスという弟がいました。〔死後《リガー》硬直《モーティス》〕の意味）という名前で、葬儀屋が飼っていました。

ヴィズラは表情豊かで、忠実であつかいやすい犬と言われています。賢いので高度な訓練を受けることができますが、その反面、気が散りやすくて頑固。人に触れたがり、なかには人の手を口にくわえようとする変な癖があるヴィズラもいるそうです。オディーにはこの癖はありませんが、できるだけいつも人に触れていたがります。オディーの背中を撫でてあげれば、かならずもたれかかってくるし、ベッドでは毛布の下にもぐりこんで寝ます。自分を小型犬だと思っているのです。ヴィズラはまたの名を〝マジックテープ犬（いつもぴったりとくっついている犬という意味）〟といい、時間が許すかぎり飼い主のそばにいようとし、離れていると不安になる傾向があります。ヴィズラについて書かれた本やウェブサイトでは、とりわけ筋骨たくましい犬なので、運動や刺激をたくさん与えることが大切だと紹介されています。ある情報によると、一日に少なくとも六マイル〔約十キロメートル〕、できればそれ以上走らせたり、歩かせたりしたほうがいいとのこと。わたしは自分のこれまでの労を勝手にねぎらいながら、ほとんどの人は、とうていそこまではできないのではないかと思っています。自慢になりますが、わたしにはやり通したことがひとつあります。オディーは一生涯、わたしのランニングパートナーであり、マウンテンバイクの伴走者でした。元気なころは、毎日かなり長い距離を走っていました。

わたしがこれを書いているあいだ、オディーは机の左側に置かれているなめし皮のソファーの上で寝ています。そんなオディーの姿をちらっと見るたびに、悲しみに胸が締めつけられてしまい、どうしようもなく、何度も涙がこみあげるのです。オディーが失ったもののことを考えると悲しくなります。オディーはもう、草が生い茂った草原を自由に駆けまわることも、裏庭でちょこまかと動きまわるリスを追いかけることもできないからです。とはいえ、オディーは心の中で、何かを失ったと思っているのでしょうか？　次第に動けなくなっていくことにもどかしさを感じているのでしょうか？　わたしはいったい、どれほどオディーのことをわかっているのでしょうか？

　どんなに強い絆で結ばれていても、わたしにとって、オディーはわからないことだらけです。オディーのことを考えるとき、何度も頭に浮かぶ言葉があります。それは、〝何を考えている《インスク》のかわからない《ルータブル》〟です。オディーは、どちらかといえば年老いてからのほうが、感情を読むのがむずかしくなってしまいました。マーク・ドティが著書『Dog Years（犬の年）』（未邦訳）で語っています。「言葉を話す犬はいない。だからといって、言葉のない世界に住んでいるわけじゃない。犬と暮らすということは、犬も飼い主も時間をかけて相手の気持ちの理解に努めるという取り決めを交わすことだ。もっとも、人間のほうが立場は強いようだが」。わたしは人間の言葉の世界を飛びこえて、オディー自身の言葉の世界に入っていこうとしましたが、オディーの言葉を正しく理解しているかどうかを考えると、ほとんど自信がありません。わたしとオディーでは、オディーのほうが強い立場にいるのではないでしょうか。ドティの言葉にはつづきがあります。「言葉を持たない生き物をひとたび愛してしまうと、魔法にかかったようになる。魔法にかけられた者は、自分たちだけのつぶやきや、なぞかけや、訳のわからない言葉を話せるようになる」。わたしとオディーも自分たちだけでわかる言葉をつぶやくけれど、わたしが「オディーは喜んでいるの？」とか、「苦しんでいるの？」と、問いかけてみても、答えはでません。

オディーへの問いかけは、動物全般への問いかけでもあるのです。動物は自分の老い、病気、背後から忍びよる死神の薄暗い影に気づかないのでしょうか？　動物は老いること、死期が近づいていること、死ぬことを、どんなふうに感じるのでしょうか？　いままで、これらの問いには、ほとんど注意が払われてきませんでした。動物はそれほど複雑ではない、死というものは抽象的すぎて、人間でなければ理解できない、というふうに昔から考えられてきました。動物の福祉を改善しようと努力している人々のあいだでも、関心はほぼ動物の生活の質に向けられています。もちろん、それを最優先にすべきです。しかし、動物の死の質をないがしろにしてはいけません。とりわけ、わたしたちが動物たちの死に方を決める場合には。〝良い死に方〟という理想は人間に求められるだけでなく、わたしたちの家族の一員である動物にも求められるのです。

動物の死を考える

まず、実際に動物がどのように死ぬのかを知っておいたほうがいいでしょう。アメリカで毎年、何匹のペットが死んでいるかを正確に言うことはできません。なぜなら、人が死んだ場合とちがって、記録が残っていないからです。というわけで、これから挙げる数字はさまざまな情報や知識から導きだした推測になります。一年間で、アメリカ人が買ったり譲り受けたりしたペットは、鳥が千五百万羽、猫が九千四百万匹、犬が七千八百万匹、淡水魚が一億七千二百万匹、爬虫類が千四百万匹、そのほかの小動物が千六百万匹。このなかで、毎年、何匹のペットが、どんな理由で死ぬのかを推測するのはむずかしいことです。犬と猫に注目してみると（ほかのペットのデータがないため）、病気によって死ぬ場合、おもに癌、腎臓病、肝臓病を患って死んでいます。けれども、ほとんどの犬と猫の直接の死因は、まちがいなく安楽死です。アメリカ動物愛護協会が見積もったところ、毎年六百万匹から八百万匹の犬と猫が保護施設に入れられて、そのうちの三百万匹から四百万匹が安楽死させられているという結果がでました。動物病院や家で安楽死させられている犬や猫に関してはデータがありません。これらの数字から、はっきりわかるのは、自然死よりも、注射によって死ぬことのほうがはるかに多いということです。

それでは、鳥、魚、爬虫類、そのほかの小動物はどうでしょうか？　これらのペットがどんな理由で死ぬのか、はっきりしたことはわかっていません。ペットを飼って、そのペットを死なせることは、故意であったり、悪意があったりするのでなければ、罪にはなりません。わたしの推測では、ほとんどの場合、世話ができなかったからだと思われます。動物は温度や湿度が適切でなかったり、ちゃんと餌を与えてもらえなかったりすると、あっという間に衰えていきます。しかし、〝衰えていく〟というのは、ちょっと遠回しな言い方かもしれません。コーンスネーク〔北米産の無毒のヘビ、アカダイショウ〕、ヤドカリ、ヒョウモントカゲモドキ、フトアゴヒゲトカゲなどの生き物は、長いあいだ苦しみながらも気づかれずに、ゆっくりと不快な死を迎えます。わたしはこのような死の原因を、〝リーザル・ネグレクト〔死を招く飼育放棄〕〟と呼んでいます。

多くの動物が、ペットになる機会さえ与えられずに死にます。ペットショップ、ブリーダー〔繁殖者〕のもとから店に輸送される途中、ブリーダーの施設などで死ぬのです。地元の大型ペットショップでは、熱帯魚のシャムトウギョをたったの二ドル九十九セントで売っています。それも、すごく小さなプラスチックのカップに一匹ずつ入れたままで。わたしはなんとなく、この魚が気になって、この店に入るたびに、様子を見にいきます。すると、毎回、少なくとも二、三匹は水面に浮いています。この店のポリシーは、店内のケージから逃げだした動物を売ってはいけないというもの。それでは、逃げだした動物はどうなるのでしょうか？　たまたま、この店のマネージャーのひとりがわたしたち夫婦の知り合いで、彼女は自宅に六十匹以上のペット用のネズミを飼っています。ネズミが店で処分されるのを見ていられず、自宅に引きとったということです。いまから数年前、彼女は毛がなくて醜い一匹のネズミをわたしたちに引きとってもらえないかと言ってきました。そのネズミはほかのネズミから攻撃されつづけていたため、傷だらけになってしまい、ほうっておけなかったのです。かさぶたがとれるまで、歯でかじらないように、ネズミ用の小さなエリザベスカラー〔包帯・傷口などに触れないようにペットの首のまわりにつける朝顔型に開いたカラー〕を首に巻いていなければなりません。わたしたちは〝醜いヘンリー〟、略してヘンと名づけて、二年間ほど飼っていました。その後、大きな腫瘍が左耳の後ろにできたため、安楽死させました。

殺すことは、人間が動物とかかわるときに、ごく普通におこなわれています。動物を殺す方法と、動物を殺す目的は、この惑星で暮らす動物の種類と同じくらい、じつにさまざまです。とはいえ、大多数の人々が、倫理的に見れば動物は苦しんでいるはずだと思っているようです。たとえば、小説家のジョナサン・サフラン・フォアは、アメリカ人の九十六パーセントが動物を法律で保護すべきだと思っていると語っています〔非人道的なあつかいから守るという意味で〕。つまり、そんなことはどうでもいいと思っている人は千二百八十万人だけです。

殺すことは人間と動物のかかわりの重要な部分を占めます。そして、それがどんなかたちであっても、倫理的に重要な問題です。そこには食肉処理場、研究所、毛皮をとるための農場にいる〝目的を持って飼育されている動物〟の殺し方も含まれます。けれども、ペットとなると、殺すという問題と、動物の死に方という両方の問題が重視されます。ペットにとっていちばん良いと考えて故意に死なせることを、どのように受け止めればいいのでしょうか？　オディーを意図的に死なせることは、はたして倫理的に正しいと言えるのでしょうか？　人間の手で死なせることは、はたして愛情の表現と言えるのでしょうか？　ペットの死にかかわるいくつかの条件を飼い主がコントロールできるとしたら、その死をできるだけ良いものにするためには、何ができるでしょうか？

本書のあらまし

おそらく、死は動物にとって大きな意味があるのでしょう。人間が驚くようななんらかの理由で。野生動物の研究者たちは、動物の死生学《タナトロジー》の分野に、少しだけ足を踏みいれてみました。また、動物の研究者や、動物好きな人や、犬などのペットを飼っている人は動物の豊かな内面に気づきはじめたため、多くの人が、動物が死を自覚していると考えています。ペットの犬は、一緒に暮らしている仲間が死ぬのを見たとき、あるいは自分自身が息を引きとるとき、心の中で何を考えているのでしょうか？　悲しんでいるのでしょうか？　自分の運命を悟っているのでしょうか？　これらの質問に対して、推測よりもしっかりした裏づけのある言葉で答えられるでしょうか？　動物が死を理解しているかどうかの研究はほとんど進んでいないので、こうした質問に自信を持って答えることは簡単にはできません。しかし、いまのところ、動物の死生学が答えよりもはるかに多くの質問を投げかけてくるとはいえ、驚かされるような証拠や事例があるのです。

老いは死と深くかかわっています。にもかかわらず、動物の死にはほとんど関心が払われないだけでなく、動物に対する人間の態度には、どこか年齢差別が感じられるのです。生物学者や動物行動学者は動物を年齢に基づいて分類したり、研究したりしていて、それぞれのライフ・ステージが生理学的にも行動科学的にも独特なものだと認めています。研究対象は新生児期、幼児期、青年期、成年期。ところが、老年期という区分はありません。多くの野生動物が老いるし、成年期を越えると、はっきりとした身体の変化や行動の変化を経験するにもかかわらず。これからますます注目しなければならなくなっているのに、老いに対する偏見は、いまだに根深く残っているのです。多くの高齢のペットが、たんに年老いているからとか、飼い主がペットの変化に合わせられるほどの忍耐力も情報も持ちあわせていないからというだけで、安楽死させられたり、収容所に入れられて、みじめな生活を送らされたりします。ペットを飼うと決めたなら、結婚と同じように、最後まできちんと面倒を見るべきではないでしょうか。ペットが幸せな老いを迎えられるよう、身体や行動の変化に合わせられるよう、飼い主がしてあげられることはたくさんあると思います。けれども、オディーと暮らしてみて、最善を尽くすということが口で言うほど簡単ではないとわかりました。

アメリカのペットブームを考えれば、多くの人が人生の一時期を動物と過ごします。動物が老いていき、やがて死ぬのを目の当たりにするでしょう。痛みをともなう終末期を過ごしたあとで死ぬ場合もあります。早く死なせるかどうかを決めるとき、いちばん考えるのはたいてい痛みのことです。痛みははっきりわかるものだと思えるかもしれませんが、科学によって解きあかされていない多くのことが、動物の痛みにはあるのです（それを言ったら、人間の痛みも同じですが）。なぜかと言えば、痛みの原因と症状が複雑なことや、痛みがきわめて主観的で、動物が自分の痛みを人間の言葉で伝えられないことや、最近まで、動物が痛みを感じない、もしくは痛みを気にしないのではないかと一般的に思われていたことなどが理由に挙げられます。さいわい、動物の痛みをめぐる状況は大きく変化しつつあります。痛みに気づいて治療できるようになったため、動物の緩和ケアはいろいろな場所で利用でき、効果も高まってきました。

動物のホスピス運動は終末期のペットをどのように介護するかという点で、ゆっくりと、少しずつ変わってきています。ホスピスとは一部の人々が誤解しているような、死ぬための場所でもなければ、治療法でもありません。正確に言うと、ターミナル・ケアの哲学です。緩和医療に重点を置きながら、生活の質をできるかぎり高めたり、治療の優先順位を変えたりすることで、病気を治すのではなく、より良い介護や快適さを追求することです。とはいえ、動物のホスピスは、すべてがうまくいっているわけではありません。動物にとっての良い死に方について は、倫理的な面から、まだかなり意見が分かれています。動物にも自然死を認めるべきだと考えている人もいるし、人道的に見た動物のホスピス・ケアの終点は、ほとんどの場合が安楽死であり、〝自然な死〟は注射による死よりもはるかに惨めになりがちだと考えている人もいます。

動物の安楽死は矛盾に直面しています。一方では、愛するペットを苦しみから解きはなち、もう一方では、必要なくなったという理由だけで数百万もの健康な動物を殺処分するからです。人間の医療の現場では、数えきれないほどの矛盾や不条理に出くわします。確かに、人間は、「すべての生きとし生けるものには、それぞれに特有の計り知れない価値がある」という格言が正しいとわかっていても、行動がともないません（そうでなければ、どうして多くの貧しい人々が、手軽で費用のかからない医療サービスを受けられずに死ぬのか？ どうして多くの妊婦が妊婦健診を受けられないのか？）。ところが、動物に対してはちがいます。みんながみんな、動物にも価値があると思っているわけではないのです。それどころか、多くの人が露骨に動物を嫌います。数多くの団体や個人が動物を殺すことを称えたり（『イエスのために殺します』というブログの開設者は〝キリスト教徒〟のハンターである）、動物愛護団体をばかにしたり（『動物の倫理的あつかいを求める人々の会（略称PETA）』のことを、『美味しい動物を食べる人々の会（people eating tasty animals）』だと言う）、動物の苦しみを利用して儲けたりしています（たとえば、ロードキル・トイというぬいぐるみは、動物が自動車にひかれたときの姿をイメージして作られていて、アライグマのトゥイッチという名前のキャラクターや、うさぎのグラインドというキャラクターをモデルにしたものもある）。

とはいえ、動物をあからさまにさげすむこと以上に気がかりな問題は、動物の死に無頓着な人がいることです。そのため、捨てられる動物の数が年々増え、毎年全国の収容所で数百万匹の動物が殺処分されています。これに加えて、食肉処理場、研究所、商品試験所、牧場で処分される数十億の生き物がいることも忘れるわけにはいきません。いらなくなったり、手に負えなくなったりした動物を、安楽死で簡単に処分することに反対しながら、一方では苦しむ動物を楽にするために安楽死させることがはたしてできるのでしょうか?

動物が死んだあとに残るものと言えば、まずは亡骸《なきがら》です。ペットの亡骸を裏庭に埋める人もいるけれど、隣家に気を配る必要があり、勝手に埋めることは多くの場所で禁じられています。べつの方法としては、ペット霊園の利用や、最近増えている火葬です。そして、亡骸と同じように、形のないものもたくさん残ります。深い悲しみ、記憶、したことやしなかったことへの罪悪感など。愛犬にかっとなり、頭を新聞紙でたたいたときのことや、ほかの用事を優先して、動物病院の予約をのばしたことが頭から離れません。いま、そんな飼い主へのアフターケアが注目を集めています。ペットをしのぶ方法が増え、ペットの亡骸は愛情と敬意を持ってあつかわなければならないと信じる飼い主が、さまざまな選択肢を持てるようになりました。

わたしはペットの一生を、その死も含めて称えたい。ペットの死は飼い主にとっても、ペット自身にとっても大きな意味を持ちます。多くの人が動物を心から愛し、喜んで家に迎えいれ、飼い主としての責任を果たそうとします。わたしが倫理学を学びはじめたころの指導教授、エド・フリーマンは、講義を始めるまえに、かならず次のように言いました。「倫理学は善良な人間のためのものだ」。悪い人間や嘘つきのためにあるのではなく、正しいことをしようとしている人間のためにあるという意味で、わたしもまったく同感です。この本には、善良な人が終末期のペットと過ごすときにおちいるジレンマが書かれています。

そして、倫理的な失敗をどうやって受け入れるかということも書かれています。わたしはオディーとの経験から、正しいことをするのはそうたやすくはないと悟りました。オディーにもっと何かしてあげられたらよかった。まちがったこともあるし、ほかにすべきことを優先して、しそびれたこともあるし、どうしたらいいかわからなくて、ほうっておいたこともあります。楽なほうを選んだこともあるし、オディーのことがすべてでなくなれば、もっと楽なのにと思ったことさえありました。ペットにはたっぷりと、自分にもほんの少し、思いやりを持つことが大切です。

六番目の自由

動物の権利と福祉に関するさまざまな資料を読んでいると、「五つの自由」についての記述にたびたび出くわします。この「五つの自由」は、家畜の福祉があらためて議論されるようになった一九六〇年代のイギリスで定められました。「人間の飼育下にある家畜の福祉に関する技術委員会の調査報告書」、いわゆるブランベル・リポートの中で、立ち上がる、横になる、ぐるりと回る、身づくろいする、足をのばすといった最低限の自由を家畜に与えるための基準が設けられました。たいした自由ではないように思われるかもしれませんが、当時は動物の基本的な要求、すなわちニーズを謳い、革命的と言われました。人間には動物のニーズを考える倫理的責任があるとはっきり認めたのです。

やがて、家畜が小屋やおりの中でぐるぐる回ることができるというだけでは、真の動物の福祉とは言えないと考えられるようになり、一九九三年、イギリスの農用動物福祉委員会は「五つの自由」を現在の定義に改めました。

1. 飢えと渇きからの自由
2. 痛み・障害・病気からの自由
3. 不快からの自由
4. 正常な行動を表現する自由
5. 恐怖や抑圧からの自由

もちろん、農用動物福祉委員会は、これらの定義を、達成できる目標というよりは理想であるとつけ加えることも忘れませんでした。ベーコン用に育てられた豚は、恐れ、抑圧、痛み、不快から自由になることはないし、正常な〝豚らしさ〟をじゅうぶんに表現することもないでしょう。それでも、人間は自分たちのニーズという制約のもとで、できるかぎりの自由を動物に与えるために努力することはできるのです。

これらの動物福祉の基準は、牛や豚といった農業用の動物のために設けられたものですが、「五つの自由」は、動物園の動物、保護施設の犬、研究所のマウスなども含め、人間に飼育されているあらゆる動物の福祉の基本として、広く認められるようになりました。自分は本当の動物愛好家だと思っている人も、一緒に暮らしているペットのニーズに合わせて、「五つの自由」に注意を払ったほうがいいでしょう。いまよりもっと快適に過ごさせてあげられることに気づくかもしれません。

さらに、わたしは六番目の自由も加えるべきだと思っています。良い死を迎える自由。良い死とは、なくてもいい痛み、苦しみ、恐れから解放された平和な死のことで、思いやりのある人たちに見守られながら、死を迎えます。したがって、その死は意義深いものになるのです。動物の死に意義を見いだしたいと思うのは奇妙なことでしょうか？　目の前から消えてなくなることに意味などあるのでしょうか？　もちろん、あります。死は死ぬものにとって、まちがいなく意味があるのです。ちょうど、音楽に自然なまとまりをもたらす、曲の終わりのように。けれども、生きている飼い主にとってはとりわけ意味があるのかもしれません。死が命の大切さを教えてくれるのだから、動物を大切に思うなら、その死も大切にしなければなりません。

動物のように死ぬこと

「動物のように死ぬこと（To die like an animal）」は、誰もが同じ意味に理解している語句です。新聞に次のような記事が載っていました。マイケル・フォークナーという麻薬常習者が、ある男性を「動物のように」死なせた罪で、懲役三年半の判決を受けました。仲間の麻薬常習者にヘロインを注射したところ、拒絶反応が出たのです。おそらく男の血中のアルコール濃度が高かったことが原因でしょう。フォークナーは警察や救急車を呼ぶ代わりに、地元のバーの裏に男を置き去りにして、死なせてしまいました。この句の意味で言えば、動物のように死ぬことは、誇りを踏みにじられて、忘れられたまま、もしくはわざと置き去りにされたまま、苦しみながら、誰も望まないような死に方をすること。まさしく、これは悪い死です。

「動物のように死ぬこと」が安らかで、敬意に満ちた、意味のある死を表すような世界になったらどんなにいいでしょう。

オディーの日記

わたしは『オディーの日記』を二〇〇九年の秋につけはじめました。そして、感謝祭のすぐあとにオディーが死ぬまでの一年あまり、ほぼ毎日書きました。オディーの死後も、悲しみを乗りこえるために、そのまま書きつづけるつもりでした。ところが、どうしても書けなかったのです。結局、オディーの命とともに、日記もいきなり終わりを迎えました。

書きはじめたころは、オディーの普通とちがう行動ばかりに注目していたようです。ページが進むにつれて、話題の中心がオディーの老いと健康問題に移っていきました。死へと向かっていくオディーとともに、この話が繰り広げられていくのが、なんとも不思議な気がしました。書きはじめたとき、オディーは気むずかしい老犬で、死は一日の仕事を終えて沈もうとしている太陽のように、はるかかなたの地平線上に見えたのです。第五章に入ったころには、オディーはホスピス・ケアを受けていて、深刻な状態でした。第六章「青い注射針」は、獣医の予約を入れた日の前日で終わっていて、最終章は悲しみに打ちひしがれながら、必死で書きあげました。

実際の『オディーの日記』はノート二冊分だけれど、ここでは、そのなかのいくつかの記述を省いています。とくに、オディーの命が終わりに近づいたころ、記述がやたらとくどくなってしまったからです。真夜中に何度も吠えたこと、床に粗相を繰り返したこと、獣医とたびたび話し合ったことなど。省いたこと以外は、日記に手を加えていません。原文のままの、粗削りな文章は、ちょうどお客が来る予定のない散らかった家みたいなものです。

キャスト

オディー……もうすぐ登場します。

マヤ……ジャーマン・ショートヘアード・ポインターとイングリッシュ・ポインターの雑種。メス。話が始まったときは七歳。生後十二週目で家族の一員になりました。母親のオチョは数マイル離れたコロラド州ハイジーンに住んでいます。父親のバズ・ライトイヤーも、近くに住む友人と暮らしています。バズは野鳥狩り用の猟犬で、マヤもすばらしい狩猟本能を引き継いでいます。一日に何度も、獲物を見つけて身構えます。裏庭ではリス、私道では鳥、ときにはビニール袋や落ち葉も。ニックネームは〝バードブレイン（まぬけ、賢くない人、の意）〟。それほど賢くないけれども、いままで見たどんな犬よりもかわいい。マヤはオディーが大好きで、おせっかいな母親のようにオディーを守ろうとします。

トパーズ……ボーダー・コリーと牧羊犬の雑種。赤毛のオス。生後十週目のときに、娘のセージのペットにしようと思って、引きとりました。あいにく、トパーズはわたしになつき、牧羊犬にはよくあるように、自分の主人から離れようとせず、わたしの影よりも近くにいます。この話が始まったときは一歳ぐらい。自分が家の中をとりしきらなければと思っているため、少しずつオディーとマヤの邪魔をするようになり、ことあるごとに、力を得ようとしました。トパーズが何かをたくらむ姿が目に浮かぶようです。ニックネームは、良い子のときは〝ワズィ〔人をうんざりさせるのが好きという意味〕〟。意地悪なときは、〝ケルベロス〔ギリシャ神話の地獄の門を守る番犬〕〟。なぜなら、用心深く、価値がありそうなものはなんであれ（わたし、食べ物、おもちゃ、骨、オフィス、寝室、キッチン、家の出入口など）、誰にも渡さないからです。そのせいで、いつもオディーがひどい目に遭っています。

クリス……夫。この旅のパートナー。

セージ……ひとり娘。この話が始まったときは十一歳。

二〇〇九年九月二十九日から二〇一〇年一月十五日まで

二〇〇**九年九月二十九日**

オディーが食料品収納棚の扉を開けて、〝エマージェンC〟のビタミンC飲料用粉末パックが入った箱をとりだした。その箱をぼろぼろになるまでかじったが、粉末には興味がなかったようだ。

二〇〇九年十月五日

裏庭に出て、座ったまま一時間ぐらいドアに向かって吠えつづけたらしい。結局、隣人が耐えきれずに、わたしの携帯電話に電話をかけてきたが、ちょうどわたしはセージのクロスカントリー・チームが出場する試合を見に、フォート・コリンズに出かけていた。家に戻ると、なんとまあ、犬用のドアが開いているではないか。どうしてオディーが家の中に戻れなかったのかは、はっきりとはわからなかった。つまり、物理的な原因が思いあたらないのだ。

食料品収納棚の扉が開いていて、ジャガイモの袋が引っぱりだされて床にころがっている。どう見ても、食べたかったとは思えない。

二〇〇九年十月六日

ネズミの餌二袋が半分食べられた状態で、リビングルームの床に散らばっていた。

二〇〇九年十月十日

昨日はちょっとぜいたくをして、園芸用品店の〈フラワー・ビン〉で、真っ白な陶器の美しい花瓶を買った。それをダイニング・テーブルの上に置いて、次の日に花を挿すつもりだった。ところが、その夜、セージが犬たちのトレーニング用のおやつをテーブルの上に置いて、あろうことか、そのまましまい忘れてしまった。オディーがにおいに誘われてやってきたらしい。たぶん、おやつと花瓶がすぐ近くに置かれていたのだろう。今朝早く、何かが割れる大きな音で目が覚め、駆けつけたときには、花瓶が床に落ちてこなごなになっていた。おやつだけ器用により分けて、拾い食いしたらしい。

二〇〇**九年十月十二日**

オディーがわたしの目のまえで、セージの部屋の床におしっこをした。うずくまり、こちらの様子をうかがいながら。

今日は小麦粉の味見をしてみたらしい。全粒粉の味が気に入らなかったみたいだけど、小麦粉は美味しかったようだ。こぼれた小麦粉の跡がキッチンの食料品収納棚からリビングルームまでつづいていると思ったら、フローリングとカーペットが一面真っ白になっていた。

二〇〇**九年十月二十日**

これが何度目かわからないけれど、またしてもオディーは熱帯魚の餌が入ったプラスチックの容器をかじって破り、テトラミンの粉末をセージの部屋にまき散らした。わたしの手も服も空気も掃除機も、すべてが魚臭くなってしまった。それに、すりつぶされた細かい粉末がカーペットの毛のあいだに入りこんでいる。臭い！

これがオディーとの生活でした。毎日毎日、家を空けると、かならずいたずらをして散らかしてしまうので、帰宅後は片づけに追われていました。

犬を飼っている友人によれば、留守番をさせてもなんともない犬もいるらしいのですが。そういう幸せな犬はリラックスしたまま、寝ていたり、番犬の役目を果たしたりするようです。オディーを留守番させることは、たとえ、ちょっと食料品店に行ってくるだけでも、辛い思いを味わわせることになります。わたしがいない時間を、一種の精神分裂症の患者のように過ごすからです。パニックを起こしているかと思えば、次には狂ったように食べ物をばらまく。どちらも破壊的なパワーがあり、オディーのいる家に帰るたびに、不安になります。ゆっくりとドアを開け、息を凝らす。オディーがわたしのまわりで喜んで飛びはねているあいだに、部屋を見わたして被害を確かめ、費用を見積もり、片づけにかかる時間を計算するのです。

もうだいぶまえになりますが、わたしたちはオディーに留守番をさせるときの手順を考えました。家を空けるたびに、この手順にしたがったほうがいいと思ったからです。

ステップ1：オディーは外出についてくるか？　もしも来なければ、ステップ2に進む。

ステップ2：カウンターの上にある食べ物は全部片づけたか？　食料品収納棚の扉はしっかり閉めたか？　ねずみと熱帯魚の餌は高い棚に置いているか？　裏庭の通電柵の電源は入っているか？　裏口の網戸に掛け金をかけたか？　地下室のドアは閉まっているか？　寝室のドアは閉まっているか？　ソファーの上のクッションが引きちぎられないように、椅子を積み上げてガードしたか？

オディーがまだ子犬だったころ、ケージなどに入って安心して留守番していられるようにと考え、クレート・トレーニング（犬がハウス（ケージ）に入るのを嫌がるときに、自らすすんでハウスに入るように訓練すること〕を試しました。犬と共同生活を送るニュースキート〔ニューヨークの北三百キロメートルのところにある自然に囲まれた土地。東方教会系修道院の僧侶たちがジャーマンシェパードの繁殖とトレーニングにたずさわっている〕の修行僧たちが書いたトレーニング・ガイドにしたがって、わたしたちもオディーをハウスに入れる訓練をしたのです。ハウスにいる時間は慎重に増やしていこうと思っていました。ところが、オディーはニュースキートのシェパードとはまったくちがい、最初からハウスに入るのを嫌がったのです。時間が経つにつれて、ますます嫌がるようになりました。ハウスに入れられているあいだ中、あえいでよだれを垂らしつづけたのです。ハウスから出すときには、すっかりよだれまみれになっていました。やがて、気が狂ったようにハウスの両側や入口を掘ったり噛んだりするようになり、金属部分には噛み跡が深く刻まれ、オディーの口の中は血だらけになってしまいました。ある日、仕事から帰ると、オディーは下痢をしたために、頭から尻尾の先まで便で汚れていました。閉じこめられてとても不安になり、排便をコントロールできなくなったようです。その一件があってからというもの、二度とハウスを使うことはありませんでした。

オディーは、ちょっぴり皮肉をこめて言えば、手間ひまとお金のかかる犬です。

そして、いつもさまざまな不安に苦しんでいます。離れることへの不安、雷恐怖症、理由のない不安。これらの精神的な不安をとりのぞくために、数えきれないほど多くの動物病院を訪れました。それこそ、動物の精神科専門医のところにも足を運んでみたり。かならず治りますと言われて、いろんな治療を試してみました。脱感作〔恐怖症の治療に用いられる行動修正技法のひとつ〕、再訓練、薬など。

脱感作はうまくいきませんでした。たとえば、雷や大きな音を使って、オディーの恐怖症をやわらげようとしたときのこと。雷の音のCDを苦労して手に入れ、それをオディーがおやつを食べているときや一緒に遊んでいるときに、流したのです。だんだんと音量を上げていったにもかかわらず、オディーはまったく怖がりませんでした。喜んでホットドッグにかぶりつき、おやつのビスケットにぱくつきました。ところが、脱感作のトレーニングを終えた十分後に散歩に出ると、空に雲がかかっていることに気づき、あっという間にパニックになったのです。不安感におそわれると、ハアハアと息を荒げ、落ち着かない様子でうろうろし、震えだします。何度も思い出すのは、ネブラスカで過ごした嵐の夜。オディーはできるだけわたしたちの近くにいようとしてベッドに飛びのり、息を荒げ、ぶるぶる震えて、枕元を行ったり来たり。嵐が止むまでそうしていました。あまりにも雷が怖いらしく、空が曇っていたら、散歩も、裏庭に出ることもできません。

抗精神薬もまったく効きません。抗鬱薬のプローザック、ザナックス、精神安定剤のアティバンを与えたり、犬の不安を和らげるというほかの薬も試したりしました。どの薬を飲んでも、もうろうとして、訳がわからなくなり、肝臓の酵素の値が危険なレベルにまで上昇するのに、なんの効果も現われません。

再訓練をしようとはこれっぽっちも思いませんでした。オディーを訓練しなおして、不安をとりのぞくことなど、できるはずがないのですから。

どういうわけか、かなり年をとってからは、不安感が和らいでいました。ほとんど目が見えなくなり、耳も聞こえなくなって、寝てばかりいるので、わたしたちが出かけても、たいてい気づきません。体力がなくなったので、部屋の物を壊したり、床を汚したりすることもほとんどなくなりました（もちろん、排泄物はべつとして）。歯が抜け、足腰が弱くなったため、フェンスを飛びこえたり、カウンターの上を這って進んだりすることもできません。掘ったり、引き裂いたり、かみ砕いたり、登ったり、引っかいたりすることも以前のようにはできません。それでも、まだいたずらをします。食べ物がカウンターの上に置かれていて前足で届くようなら、とろうとするし、食料品収納棚の下の棚に置かれていれば、かならずとります。

オディーのニックネームを書きとめておくべきだと思いました。こんなにたくさんのあだ名をつけられた犬がほかにいるでしょうか？

- デストラクト・ドッグ：説明は必要ないでしょう〔トラックを遠くに飛ばして建物を破壊するオンラインゲームのことをデストラクト・トラックと言う〕。
- くさいやつ：死んだ動物や排泄物などにもぐりこむのが大好きだから。
- 憎ったらしいやつ：ときどき憎らしくなります。
- ボニーマン（やせた男）：肘も膝も腰も全部とがっているおじいさん。
- 歯っ欠けじいさん：歯が欠けているのに、とんでもないものを食べてしまうおじいさん。
- 精神病患者：オディーの心の病をからかうのはあまり良いことじゃないけれど、どうしても我慢できなくなるときがあります。

● レッドマン：毛の色が赤いから。でも、もうひとつの意味があります。オディーを友人の家畜小屋に連れていったときのこと、好奇心いっぱいに牧草地を歩きまわっていたら、レッドマンという名前のラバに追いかけられたため、尻尾を下向きに丸めてトラックの荷台の下に隠れたのです。長い時間、そこから出てこようとしませんでした。

● 尻尾爆発スクリュート：何を考えているのかわからない性質に加えて、変わったことをするから。どうしてもトイレに行きたいとき、とてもくさいおならをします。J・K・ローリングのハリー・ポッターシリーズに登場する生物。

● バッファローもしくはバッフィー：水牛。オディーを守護するトーテム動物〔特定の社会集団の始祖と考えられている動物〕。オディーは泳げません（どうやって泳げばいいのかわからない）。でも、胸までの深さの水の中で転げまわるのが大好きです。

二〇〇九年十一月十一日

オディーをトレイル・ラン〔舗装路以外の山野を走る中長距離走。トレイル・ランニング〕に連れていった。最近は、あまり長い距離を走ることができないので、留守番をさせていた。ゆっくりトレッキングをするときでも、遅れないようについてこようと無理をして、疲れきってしまうからだ。今回はセージが一緒で、速く走らないからいいだろうと思い、オディーをほかの犬たちと一緒に車の後部に乗せていくことにした。オディーは雪のなかで遊びたわむれ、すごくうれしそう。寒かったのもオディーにはよかったようだ。まちがいなく、ずっと歯を見せて笑っていたと思う。もちろん、ただそう見えるだけだということはわかっている。なぜなら、オディーは息を切らしているとき、〝ナマズ〟を見せるから（ナマズというのは、オディーの唇、歯に接している肉厚の部分のこと）。だけど、本当に笑っていたと思いたい。

森のなかを走りまわるのが大好きだったオディーがこうして走っている姿を見ると、うれしいけれど、その一方で、へとへとになっている姿も見なければならず、ほろ苦さを味わった。オディーはすべての神経とエネルギーを集中させて、わたしたちがいるところから二、三十フィート〔六メートルから九メートル〕以上遅れないよう、ひたすら足を動かしつづけた。走りはじめるとほぼ同時に息を切らせ、最後までずっと激しい息づかいのままだった。

雪に足をとられて、何度も転んだ。下り坂では、脚に力が入らず、お尻を着いたまま、小道をボブスレーのように滑りおりた。雪のなかの穴に落ち、雪だまりに鼻からつっこむこともあった。

オディーは身体が動かしにくくなっていることを、ようやく自覚するようになったと思う。約一年前、後ろ足がこわばりはじめたころは、まだ車の後ろに飛びのろうとしていた。自分の身体のことも考えずに、うまくやれると思っていたようだ。成功率は五分五分といったところ。それでも、何度も果敢に（愚かにも、と言ったほうがいいかも）挑戦しつづけていた。ときどき、前足が乗るけど、後ろ足はついてこない。しばらく悪戦苦闘したあとで、這って上がることもあった。でも、たいていは車から後ろ向きに落ちて、コンクリートの地面に倒れた。だから、オディーが飛びのろうとするまえに、わたしが後ろにまわりこんで、受け止める準備をした。たまに、タイミングよく身をかがめて受け止めたこともあるが、そういうときは唇が腫れあがり、頬にはあざができ、鼻血が出た。しかし、オディーが車から降りるときのほうが、もっと怖い。というのも、思いっきり飛びおりると、足が体重を支えきれず、鼻をぶつけ、転がって仰向けになってしまうからだ。そうなると、ひっくり返されたカブトムシのように身動きがとれなくなる。いまはずいぶん賢くなり、車に近づくのも嫌がる。というわけで、わたしが体重七十ポンド〔約三十二キログラム〕のオディーを、玄関から車までかかえていき、後部座席に乗せるしかないのだ。そして、目的地に着いたらすぐに降ろさなければならない。じゅうぶんに気をつけてハッチバックのドアを開けないと、まえに何度かあったように、オディーがうっかり転げおちるか、ほかの犬に押されて倒れてしまうからだ。

二〇〇九年十一月二十二日

我慢と思いやりについて、オディーから多くのことを学んでいる。ドアの前に座って吠えつづけることにイライラしないよう必死にこらえている。たぶん、お年寄りの介護と同じなのだ。冷静にながめられるよう努力しなければならない。

二〇〇九年十一月二十五日

オディーが吠えるので困っている。十三年間、喜んで犬用のドアを行き来していたのに、いきなり、自力で家に入るのをやめてしまった。外には出ていけるのに、入ろうとしない。だから、外に出ると、家の中に入るために吠える。一日中、何度も外に出る。そして、吠える。五分おきに、コンピューターの前から離れて、オディーを中に入れてあげているといってもおかしくない。

二〇〇九年十二月六日

夕食の餌を食べているあいだ、オディーの左の後ろ足が内側に滑っていった。まるで、筋肉が言うことを聞かないみたいに。もとに戻しても、ふたたび滑っていく。

地下室から階段を上る途中で、オディーがあやうく落ちそうになった。後ろ足ががくがくと崩れたのだ。運よく、すぐ近くにいて、オディーが足を滑らすのに気づいた。慌てて階段を駆けおり、オディーを抱き上げた。息づかいが荒く、怯えたまなざしでわたしを見上げている。

ここ数日は愛想が良く、わたしたちを探したり、同じ部屋にいたりした。だが、そうしているあいだも、まったく落ち着かない。家中をうろうろし、それからわたしが仕事をしたり、本を読んだりしている部屋にやってきて歩きまわり、やがて立ち止まると、訳がわからないという表情を見せる。今度は外に出て、中に入るために吠える。中に入れてあげると、ふたたび外に出て、吠える。部屋の中に入ってきて、ちょっと歩きまわってから、外に出ていく。

オディーは自分が年をとったことをわかっているのだろうか？　森の中に連れていき、ハイキングやジョギングにつき合わせると、ほかの犬たちと一緒に走りまわれなくて、悲しく感じているのだろうか？　おそらく感じていないと思うけれど、自信はない。

コロラド州のレフト・ハンド・キャニオンに、オディーだけ連れてトレッキングに行くことにした。その日は雪が降っていて、オディーには相当きつかったようだ。滑るため、バランスが崩れやすく、歩くのもひと苦労し、見るからに疲れていた。どうしても、後ろ足が外側に滑ってしまう。十歩、二十歩歩くたびに、片方の後ろ足をうまく動かせなくなり、足の裏ではなく、指の関節を地面に着いてしまっていた(獣医は〝ナックリング〟と呼んでいる)。それでも、オディーは楽しかったのだろうか? どうすれば、オディーの気持ちがわかるのだろうか?

わたしが読んだ犬に関する本は、ほとんどが幸せな犬について書かれているように思える。自分の世界を変えてくれる一匹の犬に出会うまでは、飼い主はそれほど幸せではなかったかもしれない。犬はいつも喜びにあふれ、愛らしく、さまざまなことを教えてくれる。それは人生で経験するすべてのことを、いつでも楽観的に受け止めるためのレッスンだ。並外れた問題児だったジャマイカのレゲエミュージシャン、ボブ・マーリーも、楽天的な人だった。それでは、悲観的な考え方の犬だったら、どうだろうか? 心配性の犬は? 存在する意味を見失ってしまった犬は?

二〇〇九年十二月二十日

ますます吠えるようになった。朝も昼も夜も。わたしの気が狂いそうだ。

二〇〇九年十二月三十一日　スティームボート・スプリングスにて

オディーはこれまでに〈スティームボート・ホテル〉のベッドカバーを少なくとも一枚、おそらく数枚は引きちぎっている。だから、ここはオディーにとって、なつかしい場所。今回が今年を締めくくる旅行だから、オディーがここへ来ることも、もうないのではないかと不安になる。

オディーにとって、休暇旅行はかなり骨が折れるようになってきたけれど、犬の宿泊施設〈Pansy's Canine Corral〉に預けることはできない。とはいえ、老犬のオディーは、わたしたちのペースに合わせることもできない。ただでさえ、深い雪のなかを歩くことができないのに、ここはどこに行っても雪が積もっている。

オディーをスプリング川沿いのハイキングコースまで連れていくことにしたが、交通渋滞と積雪に足止めされた。オディーは元気だったものの、フィッシュ川でほかの二匹の犬をかんじきを履かせて外に連れだしたときや、今日の午前中、ラビット・イヤーズ山でスキーをしていたときは、車に置いていくしかなかった。とても不公平なことをしていると思う。

オディーはホテルの階段を上がることも下りることもできない。というのも、階段がスキー場で見かける金属の格子状になっているからだ。スキーブーツは滑らないが、犬の肉球ではうまく歩けない。トパーズとマヤも階段を歩きたがらなかったが、階段わきの雪の上に飛びおりることができた。わたしたちは部屋を出るたびに、オディーを抱えて、階段を上り下りしなければならない。オディーもあまり居心地が良くなさそう。いまでは車に乗っているときも辛そうに見える(道中はずっと立ったまま、ゼーゼーと息を荒げていた)。それに、暖かいホテルの部屋にいても、辛そうだ。たいてい、ドアのそばに立っているか、頭を上げたまま寝そべっている(座っていることが辛いので、もうお座りはしない)。たぶん、トパーズがいるから、部屋の奥まで入りたくないのだろう。夜はとくに気の毒に見えた。マヤとトパーズがわたしたちとベッドの中で気持ちよさそうに丸まって寝ているのに、オディーだけ床で横たわっていたのだ。オディーが大好きだったことは、わたしたちと一緒にベッドで寝ること。よくベッドカバーの下にもぐりこんできたものだ。そして、朝はたいてい、いちばん遅くまで寝ていた。

今日の午後、オディーをベッドの上に載せた。いまは足を伸ばして寝そべり、大きないびきをかいている。どうやら夢の中で身体を動かしているらしく、足がぴくぴくするというよりも、けいれんしているように見える。

オディーはどこか遠くにいるかのようだ。かつてのように見つめ合うことができない。愛情にまったく興味がないように見える。

二〇一〇年一月中旬。家にて

友人のリズとクレイグは訪ねてくるたびに、オディーがすっかり変わってしまったことを嘆いている。二人がオディーと初めて会ったのは、オディーがやんちゃだった二歳のころ。リズが言う。「オディーはもうここにはいない」、「どこかへいってしまった」、「空っぽになった」と。確かに。以前のオディーではないのだから。でも、いなくなったわけではなくて、引きこもっているだけ。オディーの〝パーソナリティ〟はどこか奥深くに閉じこもっている。

オディーがいちばん元気だったころを思い出す。ネブラスカ州オマハのカルコ・パークで、草むらを自由に走りまわっていた。ときには夢中でキジを追い立てることもあった。ペンシルベニア州ピッツバーグのフリック・パークでは、週末の朝に集っている人々や犬たちのあいだを駆けぬけたり、子供たちでいっぱいの遊び場やサッカーの試合をしている運動場を通りぬけたりして、ひとりひとりに挨拶していた。
その日はセージとオディーを連れて、ピッツバーグのビーチウッド大通りから少し入ったところにある公園を歩いていた。そこで何時間も過ごし、オディーも走りまわりながら、ほかの犬たちとたわむれていた。すると、小さな男の子と父親を見つけて駆け寄っていくではないか。男の子は手にホットドッグを持っていた。オディーは目にも留まらぬ速さでホットドッグを口にくわえたかと思うと、わたしが「オディー、だめ！」と叫ぶ間もなく、一気に飲みこんでしまった。男の子はびっくりして泣きだした。わたしは何度も謝り、新しいホットドッグを買って、男の子に渡そうとしたが、うけとってもらえなかった。いたたまれず、オディーとセージを引っぱって、あわてて公園を後にしたのを思い出す。

二〇一〇年一月十五日

オディーが吠えつづけるのは、寂しいからではないのか。わたしは吠え声を〝人間の言葉〟に置き換えようとしている。なぜかと言うと、そのほうが冷静に耳を傾けることができるから。吠える理由があるかもしれないと思ったから。これ以上、イライラしたくはないから。そんなわけで、認知行動療法をおこなった。オディーの〝言葉〟はオディーに残された数少ないコミュニケーション手段のひとつであり、わたしたちに何かを伝えようとしている。そう考えると、オディーが吠えるたびに悲しくなった。わたしが知るかぎり、オディーはどんな犬よりも人間が好きだ。いまのオディーは孤立して暮らしている。トパーズがわたしやキッチンや出入口に近づかせまいとするせいで、オディーはピアノの下に置かれた自分のベッドから出られずにいる。十三年間ずっと、わたしのベッドに入り、カバーの下にもぐって寝ていたのに、いまはひとりぼっちで寝ている。

夜中にオディーの吠え声が聞こえてくる。オディーが吠えていないときも、わたしには聞こえる。

第二章

開かれた世界へ

すべての眼で生きものたちは
開かれた世界を見ている。われわれ人間の眼だけが
いわば反対の方向に向けられている。そして罠《わな》として、生きものたちを、
かれらの自由な出口を、十重二十重《とえはたえ》にかこんでいる。
その出口の外側にあるものをわれわれは
動物のおももちから知るばかりだ、おさない子供をさえも
わたしたちはこちら向きにさせて
形態の世界を見るように強《し》いる。動物の眼に
あれほど深くたたえられた開かれた世界を見せようとはしない、死から自由のその世界を。
死をみるのはわれわれだけだ。動物は自由な存在として
けっして没落に追いつかれることがなく、
おのれの前には神をのぞんでいる。あゆむとき、
それは永遠のなかへとあゆむ、湧《わ》き出る泉がそうであるように。

ライナー・マリア・リルケ作『ドゥイノの悲歌』、第八の悲歌より抜粋（手塚富雄訳）

詩人が思い描く多くの動物のように、リルケの詩の動物も死に縛られていません。もちろん、

動物は死にます。けれども、あらゆる生き物を飲みこもうとする暗闇を恐れずに、生きています。限りない空間だけを見つめて、あの限りない青い空の向こうには、新たな世界が待っているかもしれないと思いながら。「死にゆく動物は、なんの恐れも希望も持たない。人間はあらゆる恐れと希望を持って死んでいく。男はよくわかっている。人間が死を創りだしたということを」と、イェーツは書いています。リルケもイェーツも正しいかもしれません。動物は人間のように死を恐れはしないかもしれないからです。大事なのは、おそらく人間が死を創りだしたという点でしょう。しかし、これが動物と死について言えるすべてかと言ったら、そんなことはありません。動物が死を理解できないのは、人間とはちがうからだと単純に考えがちですが、この考えはまったく論理的ではありません。もちろん、動物は人間のようには死を理解しないでしょう。だからといって、動物が死を理解していないと言えるでしょうか？　わたしがずっと疑問に思っていることは、「動物にとって死はどんな意味があるのか？」、さらに言えば、「頭が良く、感情豊かで、人間が好きな、さまざまなことを経験している個性的なオディーにとって、死はどんな意味があるのか？」。

動物の死は科学的な見地から重要な問題と言えるでしょう。なぜなら、死を意識しているかどうかを研究することは、動物の認識、感情、社会的行動というさまざまな問題を研究することにもなるからです。動物の死は倫理的にも重要な問題になります。人間は動物の死に方について、そして、動物の殺し方について、じつに無頓着と言えるでしょう。老いることと死にゆくことがすべての生き物にとって、もっとも意味深い出来事だということを考えれば、死の問題をじっくり見つめなおしてみたほうがいいかもしれません。とくに、人間に飼われ、命をコントロールされ、死をおぜん立てされる動物にとっての死というものを。もしも、ペットに良い死に方を望むなら、ペット自身が死ぬときや飼い主が死ぬときに、ペットがどんな思いを味わうかを考えなければなりません。ペットに悪い死に方をさせないためにも、それを理解することが大切です。

どうやら、人間が動物についての考え方を改めなければならない重要な時期に差しかかっているようです。動物は口のきけない哀れな獣ではありません。絶対に。人間がこの二十年間に学んできたことは、動物に対する人々の安易な思い込み——たとえば、痛みを感じない、道具を使えない、共感する能力がないなど——が、科学によってたびたび否定されてきたということです。また、科学的な専門用語があまり役に立たないことも知りました。「侵害受容」や「感情価」といった専門用語を使うと、科学的には正しいかもしれないけれど、自分の本当の言葉ではないと感じるはずです。もちろん、飼い主が自分の言葉に頼りすぎているのも事実です。「ミッチーちゃんは新品のスリッパをかじって、悪いことをしたと思っているのよ！」とか、わたしの場合は、「わたしが出かけるとき、オディーはとても寂しがっていたわ」とか。あまりにも動物の言葉を軽んじているとも言えます。人間は動物に対して、少し神経を研ぎすます必要があります。そして、ときには、思いきって〝非科学的〟にならなければなりません。動物、とくによく知っているペットの言葉にしたがうべきです。なぜなら、飼い主とペットは、苦痛、満足、愛情、嘆き、怖れ、悲しみ、切望、喜びといった感情を、互いの言葉を通じて理解し、共感しあいながら楽しく過ごすために、一緒に暮らしているのだから。

動物は死に気づいているか?

この質問に答えるのはとてもむずかしい。というのも、動物が死を理解しているかどうかを考える〝死生学〟という学問が、いままでほとんど研究されてこなかったからです。なぜこの問題を真剣に考えなければならないのでしょうか。その答えを知る手がかりが、うっかりすれば見のがしてしまうほど見つけにくいとはいえ、かならずあります。それは動物の世界のあちらこちらに残されています。荒野の野生動物に、捕獲された野生動物に、そして家で飼われている動物、とくにペットの犬に。動物には、何かしら死を意識しているとはっきり言えるだけの手がかりがあります。もちろん、〝動物〟とひと言で言っても、種類はさまざまなので、一種類の動物に手がかりが見られても、ほかの種類の動物にも見られるとはかぎりません。

この分野の研究がずっとつづいてほしいと思います。そのなかには、科学的な調査が必要な問題と、その必要がない問題を慎重に分ける作業も含まれるでしょう。必要がないと言っても、それらを考えなくていいというわけではありません。哲学者は数千年ものあいだ、良い人生とは何かという疑問に精力的に答えてきました。そういったとらえどころのない問題を解くためには、それぞれの動物に合った調査法を使い、それぞれに合った答えを導きださなければなりません。

チンパンジーの死にまつわる行動

二〇一〇年の春に、スターリング大学のジェームス・R・アンダーソン、アラスデア・ギリース、ルイーズ・C・ロックによる研究で、スコットランドで飼育されているチンパンジーの小さな群れを観察した結果が報告されました。グループの四番目の地位にいたパンジーという名の年長のメスが死んだときに三匹のチンパンジーがとった行動を、ビデオカメラで記録したのです。

三匹は死ぬ間際のパンジーに、毛づくろい《グルーミング》をしました。パンジーが死んだ直後には、チッピーというオスのチンパンジーが攻撃的なポーズをとりながら、死体が横たわっている岩場に飛びのると、ジャンプし、両手を下ろして、パンジーの胴体を何度も叩きました。それから、ほかのチンパンジーが近寄ってきて、パンジーの口の中を見たり手足をつかんで動かしたりして、生きているかどうか調べるようなしぐさをしたのです。パンジーの身体についていた藁のくずはきれいにとりのぞかれていきます。娘のロージーは、その晩ずっとそばから離れませんでした。パンジーの死後、三匹は夜中に寝たり起きたりして、あちこち動きまわっていました。それから数日間、ほかのチンパンジーはその岩場に近づきませんでした。そして、数週間ほどは、どのチンパンジーもおとなしく、無気力になり、食欲が落ちました。

仲間のパンジーの死に対する反応は、家族を亡くしたときの人間の反応に驚くほど似ていると、研究者たちが指摘しています。死ぬまえの介護をし、生きているかどうか身体を調べ、通夜をおこない、身体を清め、死んだ場所を避けるといった人間の行動に。この解釈は、少し先走っている印象を受けます。なぜなら、チンパンジーがそのような行動をとった気持ちや動機は人間にはわからないし、察することもできないからです。それに、ある場所で飼育されているチンパンジーの行動が、野生やほかの場所で飼育されているチンパンジーにも当てはまるとは言えないからです。

とはいえ、研究者の解釈を抜きにしても、この研究が注目に値するのはまちがいありません。その理由は、（a）チンパンジーがパンジーの死に反応していたのはあきらかで、その点がとても興味深いから、（b）動物が死を理解しているかどうかという問題を真面目に考え、動物の死生学、とくにこの場合は〝飼育されている動物の死生学〟という分野を、これから注目すべき研究テーマとして世間に認めてもらうための第一歩になっているからです（非難されるのを覚悟のうえで、この研究を掲載した学術雑誌『カレント・バイオロジー』を心から称えます）。

死体を運ぶチンパンジー

べつの研究は、ギニアのボッソウ村周辺の森で暮らすチンパンジーの群れを観察したものです。二〇〇三年、呼吸器系の伝染病が流行して、数匹のチンパンジーの命が奪われました。そのなかには、子供も二匹いました。すると、それぞれの母親が死んだ子供を抱えて離さず、やがて死体は乾燥してミイラになったのです。最初に死体はふくらみ、それから次第に乾燥していき、毛がすっかり抜けてしまいました。写真で見ると、子供の死体はまるで、母親の背中にかけられた、中身が入っていない皮製のバックパックのよう。手足はだらりと下がり、細長い紐にしか見えません。母親たちはその死体をどこにでも運びました。手や足をつかんで引きずるように運ぶこともありました。毛づくろいをしたり、ハエを追いはらったり。群れのほかのチンパンジーも、死体に触ったり、つついたり、手足を持ち上げたりしました。

べつのチンパンジーの社会では、死んだ子供の死体を群れのほかのチンパンジーが母親から引きはなすことがたびたびあります。乱暴にあつかわれ、食べられてしまうこともあります。けれども、ボッソウ村では、子供の死体に対して特別な態度で接しているように見えました。研究者によると、群れのなかで観察学習がおこなわれているのかもしれないということです。

チンパンジーの母親は自分の子供が死んだことをわかっていたのでしょうか？　研究者もまだ答えが出せません。ただし、死体を運びつづけることに関してはっきりと言えるのは、霊長類の動物の母と子のきずながとても強いということです。『ニューヨーク・タイムズ』紙では、動物が死を理解しているかを問う記事のなかで、科学ジャーナリストのナタリー・アンジェが死体を運ぶ行動の研究に疑問を投げかけています。つまり、死をわかっているかのように見えるかもしれないけれど、一般的にいうと、チンパンジーは死んだ仲間に無関心だと結論づけています。その証拠として、ナイジェリアのゴンベでチンパンジーを研究している人類学者のマイケル・ウィルソンの言葉を引用しました。マイケル曰く、チンパンジーは死や、生きている者と死んだ者のちがいについての理解の仕方が人間とはちがいます。子供のチンパンジーは母親が死ぬと悲しむけれど、おとなのチンパンジーは、死んだ者に無関心だということです。

言わずと知れたことですが、これは人間という動物にも当てはまります。人間はすべての死を気にかけるわけではありません。そして、自分にとって大事な死とそうでもない死がありま す。それどころか、まったく悲しくない死もあるのです。誰かの死を知り、そのことを考えるけれども、心の中は何ひとつ変わりません。したがって、外から見れば、人間も他人の死に無関心だと言えるでしょう。

野生動物の死にまつわる行動

二〇〇九年に発行された『デイリー・メール』紙には、「チンパンジーは本当に悲しんでいるのか?」という見出しの記事が載りました。その記事で紹介された写真は、西アフリカのカメルーンにある〈サンガヤング・チンパンジー救済センター〉で撮影されたもので、十六匹のチンパンジーがワイヤーを張られた柵の向こう側でしゃがみこんでいます。みんなの視線の先にあるのは、この地域で暮らしていた四十歳のドロシーの亡骸。心臓麻痺で死んだため、台車で運ばれていくところでした。

その数カ月前、動物の悲しむ姿を伝えるべつの記事に、メディアの関心が集まりました。ドイツのミュンスター動物園で暮らす十一歳のゴリラのガーナが、生後三カ月の自分の赤ちゃんの死体を握りしめたまま、飼育員を死体に近づかせようとしなかったのです。その写真を見ると、胸が痛みます。赤ちゃんのクラウディオのぐったりした身体を高く持ち上げている姿は、まるで天国に向かって掲げているかのよう。見ているこちらまで辛くなり、心を揺さぶられ、悲しんでいるのだと思い込んでしまいます（「チンパンジーのお葬式」とか、「悲しみに沈む母親」という見出しがついているから、なおさらです）。したがって、このような写真を見るときには注意をしなければなりません。写真に写っている動物が悲しみを感じているかどうかはわからないのだから。それでも、もっと動物の気持ちを知りたいと思いませんか？

ジェーン・グドールは著書『心の窓　チンパンジーとの三十年』（高崎和美訳、どうぶつ社）のなかで、フリントという名前の若いチンパンジーが、母親のフローの死をどのように受け止めたのかを語っています。フローはとても年をとってからフリントを産んだので、乳離れさせるだけの気力が残っていませんでした。そのため、フリントも母親のそばを離れられなかったのです。グドールは言っています。「けっして忘れられない出来事がある。それはフローが死んだ三日後のこと、フリントは川岸の高い木にゆっくりと登った。それから枝を伝って歩いていたとき、急に立ち止まって、空っぽの寝床《ネスト》を見下ろす。二分ほどじっと見つめてから、向きを変えて、老人のようにゆっくりと木から降りた。それから数歩歩くと横になって目を見開き、空を見つめていた」。フリントは鬱病にかかってしまったのです。無気力になり、食べ物も受けつけず、具合が悪くなりました。「最後に会ったとき、フリントはうつろな目をして、やせ衰え、ふさぎこみ、フローが死んだ場所の近くでちぢこまっていた。そして、最後の短い旅は、休み休み、フローの死体が横たわっていた場所に行くことだった。そこで、数時間過ごした。ときどき、川の水を見つめながら。やっとのことで少しだけ川に近づくと、そのまま身体を丸めた。そして、二度と動かなかった」。フリントは悲しみのあまり、死んだのでしょうか?

べつの動物行動学者も、動物の悲しみを観察してきました。たとえば、コンラート・ローレンツはハイイロガンが悲しむ様子を次のように伝えています。「ハイイロガンがつがいの相手を亡くしたときには、目が落ちくぼむなど、ジョン・ボウルビィ〔イギリス出身の医学者、精神科医、精神分析家〕が挙げている人間の子供の症状がすべて現れた。それから、気分が落ちこむ時期を過ごす。文字通り、頭を下に向けて、うなだれていた」。

ゾウの死にまつわる行動は、広く報告されています。動物学者のイアン・ダグラス＝ハミルトンによると、ゾウは死を理解するし、興味も持っています。群れの仲間が死ぬと、そのまわりに集まって、鼻と足でそっと触れたり、ときには数日間、寝ずに番をしたりしているそうです。ゾウの研究者、シンシア・モスは次のように記しています。

たとえそれが白骨であっても、ゾウの群れは立ち止まる。映画製作者はそのことを知っていたため、待ちかまえて、ゾウが白骨を調べる様子の撮影に成功した。調べおわると、その骨を自分たちの通り道、もしくは水辺の近くまで運んだ。ゾウはかならず、骨に触ったり、あちこち移動させたり、ときには、かなり遠くまで運んだりする。なぜそうするのかはわからないが、忘れがたく、感動的な光景である。

道具を使うアフリカゾウの研究によって、アフリカゾウが死んだゾウの口に食べ物を入れ、傷口に泥を塗り、植物で覆って葬ることがわかりました。また、生物学者のジョイス・プールは次のように書いています。「一頭の母親ゾウを観察していたところ、その母親は悲しそうな表情を浮かべながら、三日間ほど、死産で生まれた赤ちゃんのそばに立っていた。また、わたしがとくに深く心を動かされた行動は、ゾウの家族が静かにしたまま、死んだ年寄りのメスの骨を一時間撫でつづけていたことだ」。

コーネル大学鳥類研究所の報告によれば、キバシカササギは死んだ仲間を見つけると、死骸に降りたち、ピョンピョンと跳ねながら死骸のまわりをまわって、カチカチカチと鳴き声をあげるそうです。動物行動学者のマーク・ベコフはアメリカカササギが群れのなかでとる行動を観察しています。「一羽が死骸に近づき、そっとつついた。ちょうど、ゾウが死んだ仲間を鼻でつつくように。それから、後ろに下がった。つづけて、ほかのカササギも同じようにした。その次に、一羽が飛びたち、草をくわえて戻ってくると、それを死骸のそばに置いた。ほかのカササギもしたがった。それから、四羽すべてが数秒間死骸を見守ると、一羽ずつ、飛びたっていった」。このような行動の目的はよくわかりませんが、ベコフを含めた何人かは〝葬式の行動〟と表現しています。

ペットによる死の意識

ペットが死を意識しているかどうかについて、一般的に言われていることがあります。獣医のマイケル・フォックスは次のように主張しました。「まちがいなく、動物は多かれ少なかれ、死を理解しているのです」。ここでは、とくに犬について考えてみましょう。わたしは数えきれないほどたくさんの犬の話を読んだり聞いたりしましたが、それらによると、犬はなんらかの興味深い方法で、飼い主の死を理解して、反応するようです。そのことをここで詳しく述べると、一冊終わってしまうかもしれません。それに、わたしには自分が書こうとしている話がべつにあるのです。とにかく、それらの話から、人間が犬を観察してわかった死への反応といえば、遠吠えをする、くんくん鳴く、落ちこんで見える、ぼんやりしている、死んだ飼い主を探す、死体を見守ったり、隣で丸まったりすること。もしもあなたが犬か猫を飼っていたら、あるいは、知り合いが飼っていたら、きっと自分で見たり聞いたりした話があるはずです。

フォックスはこのテーマについて、著書『幸せな犬の育て方——あなたの犬が本当に求めているもの』(北垣憲仁訳、白揚社)の〝動物はどのように嘆き、悲しみを表現するか〟というタイトルの章で取り上げています。「動物が悲しんだり、愛した人を恋しがったりする姿を見れば、愛情はペットに与えるために、もともと人間に備わっている性質だということがわかる」。しかし、見た目はあてにならないとも言っています。動物は目に見えるようなかたちで悲しみを表さないかもしれないからです。動物の最初の反応が痛々しいほど悲しむことや、吠えることかもしれないけれど、なかには飼い主や一緒に暮らしたほかのペットの死に対して、すぐに反応しない動物もいます。それでも、しばらくしてから、愛した人や仲間を探しはじめるかもしれません。不安になったり、そばを離れようとしなかったりするかもしれません。また、鬱病の症状が出たり、食欲がなくなったり、ぼんやりしたりする犬もいるでしょう。吠えるようになる犬、おとなしくなる犬、そばを離れなくなる犬、引きこもる犬など。

米国動物虐待防止協会がおこなった〈ペットの悲しみを考える研究プロジェクト〉によると、調査した犬の三分の二に、一緒に暮らす仲間の犬が死んだあと、四つ以上の行動の変化が現れました。三分の一は食欲がなくなり、十一パーセントが何も食べなくなり、約三分の二がいつも以上に吠えたり、吠えなくなったりしました。多くが寝る場所や睡眠のパターンを変えました。そばを離れなくなった犬、近づこうとしなくなった犬もいたようです。

フォックスは飼い主から直接聞いた、ペットが仲間の死に反応したたくさんの実話をわたしに話してくれました。この本の準備を進めているあいだにも、紹介しきれないほど数多くのエピソードを聞かせてくれたのです。どれも偶然じゃないか、とか、どうしても信じられないといって、忘れさることはできません。エピソードの多くは科学的な裏づけがあるかないかを判断できる獣医から聞いたものだからです。

そのなかから、ふたつの実話を紹介します。

マンディーという名の女性の話は、ヨークシャー・テリアのギズモがミニチュア・ピンシャーのダイヤモンドの死に反応してとった行動についてです。二匹とも子犬のころから一緒に暮らしていました。ある日、ダイヤモンドを安楽死させるために、マンディーは家族とギズモを連れて獣医を訪れました。ダイヤモンドが眠っているあいだ、ギズモはダイヤモンドをさほど気にしていませんでした。けれども、ダイヤモンドが死んで、マンディーがギズモをそばに連れていったところ、ギズモはダイヤモンドの身体のにおいをくまなく嗅いでから、おすわりしました。マンディーは言ったそうです。「誓って言うけど、ギズモはダイヤモンドをじっと見つめて、まちがいなく顔をしかめたの」。

ショーンという女性の話は、ロットワイラー犬の姉妹、デリラとエムのこと。二匹はギズモとダイヤモンドのように、子犬のころから一緒に暮らしていました。そして、一匹が死ぬと、二カ月を待たずして、もう一匹も死んでしまいました。エムが先に死んだのです。エムが死んだ直後、デリラはエムが横たわっているベッドに飛びのりました。そして、顔を念入りになめたのです。普段はしない行動でした。それから、飛びおりて、走っていきました。落ちこんでいるようには見えなかったものの、行動に変化がありました。それはエムのお皿に入れた餌しか食べなくなったことと、エムが寝ていた場所で寝るようになったことです。

このような話を聞いてもっとも興味をそそられたのは、ペットの反応がじつにさまざまだということと、しばしば行動が変化するということです。仲間が死ぬと、残されたペットの感受性が鋭くなるのでしょうか。なぜなら、一緒に暮らしていたので、ペット同士がとくに固い絆で結ばれていたと考えられるからです。それとも、家でペットをじっくりと観察できる飼い主の数があまりにも多いので、エピソードも多いというだけのことでしょうか。それに、ペットの行動が変化する原因を、寂しさ、鬱、孤独、悲しみなどと、人間の場合と同じように分類してしまっているのかもしれません。というのも、人間とペットの境界線は、人間と野生動物の境界線よりもずっとあいまいだからです。これらのエピソードでペットのことがわかるというよりも、人間がペットをどのように見ているかがわかるようです。

ここでは、動物が本当に悲しむと仮定してみましょう。動物の〝悲しみ〟と言ってもかまいません。動物の悲しみは人間の悲しみと重要なつながりがあるものの、同じではありません。なぜなら、感情は主観的なものなので、人間が動物の悲しみを理解したり体験したりすることはできないからです。さらに言えば、悲しんでいるからといって、死を理解していることにはなりません。どうして動物が悲しむのかは、まったくわからないのです。悲しみは仲間を失ったことへのひとつの反応である可能性が高そうです。おそらく、動物にとっての悲しみは、人間と同じく、苦痛のひとつのかたちであって、それが心と肉体に現れたものかもしれません。また、悲しみはきわめて個人的なものです。まったく悲しまない人もいれば、限られた期間だけ機能的に悲しむ人、悲しみに打ちひしがれてしまう人もいます。

動物がほかの動物の死に対してどのように反応するかを話してきましたが、それでは、動物自身の死についてはどうでしょうか？

動物は自分の死をどのように理解しているのか？

〝白鳥の歌〟という表現は、最後の作品や業績の意味であり、最後を飾るにふさわしい、もっともすばらしいものを指します。これは、臨終間際まで静かだったコブハクチョウが、最後に美しい歌を歌うという伝説に由来しています。実際には、コブハクチョウは声を出さないし

（鼻を鳴らすような音を立てるが）、死の直前に歌を歌う姿が観察されたこともありません。とはいえ、この表現は示唆に富んでいます。たぶん、動物には自分の死期がわかると言いたいのでしょう。オディーはもっと年をとったとき、死がすぐ近くに潜んでいると気づくのでしょうか？もっと率直に言えば、瀕死の動物は、実際に死ぬまぎわになったら、死期が迫っているとわかるでしょうか？　おそらく、気づかないわけがないような気がします。けれども、はっきりとは言いきれません。マーク・ドティは『Dog Years（犬の年）』のなかで、犬が死ぬ瞬間の様子をくわしく書いています。

ぼくらはミスター・ボーの鼻づらや足やすばらしい一生を褒めたたえながら、話しかけた。そして、みんなでボーの顔に手を添えて、ぼくはお腹に頭をもたせかけて、祈った。安らかに逝くように、ボーの魂が通る道を明るく照らせるように、精一杯の心のパワーを送ろうとした……呼吸が少しずつ浅くなっている。そして、完全に浅くなったとき、ボーは急に頭をもたげたと思ったら、もとに戻し、目を見開いてぼくを見た。怖がっているのではなく、不思議そうな、驚いたような表情をしていた。その表情からわかったボーの気持ちは、ぼくらの言葉に置きかえると、「何があったの？」。それから、命がため息をつき、風のようにボーの身体から出ていった。息をふっと吐きだすと、行ってしまった。

最後の瞬間は〝驚き〟として、やってくるのかもしれません。犬や猫の臨終について、同じような報告をたくさん聞きました。もしかしたら、肉体の変化——瀕死のあえぎ呼吸もしくは最後の筋肉のけいれん——のせいで、まわりからは驚いているように見えるのかもしれません。臨終間際には、身体と心は閉ざされ、意識はどんどん薄らいでいくようです。おそらく、夢うつつの状態であり、意識が薄れて眠りに入っていくのでしょう。ちなみに、臨終間際に、誰もが自分に死期が迫っているとわかっているかどうかは、はっきり言えません。

精神（スピリチュアル）の指導者、ラム・ダスが「いま、ここにただ在る」と呼んでいる教えを完璧に実践しているのが動物です。オディーが年をとって死に近づいていくのを見ていると、そのとおりだと思います。オディーは自分が以前とはちがうとわかっていません——もう車の後部に飛びのることも、ウサギを追いかけて草むらを駆けまわることもできなくなってしまったのに。いまの自分を昔の自分と比べません。以前とちがうオディーがここにいるだけなのです。

わたしがオディーの脚に最後の注射を打ってほしいと獣医に頼んだら、オディーには自分の身に何が起きるかがわかるのでしょうか？（そして、オディーは抵抗するだろうか？）少なくとも、わたしの感覚では、オディーはきっと、何かが起きると気づくでしょう。なぜなら、とても敏感な犬なので、わたしの感情の変化を感じとるはずだから。けれども、自分が安楽死させられようとしていることはわからないと思います。

それでは、〝将来〟の死の訪れについてはどう思っているのでしょうか？　動物行動学者のドナルド・グリフィンは著書『動物に心があるか――心的体験の進化的連続性』（桑原万寿太郎訳、岩波書店）のなかで、動物が将来、自分に死が訪れることを意識しているかどうかについて書いています。

ジョージ・ミラーなどの心理学者は、人間だけが将来死ぬことをわかっていると、よく考えもせずに言っている。だが、どうしてそんなことがわかるのかと問いたい。どんな証拠があると言うのか？　このような推測は、多くの社会的動物がお互いを個人として認めている様子や、動物の母親が死んだ子供の死体を辛そうな表情で何日も運びつづけている様子を観察してからおこなうべきである。動物が仲間の死を目にしたあと、自分にもいずれ死が訪れるという考えを持たないと言い切れるのか？　否定的な証拠を集めたとしても、せいぜい不可知論者を擁護するだけだ。

動物が自分の死を意識しているかどうか、もっと具体的に考える必要があります。どのくらい先の〝将来〟なのか？　五秒後？　五分後？　五時間後？　五日後？　結局、それはまったくわかりません。しかし、期間が長くなればなるほど、自分に迫りくる死に気づきにくくなるかもしれません。わたしは動物がいつか自分に死が訪れると知りながら生きているわけでも、死に怯えながら生きているわけでもないと思っています。それでも、動物は本能的に死を恐れて生きているので、人間が思っているよりも強く意識しているのではないでしょうか。

グリフィンが言うように、動物が死をどう受け止めているのかという質問の答えをすぐに出すことはできないでしょう。動物の意識的な体験をじかに評価できないからです。その代わりに、〝何か意味があるのではないかと推測すること〟はできます。一方、動物全般について、動物の意識、気づき、精神的な体験、なかでもとくに感情について、グリフィンがその画期的な本を出版した一九七〇年代よりも、現在はもっと多くのことがわかっています。科学はめざましい進歩を遂げ、意識を神経、行動、生理の面から測定する手軽な方法が開発されました。動物が死を意識しているかどうかという問題がもっと研究されるようになれば、動物をより理解できるようになるかもしれません。

ペットは飼い主の死を理解できるか?

動物にかかわる迷信には、動物が人間の死を予知できると信じられていることから生まれたものがあります。犬が吠えると、誰かが死ぬとか、黒猫が道を横切ると、誰かが死ぬとか。飼い主が死んだときにペットの犬や猫がそばで見守っていたり、おかしな行動をとったりするというエピソードからも、動物が死を予知できるといまでも考えられていることがわかります。

これらの話はまんざら嘘ではないかもしれません。

動物が人間の死を予知できるという興味深い考えに弾みがついたのは、オスカーという名の猫のおかげでしょう。オスカーはロード・アイランド州のステアハウス看護医療センターで暮らしています。あるとき、スタッフはオスカーが特定の入居者の部屋を見張り、ベッドに飛びのって、その人のそばで丸くなることに気づきました。結局、そのような入居者はみんな、数時間後に亡くなっています。死期が迫っているからすぐに来るようにと伝えるようにしました。スタッフは入居者の家族に連絡して、死期が迫っていることを知らせるようにしました。オスカーの行動はとても信頼できたので、スタッフは入居者の家族に連絡して、死期が迫っているからすぐに来るようにと伝えるようにしました。ステアハウスの老人病専門医、デイヴィッド・ドーサ博士がオスカーの話をニューイングランド・ジャーナル・オブ・メディシンで発表すると、この手の話にしてはめずらしく、信頼できると評判になりました。

オスカーは死を予知する動物としてもっとも有名ですが、予知をするのはオスカーだけではありません。たとえば、ミニチュア・シュナウザーのスカンプはオハイオ州カントンの老人ホームに住みながら、死を予知しています。聞くところによれば、死期が近づいた人の部屋に入っていき、ぐるぐると歩きまわって、吠えるそうです。スカンプのことを放送したアニマルプラネット〔動物に関連する番組を提供するケーブルテレビ、衛星放送向けのチャンネル〕によると、なんと五十八人の死を予知したということです。ほかの老人ホームでも、飼っている犬や猫が同じように死を予知するという報告があります。それどころか、死を予知するペットはいまやなくてはならない存在であり、老人ホームの誇りになっているようです。

オスカーとスカンプのことを書いた記事の見出しには、たいてい〝予知〟もしくは〝予測〟という言葉が使われています。したがって、見出しを読むと、超能力が使われていると思うかもしれません。けれども、予知することと察知することは別であり、オスカーとスカンプの行動は察知であると説明できます。オスカーが死を察知する（本当にそうなら）方法として考えられるのは、人の身体から放たれる化学物質のわずかな変化を嗅ぎわけているかもしれないということ。たとえば、炭水化物が分解されたにおいなど。犬や猫の嗅覚が鋭いことを考えれば、この説明は筋が通っていると言えるのではないでしょうか。訓練を受けた犬は生化学的マーカー（バイオマーカー）を特定して、癌を探知することができるし、糖尿病の症状である血糖値の低下を嗅ぎ分けたり、てんかんの患者が発作を起こしそうなときに警告したりすることもできるのです。したがって、死期が近づいている人のにおいを嗅ぎ分けることができるのは当然ではないでしょうか？

このあたりで、悪気はなくても、疑い深くなるのが普通だと思いますが、同時に興味も大いにそそられるかもしれません。これらの話のなかでもっとも興味深いのは、人間にはわからない神秘的な方法で、動物が死を〝理解〟するということ。動物は信じられないほど鋭い感覚を持っています。とくに、においを嗅ぐことでは、人間よりもはるかに進化していて、おそらく、死にかけている人を嗅ぎ分けられるのでしょう。ちょっと気持ちが悪いかもしれませんが、すごいことだと思います。

グレーフライアーズ・ボビーとハチ公

グレーフライアーズ・ボビーという名前のスカイテリアは、十九世紀半ばにエジンバラで飼われていました。飼い主のジョン・グレーへの愛情がとても深かったので、ジョンが埋葬されているグレーフライアーズ・カーク教会のお墓を十四年間守りつづけました。伝えられたところによると、ボビーは一日中グレーの墓に横たわり、餌を探しにいくときだけしか、その場を離れなかったそうです。ボビーが死んだとき、聖なる場所を汚すという理由で、同じ墓地には埋めてもらえませんでした。その代わりに、教会の門のそばに埋められました。人々はボビーの忠誠心に心を打たれ、そこにボビーの像を建てたのです。現在も、その像を見に観光客が訪れます。この話が大きな感動を呼んだため、ボビーのウェブサイトが開設され、いまも、食器、文房具、ミニチュアの像、クリスタル製品、本、ビデオなど、ボビーを記念した商品を買うことができます。

ハチ公は美しい秋田犬のことで、一九二〇年代に東京大学の教授のもとで、子犬のころから飼われていました。毎日、ハチ公は渋谷駅で飼い主の帰りを待っていました。ところがある日、上野教授は帰ってきませんでした。仕事中に脳出血で倒れ、そのまま亡くなってしまったのです。なのに、その後も毎日九年間、ハチ公は駅で飼い主の帰りを待ちつづけました。グレーフライアーズ・ボビーと同じように、人々はハチ公の姿に感動し、通勤で駅を利用するハチ公の忠実なファンが、餌やおやつを与えたそうです（教授への忠誠心以外に、このこともハチ公が毎日駅に通った理由かもしれません）。ハチ公の死を哀れんで、渋谷駅に銅像が建てられました。

わたしがとくに好きなのは、ドイツのレーデンタールにいたバーナビーという名の雄牛の話です。飼い主のアルフレッド・グレーネマイヤーが死んだあと、バーナビーは飼い主が埋葬されている墓地に苦労してたどり着いたそうです。いくつもの塀を飛びこえ、一マイル（約一・六キロメートル）以上歩いて墓地に到着すると、グレーネマイヤーの墓までまっすぐに走っていきました。その場所に数日いて、どんなになだめすかしても、離れようとしませんでした。その飼い主は家畜をペットのようにかわいがっていたため、変わった人だと思われていたそうです。獣医のクラウス・ミュラーが言うには、「バーナビーは知能が高い。雄牛が自分の飼い主の墓を正確に見つけられるなんて、信じられないかもしれないが、バーナビーにはそれができたんだ」。

現在でも、犬や猫などの動物が、死んでしまった飼い主を見つけるためにどこまでも行くという話をよく聞きます。なかでも、もっとも切ないのは、飼い主がいなくなったあと、ペットが悲しみのあまり死んでしまった（と言われている）話です。わたしはこういう話に弱く、とくに感傷的になっているときに聞くと、泣けてきます。もっとも、犬や雄牛が本当に人間の死を理解しているかどうかはわかりません。それでも、大事なことが語られているのです。それは悲しみや死のことではなく、愛情、忠誠心、知性、感受性といったこと。つけ加えれば、頑固さ、習慣の力、そしてハチ公の場合は餌の力も。おそらく、動物は死を意識していないかもしれないけれど、飼い主がいなくなったことにはまちがいなく気づいています。それは飼い主とペットのあいだに強い絆が結ばれていた証しです。死というものを理解している人間でさえ、見捨てられたような気持ちになるのだから、ペットはとても辛いはずです。したがって、意識しているかどうかにかかわらず、飼い主の死はペットにとって、きわめて重大な問題にちがいありません。

具体的に考える

〝動物はこれをする〟とか、〝あれをする〟という言い方をして、千差万別の動物を人間の頭と言葉でひとくくりにしてしまいがちです。しかし、たんに動物と言っても、さまざまな種類の動物の特徴までひとくくりにすることはできません。したがって、〝動物〟が死を意識しているかどうかという質問の答えもありません。そもそもの質問がまちがっているのだから。

もう少し、ましな質問をするなら、「犬は死を意識しているのか？」とか、「チンパンジーは死を意識しているのか？」と言えばいいでしょう。老いや、終末期や、死にまつわる、それぞれの種に特有の行動を見つけだすことはできるはずです。これでも、まだあまり具体的とは言えません。動物行動学に潜む危険性は、ひとつの種をひとくくりにしてあつかう傾向があることです。だから、たとえば、「ハイエナは昼間に寝て、夜中に獲物を食べる」という言い方をします。けれども、「人間は夜中に寝て、昼間に食事をする」と言われたら、そんなばかな、と言いたくなりますよね？　ひとつの種のなかでもコミュニティーがちがえば（群れ、グループ、軍隊、議会など）文化的な特徴も異なるものです。たとえば、オーストラリアのシャーク湾に生息するバンドウイルカは、スポンジを使って魚を獲るそうです（海底の尖《とが》った岩から口を保護するため、口の先にスポンジ（海綿）をつけて海底を掘りおこしてえさを探す〝スポンジング〟というスキルを学習したバンドウイルカの集団がいる）。年齢、性別、環境、経験といったことにも、注意を払わなければなりません。わたしがこの章で述べてきたように、質問はできるだけ具体的にしたほうが、終末期や死に関する多くの問いに答えることができるでしょう。「犬は死ぬことを恐れているか？」、「犬は死のにおいを嗅ぎ分けられるのか？」、「目の前でほかの犬が死にそうになっていたら、気づくだろうか？」、「ほかの犬が死んだら、悲しむだろうか？」、「飼い主が死んだら、悲しむだろうか？」。

　これでもまだ具体的ではないと言ったらどうでしょうか？　経験豊かな動物行動学者も、家で犬や猫や小鳥やネズミを一匹以上飼っている人も、一種類の動物を飼っている人もわかっていると思いますが、個性とか経験とかには大きなばらつきがあるのです。わたしが飼っている三匹の犬も、犬であることには変わりがないのに、一匹ずつまったくちがいます。動物の終末期と死を考えるときには、できるだけ個々の動物に関心を向けるように心がけなければなりません。

個々に関心を向けることは、倫理学者に言わせると、いわゆる〝視点取得の発達〟にかかわるようです。つまり、動物の視点に立ってみて初めて、自分の視点とはまったくちがうと気づくわけです。もちろん、もっともむずかしいのは最初の一歩で、動物の視点がわからないので、想像力をフルに使って考えなければなりません。肝心なのは、動物が考えたり、感じたりしているという前提で考えること。個々や種類ごとに動物がどのように死をとらえているかということは独特で興味深く、動物にとっても重要な問題なのではないでしょうか。

オディーの日記

二〇一〇年三月十四日から二〇一〇年六月四日まで

二〇一〇年三月十四日

今日はオディーの十四歳の誕生日。わたしの両親とセージの友達数人を呼んで、盛大に誕生パーティーを開いた。セージは何時間もかけて準備をし、招待状にはセージ、マヤ、トパーズ、ネズミたちを描いた。プレゼントを買ってきたり作ったりして、飾りつけもした。特別なケーキも作った。缶詰の肉にビスケットでできた〝ロウソク〟を立てる。わたしは夕食にオディーの大好物を用意した。手作りハンバーガーにライスとすりおろしたニンジンを添えて。

これが最後の誕生会になるのだろう。でも、確か、去年もそう思ったはず。オディーのことはよくわからない。

二〇一〇年三月十八日

オディーはすごく喉が渇くみたいで、水を飲んでばかりいた。たいていトイレのあとで、がぶ飲みしたあと、床に吐いてしまうことが多い。だから、すぐに喉が渇くんじゃないかと思う。それに、いつも息を切らしている。きっと脱水になっているのだろう。

二〇一〇年三月二十七日

おとといの夜はオディーを家に入れるために、三回起きなければならなかった。とうとう昨日、犬用ドアから入るのを拒んでいるオディーの精神的な壁をとっぱらうことに決めた。オディーが自力で入ってくるのを見たことがあるし、昨日も見ている。肉体的には問題ないことがわかっている。要は気持ちの問題だ。

そんなわけで、オディーが犬用ドアから出ていくのが見えたとき、大好物のスライスチーズを用意して、ドアの内側で待ちかまえた。中に入れてくれと吠えたので、灰色のプラスチック製ドアを持ち上げて、オディーの名前を呼び、おやつを差しだす。においにつられて入ってくるはずだ。でも、オディーはためらっている。チーズを少し近づけてみると、片方の前足を小さな踏み台におそるおそる載せて、頭をドアにつっこんできた。そこで、チーズをもう一度ひらひらと動かしてみる。今度は本気で食べようとしてきた。

三本の足はドアを通ったのに、一本だけが通れない。身体がねじれてしまっている。片方の後ろ足はまっすぐ伸びたままドアの外に飛びだし、もう片方は膝をついた状態だ。前足はつるつるした竹の敷物を必死に引っ掻いている。どこかで見た光景だと思ったら、くまのプーさんがラビットのうさぎ穴にはまって動けなくなった場面にそっくり。だが、こちらは笑い事ではない。オディーの場合は身体をうまく動かせないため、前足で床を必死に引っ掻くしかない。両目が不安でいっぱいに見えた。

わたしはオディーに手を貸そうとした。身体を持ち上げれば、後ろ足もドアを通りぬけることができる。けれども、オディーは抵抗して嚙みつこうとした。そこで、今度はポーチに出て、後ろから身体を押しながら、つっぱったままの足を持ち上げて、ドアから中に入れてあげた。ようやく自由になりはしたけど、オディーは後ろ足がけいれんしてつっぱったまま、しばらく動けなかった。

次の日になって、ようやくわかってきた。オディーには犬用ドアまでの大きくて広いスロープが必要だと。きっと、それなら大丈夫だろう。踏み台ではだめだ。夫はわたしの話を聞くと、さっそく仕事にとりかかった。

二〇一〇年三月三十日

昨日はオディーを連れて、セージと娘の友達のアナリンと一緒にハイキングに出かけた。寒い日だったけど、オディーはとても元気だし、身体を動かすにはちょうどいい。ビッグ・エルク・メドウズにあるクールソン峡谷のハイキングコースを歩くつもりだったが、あまりにも雪が深くて、出発地点まで行けそうにない。代わりに、ずっと立ち寄ってみたかったオフロードの出発点まで行き、車をとめた。すると、車の後部から犬を下ろしたがっていたアナリンが外に飛びだして、わたしが注意するまえにハッチを開けてしまった。すかさず、ほかの犬たちを押しのけてトパーズが飛びおり、すでにリスのにおいで興奮していたマヤがつづいた。最後にオディーが自分もできると思って飛びおりたところ、地面に下りた衝撃に耐えられずに前足が膝からがくりと崩れてしまう。そこへ体重がのしかかり、鼻から地面につんのめってしまった。そのままごろごろと転がっていき、とまったときには仰向けのまま、足が絡み合ってよじれるという始末。身体を持ち上げて立たせると、ぶるぶるっと震えて、よろめきながらハイキングコースの小道へと向かった。まるで、「ぼくは大丈夫だ。痛そうに見えるだろうけど、痛くない。本当さ」と言っているみたいに。

こんなオディーが愛おしくてたまらない。いつも、自分はジャンプできると強く信じている。雪が深く、とりわけオディーにとっては深すぎた。それでも、楽しんでいるように見えた。足を引きずって歩きながら、寒さにもかかわらずひどく息を切らし、何度も立ち止まっては、においを嗅いだりおしっこをしたりしている。お年寄りや老犬はぶらぶら歩くイメージがあるけど、オディーはそんなふうには歩かない。一心不乱に歩く。まるで何かの使命を帯びているかのように。いったい、どんな任務についていると思っているんだろう。

家に戻ったとき、オディーはいつもより深く眠りこんでいた。夕食も、ごほうびのレバーをひと切れも食べないので、心配になる。ところが、翌朝には、元気になっていて、どこか警戒しているように見えた。

マーク・ドティは犬と時間との関係について書いている。「犬は人間ほど長くは生きないから、人間よりも速いスピードでカーブを走り抜けていく車のように、ぱっと現われたと思ったら、みるみるうちに、遠ざかっていく」。

セージが子供のころ、わたしがよく話して聞かせたのは、オディーの毛は種《たね》だから、それを拾って風に乗せてあげれば、種が地面におりたところで、ちっちゃなオディーが成長するという自作のお話。コロラド州とネブラスカ州を行き来する長距離ドライブのときの主な遊びが、オディーの種を蒔くことだった。セージはオディーの赤い毛を少し拾っては、車の窓を開けて飛ばしたものだ。タンポポの白い綿毛のように、ひと息で吹き飛ばす。小さなオディーを中西部の平原にまき散らしたことになる。

閾《いき》とは、心理学でいう境界のこと。反応を生じさせるために必要な刺激の最小限度。「死者にとって、生者の世界はこんなふうに見えるかもしれない――情報や、意味で満たされているけれども、どういうわけか、理解という光が届くあの運命的な閾の向こうにある」。――トマス・ピンチョン『逆光』（木原善彦訳、新潮社）

オディーの新しいニックネーム：義足。木製の足をつけた海賊のように歩いている。どうやら膝が曲がらなくなってしまったようだ。

二〇一〇年三月三十一日

公園でオディーのリードを持つ手を放し、好きにさせようとしても、オディーは動けない。後ろ足でリードを踏み、そのまま立ちつくしている。まるで幽霊が引きとめているみたいに。

二〇一〇年四月一日

横たわっている姿勢から立ち上がろうとするオディーの姿は、風もろくに吹いていないのに、空に舞いあがろうとしている凧のようだ。後ろが重すぎて持ち上がらないのに、精一杯、そよ風に乗ろうとしている。揚力が足りない。重力が強すぎる。後ろのせいで、鳥と一緒に空高く舞うことができない。ときどき、オディーはあきらめて、ふたたび横たわってしまう。

以前は、ビスケットをキャッチするのがとても上手だった。どんなに遠くに、どんなに高く、どんなに下手に投げても、どういうわけかそこまでたどり着き、ぱくりと食べてしまうのだ。もうビスケットを投げることはない。オディーの目はかすんでいて、投げられた物がよく見えずに、顔で受け止めることになるからだ。あと数インチでとどくところにビスケットが落ちてきても、オディーにとっては遠すぎる。とてつもなく苦労して立ち上がり、ビスケットを拾いにいかなければならない。時間が勝負なのだ。もたもたしていれば、トパーズに横取りされてしまうだろう。

二〇一〇年四月二日

クリスが犬用ドアにつながる頑丈な木製スロープを作り、小さな踏み台と置きかえてくれた。足の悪いオディーが家に入るためのスロープ。なのに、オディーは使おうとしない。

二〇一〇年四月三日

この二日間はとくに片方の後ろ足が動かない。散歩したくてしょうがないみたいだけど、歩くのがやっとだ。オディーが十三歳のときはまったく散歩しようとしなかった。ずいぶんと長いあいだ、家から出たがらなかった。いまは、ふたたび外に出たがる。しかも、頻繁に。寝ているオディーを起こすのは大変だし、オディーはドアから出ることに抵抗を感じている。それでも、いったん庭に出てリードをつければ、もう大丈夫（もちろん、空に雲がひとつも浮かんでいなければの話だけど）。

相変わらず、木製スロープを使おうとしない。ホットドッグでおびき寄せようとしたけど、だめだった。

二〇一〇年四月四日

友人の勧めで、オディーに犬用ウォーターベッドを買った。友人の年老いた愛犬が愛用していて、関節の痛みが和らいだと言っていた。いまのところ、オディーはそこで寝ようとしない。

二〇一〇年四月六日

今日、オディーがソファーから落ちた。ソファーの背のほうを向き、足を前に伸ばして寝ていて、ちょっと端に寄りすぎたらしい。ズルッと床に滑り落ちてしまった。

さらに、今度はトランポリンの下から出られなくなった。どこにいるのかわからなくて、家も庭も見てまわり、道路まで出て探したけど、見つからない。やがて、ガサゴソという音が聞こえてきて、トランポリンの下にいるオディーを見つけた。どうやって出たらいいかわからなくなったようだ。オディーは災難つづきの日々を過ごしている。

二〇一〇年四月七日

池の水を飲もうとして、落ちてしまった。引きあげるのにひと苦労だった。

二〇一〇年四月十日

オディーの尻尾は顔文字と同じで感情をそのまま表現している。笑顔の顔文字をさかさまにしたみたいに下向きに丸まっていれば、楽しくないという意味。まっすぐ外に向かって伸びていれば、元気だという意味。上を向いたまま、パタパタと振られていれば、興味深々か、興奮しているという意味。最近のオディーの尻尾は、ほとんど下を向いたまま。もっとも、隣家の犬のフィンに会ったときはべつだけど。身体が年をとって変わったからなのか（尻尾の筋肉も衰えるのだろうか？）、それとも、気持ちが変わったからなのかはよくわからない。

きっと、リスを追いかけて木に登って怪我をしたときから、尻尾が変形性関節症になったのだろう。木の幹に飛びつき、高い枝まで登っていこうとしたら、誤って落ち、尻尾から地面に着地したのだ。強く打ちつけて痛めた尻尾は治療することもできず、一、二カ月間、くの字に曲がったままだったので、オディーは恥ずかしい思いをしたと思う。そのあいだはいつものオディーではなかった。なぜなら、尻尾を使って、楽しい気持ちになることができなくなったからだろう。無理やり笑顔を作ると本当に気分が良くなるのは、顔の筋肉が脳を刺激して、幸せを感じる物質を分泌させるから。オディーは数週間、しかめっ面をしつづけた。

二〇一〇年四月二十日

ピアノの下に置いているオディーのベッドを買いかえた。オートミール色で黒い骨の模様が入ったふんわりしたベッド。オディーはすごく気に入ったみたい。

二〇一〇年四月二十一日

とうとう、夜は犬用ドアを閉じておかなければならなくなった。なぜかというと、外でオディーが吠えて隣人を起こしてしまうからだ。いまでは毎晩、夜中に数回、オディーが外に出たいと吠える。だいたい、朝方の四時ごろに吠え声が響きわたる。まさに、魔の時間。わたしはいつも、ふっと不安になって起きる。オディーが外に出てしまい、隣人を起こしてしまったんじゃないかと思うからだ。犬用ドアをカバーで覆いわすれていたらどうしよう？　夜は暗くて、オディーが何をしているのかさっぱりわからない。オディーの幻影が吠えている。本当にオディーが吠えているとわかり、起きて外に連れだした。ソファーで待っていると、カチンカチンという爪の音が聞こえてきて、オディーが外から戻ったことがわかる。そこで、玄関のドアを閉め、よろよろとベッドに戻った。マヤがベッドのわきを前足で叩いて飛びのってくる。トパーズも同じように上がってくる。わたしはもう何日も寝不足で、ゾンビになった気分。夕方には疲れきってしまうため、夜の八時半にベッドに入ることもよくある。夫と娘に謝りつつ、早く寝かせてもらっている。

オディーは何日かつづけて、夜中に起きないことがある。そんなときでも、オディーの声が聞こえてくるのだ。妄想による吠え声。アドレナリンが分泌されて全身をめぐり、頭がはっきりしてくる。近所のことが心配になる。オディーは外でおしっこをしたくてたまらないんじゃないだろうか。わたしはよろめきながら、ガラス戸の前まで行き、暗がりのなかに、外に出してもらえるのを待つオディーの影を探した。ところが、そこにオディーはいない。吠えていたのはオディーじゃなかったの？　今度はリビングルームに行き、ソファーの座面を端から端まで触り、オディーの温もりが残っていないか確かめた。そこにもいない。ピアノの下をのぞくと、散らかったウォーターベッドや骨型のクッションのすき間にオディーがいた。眠っている。わたしが脇腹を触れれば、起きるだろう。でも、そうすると、驚かせてしまうことになるから、触らないでおく。きっと、オディーが死んでしまっても、当分は妄想によって吠え声が聞こえるのだろう。

オディーだけを散歩に連れていくときは、オディーの足どりがいつもより少し軽やかな気がする。ドアを閉めるときに、トパーズとマヤが恨めしげな顔をするから、めったにこういうことはしない。たぶん、オディーは自分だけのほうが楽しいのだろう。そのほうが、速く動かすことができない足を引きずりながら、後ろを遅れて歩くという屈辱を味わわなくてすむから。人間に例えてしまっているのはわかっている。ほかの犬についていけないと思っているかどうかもわからないのに。それでも、考えずにはいられない。

オディーが散歩でいちばん楽しみにしているのは、おしっこをすること。とくに、マヤがマーキングをした場所に自分もマーキングをすること。ほかの犬がマーキングをした場所のにおいを嗅ぐこと、公園で子供たちに挨拶をすることも楽しみにしている。

オディーはいつも自分自身のことを不安がっているように見える。とくにそう見えるのが散歩をしているときだ。きっと、身体が弱いお年寄りと同じで歩きまわることができるかどうか不安なんだろう。それに、わたしはオディーが心配でしょうがない。歩道の真ん中ではなく、縁石のすぐわきを歩く。家の前の道は歩道の縁石が二インチ〔約五センチメートル〕ほどしかなく、低くてなだらかなので、それほど心配する必要はないが、その先の広い道路の縁石は高くなっており、散歩中に少なくとも一回は足をとられて滑ってしまう。わたしはいつもオディーの後ろでびくびくしながら、とっさに両手を出して支えられるように身構えている。

犬は心理的にいくつかのタイプに分かれる。合理主義の犬もいるが、圧倒的に多いのが快楽主義と食道楽の犬。オディーは根っからの実存主義だ。キルケゴール〔ニーチェとともに考えられる、実存主義の創始者であるデンマークの哲学者〕の生まれ変わりじゃないかと思う。どうしようもないほどの恐れが全身に染みこんでいる。

二〇一〇年四月二十五日

数日ほど、弟に会いにニューヨークに行ってきた。犬たちに会えなくて寂しかったけど、夜は睡眠をたっぷりとり、悩みから解放されていた。ちょうど、グリニッジ・ヴィレッジのカフェで朝食を注文していたとき、クリスから電話が入る。店の外に出ると、すでに気温が上がりはじめていた。クリスは大声をあげて、早口でまくしたてた。よく聞きとれなかったけど、まちがいなくオディーの話だ。犬用ドア、真夜中の吠え声、隣人。話の終わりになって、ようやくクリスが寝る前に犬用ドアにカバーをし忘れたため、オディーが真夜中に外に出て隣人を起こしてしまったということがわかった。ついこのあいだ、それまで辛抱強く耐えてくれていた隣人にもう二度とこのようなことが起こらないようにすると、約束したばかりなのに。

すると、クリスがとんでもないことを口走る。「もしも、ふたたびオディーが外に出て、隣人を起こすようなことがあったら、どうにかしなければならなくなる。冗談ぬきで」。

わたしはそれを聞いて、本心じゃないとわかっていても、身をこわばらせた。そんなことは絶対に許さないし、クリスがそういうことをする人じゃないというのもわかっている。それに、もしも争うことになれば、わたしが勝つに決まっている。人道的に見て、わたしのほうが有利なのは確かだからだ。クリスは感情的になると、最初に極端なことを口走り、最後は落ち着くのがつねだ。オディーは以前も、注射を打って安楽死させると脅されたことがある。〝青い注射針〟を刺すという脅しのもとになった話を、動物病院の看護師をしている友人が数年前に話してくれた。動物はたいていピンク色か青色の注射器で安楽死させられるが、色分けされているのは〝治療効果のある〟薬液とまちがえないようにするためらしい。我が家では、これは笑えるようなジョークではなかった。とくに、オディーがあきれるほどひどいいたずらをしたときには。「オディー、もう一度そんなことをしたら、青い注射針を刺すぞ」。もちろん、そんなことをするつもりはなかった。

その日はずっと、この会話のことがわたしの頭から離れず、浮かれた気分に水を差されてしまった。オディーを責めるクリスに腹が立ってしょうがない。だいたい、犬用ドアを開けっぱなしにしたのはクリスだ。それも一度ではなく、二度も。そのせいで、オディーが隣人を起こすことになったというのに。けれども、いつも最後には、自分に責任があると感じる。わたしが先頭に立って犬たちを守らなければならないし、どんな相手も説き伏せなければならない。ほかの誰でもなく、〝わたし〟の犬だからだ。犬たちを家に連れてきたのはわたしだし、いつも一緒にいるのはわたし。餌を与え、散歩に連れていき、しつけをし、動物病院に連れていく。犬たちが何時に食事をし、何が好物かを知っている。食いしん坊のトパーズはじつはいちばん好き嫌いが多いこと、マヤは夜ベッドカバーに潜っていないと風邪を引いてしまったり、足が泥だらけになるのが好きじゃなかったりすること、オディーはいちばん好きなチーズが半固形タイプのプロセスチーズだということも知っている。

一匹、またもう一匹と犬を飼うことに決めたのはこのわたしだし、オディーを飼いたいとせがんだのもわたしだ。当時五歳だったセージには子犬が絶対に必要だとクリスを説得し（ようこそ、マヤ）、それから、ずっと頼みつづけて、五年後には、セージが自分で子犬を育ててしつけるからと説得した（ようこそ、トパーズ）。振り返ってみると、五年周期で子犬を飼っていることがわかる。つまり、トパーズを飼いはじめて二年半経つから、もう二年半たったら、冷蔵庫に特大のメモを貼らなければならない。〈もう犬はいらない！　誘惑に負けるな！〉と。

会話の終わりに、クリスが告げた。「犬用ドアが二度と開かないように釘を打つつもりだ」。

「ねえ」わたしはできるだけ落ち着いた口調で言った。「ストレスを与えてしまって、本当にごめんなさい。大変なのはわかるわ」。でも、お願い、と言いたかった。お願いだから、犬用ドアが二度と開かないようにするのだけはやめて。好きなときに出たり入ったりできることが、犬たちにはほんのひとかけらの自由なのよ。お願いだから、オディーを怒らないで。いまこそ、問題を見つめなおして、お互いに協力して、創造的に話し合えば、もっと良い解決方法が見つかると思う、と。けれども、そんな自分の思いをうまく言葉にできず、黙りこむしかなかった。

二〇一〇年五月九日

『奇跡のいぬ——グレーシーが教えてくれた幸せ』（上野圭一訳、講談社）、『マールのドア』（古草秀子訳、河出書房新社）、『Dog Years（犬の年）』などの犬との生活について書かれた本を読むと、すごく羨ましく思う。そこに登場する犬たちは欠点もあるけれど、飼い主の人生に温かい愛情を注いでくれる存在としか言いようがない。わたしの犬たちだって、テキサス州よりも大きな愛情をわたしに与えてくれる。ついでに、かなり大きなストレスと苦痛も。

二〇一〇年五月十日

ベッドに入る前にオディーを外に連れだすには、童話『ヘンゼルとグレーテル』の真似をして、ホットドッグでおびきよせるしかない。まずは一口分をちぎり、においを嗅がせて目を覚まさせるために、鼻先でしばらく持つ。すると、鼻がピクピク動き、目がゆっくり開いた。さらに二、三口分を与えて、ソファーから降ろす。四口目でダイニングルームに誘う。キッチン——トパーズが見張っている——に向かうためには、二、三歩歩くごとに一口分を与えなければならない。

オディーはあっという間に平らげて、曇った目でわたしを見上げている。いったい、どういうことかと言いたげに。さらにもう何口か食べさせて、玄関まで連れていく。けれども、まだ外には出ようとしない。もっと食べさせなければ無理だろう。ここまでずっと、マヤとトパーズがそばでうろうろしながら、ちゃんと分け前をもらおうと待っている。まずは一口分ずつ、それから二口分、三口分を順番に与える（えこひいきはしない！）そして、少しちぎって庭に投げた。すると、トパーズが追いかけていった。これでオディーは安心して前に進めるはずだ。

ほぼ十分かけて、オディーを外に誘いだした。そして、それよりも長い時間をかけて、なだめながら、家の中に戻る。ホットドッグはもう使わない。トパーズをそばに近づけないようにしながら、オディーの横に立って、励ましの声をかけつづけた。

これもすべて、オディーにおしっこをさせて、数時間多く睡眠をとるためだ。

二〇一〇年五月十一日

犬はそれぞれちがう身体の部位で感情を表現する。

オディー……尻尾（上向き、または下向きに曲げる）と額（しわくちゃにする、なめらかにする、持ち上げる、力を抜く）。

マヤ……目（荒々しい目、愛情がこもった目、餌をとられないようにするときは厳しい目）

トパーズ……耳。まちがいなく。いままで見たどの犬よりも大きい。話を聞いているときはぴんとまっすぐに立てる。ほんの少しだけ前後に動かす。まるで潜水艦の潜望鏡が敵の戦艦や海賊がいないかと、水平線を眺めわたしているみたいだ。

二〇一〇年五月十六日

オディーはほとんどの時間を、ピアノの下の自分の場所にいて、ひとりぼっちで横たわっている。そこから目の前を通りすぎていく世界を見ている。犬や人々が入ってきたり、出ていったりする様子を眺めるだけだ。自ら望んで、引きこもっているのだろうか？ そこに横たわったままで満足なのか？ それとも、トパーズに怯えて、身動きがとれなくなってしまったのか？

寂しくはないのか？ でも、寂しいのはわたしのほうかもしれない。オディーは自分の隠れ家から、世界が通りすぎていくのをただ見ている。

二〇一〇年五月十七日

最近、オディーは大量に吐く。たいがい、水と唾液が混じったもので、たまに黄色っぽいこともある。ときどき、消化されていないドッグフードをそっくりそのまま吐いてしまう。（つまり、餌を嚙んでいるというよりは、丸呑みしているからだ）

二〇一〇年五月十九日

ガニソン川へ行くことになり、オディーを預かってもらえないかとパンジーに問い合わせた。パンジーはかまわないが、マヤも一緒のほうがいいと言った。パンジーのところにいるときは、マヤがオディーの面倒を見る。一日中、オディーを目で追い、様子を見ているらしい。

寝るときは隣同士だ。マヤがオディーの背中に頭を乗せて、丸まって寝る。前回、犬たちを預けたとき、オディーは階段を下りられなくなり、地下に行けなかった。マヤとトパーズが地下に行き、オディーは新しい場所に連れていかれて、小さな犬小屋に入れられた。マヤと離れ離れになったため、一晩中、吠えていたそうだ。

二〇一〇年五月二十一日

休暇の計画を変更しようと思っている。もともとは八日間か九日間でいろいろな場所を歩きまわる予定だった。最初にガニソンに行き、トレイル・ランの大会、〈セージ・バーナー・レース〉に参加して、それからマウンテンバイクでクレステッド山か、ユタ州のモアブか、それともどこか行きたい場所に移動するつもりだった。休暇が近づくまで年老いた犬のことをよく考えなかったけれど、いまはオディーには無理だと思っている。車の中で長時間過ごすのは辛いだろうし、かといって、山道を歩いたり、自転車に乗ったりすることもできない。しかも、車の中で待つには暑すぎる。そこで、予定を変えることにした。三日間だけガニソンのモーテル〔自動車旅行者用ホテル〕で過ごし、それからこちらに戻って、エステス・パークのバンガローに滞在する。これならオディーも楽しめるはずだ。

昨日、オディーがポーチの上でひなたぼっこをしていたとき、わたしはいままで見たことがなかったものを見つけた。あばら骨のでっぱりと身体の線に沿って、白髪が生えているのだ。いちばん明るい部屋の中でも気づかなかった。たぶん、じゅうぶん注意して見なかったから、見落としていたんだろう。こうしてオディーの身体に老いが刻まれていく。

二〇一〇年五月二十五日

　オディーを連れてきてよかった。すっかり元気をとりもどして、楽しんでいる。モーテルの芝生の中庭を歩きまわっている。犬たちの様子を見るのはなかなかおもしろい。ほかの犬たちはひとつの場所からべつの場所に向かって矢のように走りまわり、まるでＡＤＨＤ（多動性障害）のように落ち着かない。オディーはとぼとぼ歩いているとはいえ、自分の意思で、深く集中している。ほかの犬や鳥やリスを追いかけようとしない。いったい、何を追いかけているのだろうか？

　モーテルで過ごした最初の夜。午前一時ごろ、オディーが吠えはじめる。クリスが起きて、中庭に連れだした。オディーが勝手に歩きまわる。クリスは裸足に下着姿で、声を押し殺して呼んだ。「オディー！」オディーはどんどん行ってしまう。クリスがオディーに追いつき、首輪をつかもうとした。オディーは鼻づらを後ろに向けて、半分しかない歯で噛みつこうとする。クリスは急いで部屋に戻ると、ヘッドランプと靴を身に着けてから、もう一度オディーを探しに外に出た。一方、オディーは相変わらずとぼとぼと歩きつづけている。ようやくクリスがオディーを見つけ、首輪をつかもうとするが、またしても、オディーは鼻づらを後ろに向けて噛みつこうとした。ふたたび部屋に戻ったクリスは、リードを手に中庭に引きかえし、ようやく、オディーを捕まえた。

　オディーは中庭を歩きまわったあとでも、部屋の中で吠えつづけた。とうとう、クリスがオディーを車の中に閉じこめた。それでも、くぐもった吠え声が聞こえてくる。隣りの部屋の宿泊客はきっと腹を立てているはずだ。ホテルの支配人に、出ていってくれと言われてしまうのではないか？

午前中ずっと、オディーは歯をガチガチ鳴らしていた（寒さのせいで）。少し暖かくなると、今度は歯を鳴らしたまま、ぜーぜーと息を荒げていた。

今日はオディーに熊よけ用の鈴をつけてみた。これでモーテルの中庭を好きなように歩きまわっても、居場所がわかるはずだ。

二〇一〇年六月一日

セージは生まれたときから、オディーを自分の兄だと思っている。人間と犬のちがいがあっても気にならないらしい。十一年前に初めて会ったときから、セージとオディーは固い絆で結ばれている。

セージが赤ちゃんのときに初めて発した語は、〝犬（dog）〟。

初めてしゃべった文は、「オディーがオムツを食べちゃう（Bad Ody eat dirty diaper）」。

二〇一〇年六月三日　エステス・パークにて

悪い予感が的中した。わたしが背中を向けていたのもじつに間が悪い。オディーがバンガローの階段を転げ落ちたのだ。わたしたちは町から戻ったとき、犬たちを車から降ろした。オディーはその場から動きたくなさそうだったので、わたしは本やセーターを抱えながら、玄関までの階段を上がった。クリスとセージも上がってきた。

ドアの鍵を開けようとしていたとき、「オディー！」と叫ぶセージの声。セーターと本を足もとに落とし、ポーチに出て下を見る。オディーが踊り場で倒れ、泥や松葉に覆われてうずくまっているのが見えた。

クリスがオディーを抱えて階段を上がってきて、ポーチの上に静かに降ろした。怪我はしていないらしく、オディーは足を引きずりながら、バンガローの中へ。そのときは心配ないと思った。ところが、オディーが寝るときに敷いていたシーツには、ぽつぽつと小さな血の斑点がついていた。どこから出血したのかはわからない。

二〇一〇年六月四日

バンガローから少し先に行ったところに、小川が流れている。オディーは水を飲みに小川まで下りていき、おぼれてしまった。水に入っても大丈夫だと判断したらしい。一方の前足を水につっこみ、それからもう一方を水の中へ。ここまでは順調だった。さらに一歩。右、左、そこからが最悪だった。前足がかなり深くまで沈んでいき、顔が水に浸かり、お尻だけがかろうじて水面から出ていた。尻尾が潜水用の呼吸管のシュノーケルそっくりだ。パニック状態に陥っているのがわかる。もがきはじめた。身体をひねって川岸のほうに向きなおり、どうにか前足を岸につけた。すると、尻尾がヘリコプターの羽根のように回転しはじめる。まるで水から飛びたとうとしていたみたいに。クリスはいちばん近くにいたため、水しぶきを上げて走りよると、オディーを川から引っぱりあげた。オディーはブルブルッと身を震わせると、転びそうになりながら逃げるように土手を登って道に出た。それから、危うく難を逃れたことで気を良くしたのか、道にできた深いわだちを勢いよく飛びこえる。わたしは一瞬ひやりとして息を飲んだものの、無事に着地したのを見てほっとした。オディーはそのまま、めずらしく早足で歩いていった。

第三章

老いること

変化がとても緩やかだったので、わたしはオディーが変わったことにほとんど気づきませんでした。ちょうど、セージの成長を見ているのと同じように。毎日、オディーはほんの少しずつ変わっていく。セージがちょっとずつ成長して大人に近づいていくように。こうした変化を見ているようで、見ていませんでした。だから、ある日突然、驚かされてしまうのです。ちょうど、セージが小学校を卒業するときのスライドショーを見ていたときのように。同級生の子供たちと一緒の姿が映しだされては消えていく。幼稚園のころから成長を見守ってきた子供たちと食堂の外で笑っている姿や、理科の実験に夢中になり、椅子に座って頬杖をついている姿。子供たちの真剣なまなざし。いつの間にか、こんなに大きくなっていたとは。胸が詰まり、涙がこみ上げてくる。もう子供ではないのだ、わたしが気づかないうちに、何があったの？

オディーもこんな感じで少しずつ、日の前で変わっていたのに、わたしには見えていませんでした。八歳のころ、お腹と脇にこぶができ、鼻づらに生えた白髪が赤褐色の毛よりも目立ちはじめ、いぼがぽつぽつと出てきました。気づいてはいたけれど、真剣に受け止めていなかったのです。増え方があまりにも少しずつだったから、あまりにもそばにいたから、よくわからなかった。ときおり、はっとしたものです。まさか、こんなに年をとっていたなんて、と。いまは十三歳八カ月。どこからどう見ても老犬としか言いようがありません。

オディーの老いは歯にいちばんはっきりと現れました。わたしが知っているところでは、動物の場合はとくに、歯を見れば年をとっているかどうかがわかります。マングース、ヤギ、トガリネズミ、アフリカ象などは歯がぼろぼろになると死ぬこともあるのです。つまり、自然から与えられたひと揃いの歯が使いすぎてすり減れば、生存率も下がる。オディーが野良犬なら、大変なことになっていたでしょう。十三歳ごろには、歯の数がちょうど半分まで減り、残った茶色い歯もすり減ってひび割れてきました。オディーを動物病院に連れていくたびに、質問したものです。「餌を食べるとき、歯が痛くないんでしょうか?」。獣医の答えは、おそらく歯が欠けていてもそれほど気にならないし、食べることにはまったく支障がないはずというもの。半分しか歯がないのにちゃんと食べられること自体がわたしから見れば、驚きです。

オディーの歯が半分しかないのは、飼い主のせいだと責められても仕方ありませんが、いままでオディーがかじったものの名前を挙げただけでも、歯がぼろぼろになった理由がわかるはずです。戸枠が三カ所、ソファーが三台、マットレスが二枚、四インチ〔約十センチメートル〕四方の板が一枚、金属のドアつきプラスチック製ハウスが数個、金網でできた屋外用ケージの金属の支柱、数えきれないほど多くのベッドカバー、椅子用クッション、スバルのレガシィアウトバックの後部座席のシートなど。

オディーは自分の歯がすり減ったり、茶色くなったりしたことなどまったく気にしていません。見栄っ張りや汚れのない犬なら気にするような外見上の老化も、まったく気にしていません。つややかな赤褐色の毛が白髪交じりになり、筋肉質な脚が枯れた枝のようになったことも、顔や身体にいぼができたことや、〝ナマズ〟にできた黒いものが大きくなってきていることや、黒っぽい粘液が口角にたまって、寝ているあいだにソファーにくっつくことも、気にしていないようです。

外見だけでなく、行動も変化してきました。散歩に連れていくと、どこにでもおしっこをします。気をつけていないと、人の靴にひっかけてしまいます。足がふらついているため、片足を上げることはまずありません。その代わり、少ししゃがんで用を足します。どちらかというと、メス犬のやり方に近いかもしれません。おしっこをしおえたという信号を脳が受けとるまえに、歩きはじめてしまうことも多く、そんなときは、おしっこが滴ってできた長い線が歩道に描かれます。歩きながら、うんちもするため、チョコレートチップが歩道に散らばっているみたいに見えます。小さくて柔らかいのでうまく拾うことができず、近所の歩道には茶色い染みがあちこちについてしまいました。

オディーは冒険心が強いので、道に迷うのではないかといつも心配になります。前庭に放すと、通りをぶらぶらと歩きまわってしまうのです。そんなときは、追いかけていき、近所の人々に尋ねてまわらなければなりません。「オディーを見かけませんでしたか？」オディーは耳が遠いため、呼んでも戻ってきません。こちらから見つけるには、見かけたかどうかを聞いてまわるしかないのです。以前、裏庭で行方不明になったときには、理由はわかりませんが、トランポリンの下にもぐりこんでいました。そこからどうやって出たらいいのかわからなくなり、ただじっとしたまま、あえいでいるところを見つけました。そのときは近所を探しまわっても見つからず、あきらめて家のまわりを探していたら、家の裏手から激しい息づかいが聞こえてきたのです。

オディーはいつも荒い息をしています。わたしが料理をしているあいだもキッチンの真ん中であえぎ、わたしたちが食事をしているあいだもテーブルの横に立って、息を荒げている。その息はとても臭く、テーブルの反対側までにおってきます。近所を歩いているとき、気温がマイナス六度で雪が降っていても、あえぎはとまりません。獣医の説明によると、オディーは喉頭麻痺を患っていて、これは老犬、とくに大型犬にありがちな病気とのこと。喉の後ろの声門を開いたり閉じたりする喉頭軟骨の動きが悪くなったため、空気がスムーズに出入りできないのです。どんなにうんざりしていても、オディーを怒ることはできません。オディーにもとめられないのですから。

この病気のせいで、よく吐きました。水を飲むたびに、いまにも吐きそうなおえっという音を立てたかと思うと、激しく咳きこみ、こみあげてきた水を一気に床に吐いてしまいます。そうすると、当然、喉の渇きがとれないので、ふたたび水を飲むことになります。唾液混じりの小さな水たまりが家のあちこちに出現しました。とくに水入れが置かれたバスルームの前の廊下にはかならずと言ってよく、靴下のままで水たまりに足を突っこむこともしょっちゅうでした。

オディーはすり減って短くなった歯をガチガチいわせます。なぜなのかはわかりません。寒いときにそうなるのはわかるけれど、暑いときも、寒くも暑くもないときもガチガチいわせます。ときには、ガチガチいわせながら、あえいでいることもありました。

そして、もっとも問題なのが、よく吠えることです。若いときはそんなに吠えなかったし、吠えても響きわたる太い声、言ってみれば、とても美しいバリトンでした。それがいまは、耳障りなしわがれ声に。まるで、映画『スター・ウォーズ』シリーズの悪役、ダース・ベイダーのようだと獣医に説明したところ、すぐに言われました。「喉頭麻痺のせいですよ。まちがいありません」。声の変化もさることながら、その新しいリズムも耳につきます。以前のように、急に吠えはじめて、ぴたりとやめるということはありません。その代わりに、一度だけ低いしわがれた声で吠え、十秒後か二十秒後に、もう一度吠える。まるで電池が切れそうな火災報知器が、ようやく警告音を発したみたいに。一度吠え声を聞いたあと、こちらがようやく落ち着きをとり戻したころに、ふたたび吠え声を聞かなければなりません。それがずっとつづくのです。声がやむのを待っていても、らちがあきません。オディーが家の中にいるときは外に出たくて、その反対に、外にいるときは中に入りたくて吠えるからです。トパーズに部屋に閉じこめられてしまったときも、部屋から出してもらえるまで、吠えつづけました。ときどき、意味もなく吠えたりもするけれど、そういうときの吠え方はちょっとちがいます。最近、決まって夜中に起こされるのは、まさにそんな吠え方のせいです。

オディーが年をとったことに驚いています。ちょこまかと動きまわるころころした子犬を家に連れ帰ったときには、オディーの一生の終わりに寄り添って暮らすことが、こんなに大変だとは夢にも思いませんでした。子犬のころはしつけがむずかしいけれど、とても楽しいし、若いころは活発で骨が折れるけれど、すぐに大人になっておとなしくなると思っていました。たぶん、老犬になればちょっと楽になるだろうと考えていたのでしょう。いつも寝てばかりいるだろうからと。足もとでうろうろするだけで満足し、散歩したり遊んだりしてあげなくてもかまわない。あまり手がかからないから楽ができると。とんだまちがいです。年をとった犬、とくに年をとったオディーと暮らすということは、苦労が絶えず、ひたすら我慢をし、思いやりを持って接してあげる必要があるのです。おそらく、老犬と暮らす上でもっと大事なのは、刻々と変わるニーズに合わせて、飼い主も対応を変えていかなければならないということでしょう。

ペットが年をとれば、ペットも飼い主も大変かもしれませんが、その試練を乗りこえようとすることによって、とりわけ、変化していくニーズに合わせられるようになれば、ペットの新たな一面が見えてきて、愛おしく思えるようになるでしょう。そのときこそ、ペットが生涯を通じて飼い主に与えてくれた無償の愛、忍耐、寛容を、今度は飼い主がペットに与えてあげられるはずです。

科学者は老化のプロセスについて多くのことを理解しているとはいえ、まだ理解していないこともたくさんあり、老化をとめる薬はいまだに開発されていません。

老化のプロセスはけっして単純ではなく、あらゆる面から考える必要があります。つまり、年代的側面（いま何歳か）、社会的側面（住んでいる社会では〝年をとっている〟と思われているかどうか、その年齢にふさわしいふるまいを期待されているかどうか）、生物学的側面（生物としての身体の状態はどうか）、機能的側面（同い年の人間と比べて、肉体的および精神的な能力に差を感じるかどうか）から考えなければなりません。年をとった人の割合が増えれば、社会も年をとります。人間の老いが肉体的、精神的、社会的な要因が絡みあった多面的なプロセスと考えられているように、動物の老いも多面的なプロセスと考えられ、ペットが老いれば、飼い主の生活にも大きな影響が出るでしょう。残念ながら、動物の老いの精神的および社会的な側面について述べている文献はあまり多くありません。というのも、科学者たちが語っているのは生物学的な老化がほとんどだからです。

老化《セネッセンス》は生物学的な老いの状態もしくはプロセスであり、年をとるにつれて生物の体内で起こる変化のこと。細胞レベルと生物レベルの両方で起こります。細胞の老化とは、個々の細胞が老いることで、正常な二倍体細胞（半数染色体を二組持つ細胞）が少なくとも試験管の中で五十回ほど分裂を繰り返したのちに、分裂できなくなった状態を言います。たとえば、体内の赤血球の寿命は約百二十日。細胞の老化はその生物の老化につながります。細胞が老いれば、ストレスに反応することができなくなり、恒常性《ホメオスタシス》のバランスが崩れてきて、病気にかかりやすくなると一般的に受け止められているようです。死は老化の最終地点とはいえ、年齢自体が生物を殺すわけではありません。なぜなら、高齢が死因になるということが科学的に証明されていないからです。

少し意外に思ったのは、生物学的な老化というものの定説がないことです。老化は遺伝子にプログラムされているという説や、生物学的なプロセスにダメージが加わりつづけることだという説や、これらが結びついた結果だという説などがあります。これ以上詳しいことまで調べる必要はありませんが、活気のある老化の研究をざっと眺めてみましょう（なぜ細胞が老いるかという理論が、なぜ細胞が死ぬかという理論と、はっきり区別されていることを頭に入れておく必要があります。これらにはあきらかなつながりがあるにもかかわらず、生物学的にはべつのプロセスと考えられているからです）。

さまざまな種類の老化

年をとることは長いあいだ存在しつづけること。山脈は大昔から存在しているため、年をとっていると言えるでしょう。年をとるということは、特定の生物学的プロセスが起こっていることを意味します。

老化を定義することがむずかしいと知ったとき、正直言って、驚きました。神経生物学者のアンドレ・クラルスフェルドとフレデリック・ルヴァの著書『死と老化の生物学』（藤野邦夫訳、新思索社）によると、年齢とともに死亡率が高まることを考えれば、老化は統計学的に定義するのがいちばんいいそうです。つまり、年をとるというのは、日を追うごとに、死ぬ危険性が高まっていくということ。この定義には、科学的な信憑性がありそうな気はしますが、少し不安を覚えざるをえません。明日は今日よりも死ぬ危険が高いということになるからです。年をとれば、いずれ死ぬのは確かだけれど、老化のせいで死ぬわけではない、とクラルスフェフドとルヴァは断りを入れています。「老化よりも、むしろさまざまなプロセスが組み合わさることによって、細胞が傷つきやすくなり、直接の死因である感染症に犯されたり、腫瘍ができたり、血管が閉塞あるいは破裂したりする」。

科学者たちは、生き物にはとてつもなく多様な老いや死があることを発見しました。たとえば、人間には百二十年も長生きする人がいる一方、カゲロウの成虫には数時間で死んでしまう種類もあるということ。生物学的な老化は基本的に、急なもの、緩やかなもの、ほとんどないものの三パターンになります。一気に年をとり、あっという間に死んでしまう生き物もいれば、七年、三十年、六十年、あるいは百二十年育ってようやく花が咲くと、あっという間に枯れてしまう竹や、生殖後すぐに死ぬ生物もいます。たとえば、交尾後あるいは交尾中にメスがオスを食べてしまう種類のクモなど。クラルスフェフドとルヴァは、〝急激な老衰〟という表現を使って鮭のことを説明しました。鮭は繁殖のために生まれた場所に戻ってくると、すぐに死んでしまいます。哺乳動物の場合は緩やかな老いが一般的であり、種ごとに決められた期間に、ゆっくりと年をとります（百二十年であっても、二、三年であっても）。アメリカ西部の高地に生息するヒッコリー・マツ（別名ブリスルコーン・パイン、イガゴヨウマツ）、チョウザメ、ホンビノスガイ（北米大西洋産のハマグリの類の食用貝）は老いがほとんど見られません。淡水動物のヒドラはまったく老化しないし、小さなクラゲの一種、ベニクラゲも年をとらない。だからといって、絶対に死なないわけではありません。病気や外傷によって、いつかは死にます。それでも、科学者に言わせれば、〝生物学的には不死身〟になるのでしょう。

寿命とは、あらゆる環境上の危険をとりのぞいた場合の生きる長さのことであり、老い方とは関係ありません。というのも、急に老いる生物がゆっくりと老いる生物と同じ寿命の場合もあるからです（たとえば、竹と人間のように）。それぞれの生物には通常、遺伝子構造、生理機能、進化によって決められた寿命があります。ところが実際は、かなりばらつきがあるのです。たとえば、ヴィズラの平均寿命は十二歳半で、ミニチュア・プードルは十五歳。一方、アイリッシュ・ウルフハウンドは六歳まで生きられれば運が良いと言われます。

地球上でもっとも寿命が長い生物とは何か？　あるブルーベリーの木は一万三千年生きつづけているそうです。二千五百万年生きつづけている細菌胞子もいます。グレート・ベースンに生息するヒッコリー・マツの〝メトセラ〟（九百六十九歳まで生きたとされている人間の族長の名前）は、一九五七年に標本を採取して調べたときには樹齢四千七百八十九年でした。噂では、メキシコハマビシ（別名クレオソート・ブッシュ）は一万千七百年生きているとのこと。哺乳動物でもっとも寿命が長いのは（異論はあるだろう）ホッキョククジラと言われていて、少なくとも二百十一歳まで生きるそうです。

野生動物の寿命

生物学者と動物行動学者が動物を年齢に基づいて分類したところ、それぞれのライフ・ステージは生理学的にも行動学的にも独特なものだということがわかりました。ところが、科学的に認められた老年期という正式なカテゴリーはありません。壮年期を越えたとき、動物の身体と行動にははっきりした変化が現われるにもかかわらず。カナダ人動物学者、アン・イニス・ダッグが二〇〇九年に執筆した『The Social Behavior of Older Animals（年をとった動物の社会的行動）』（未邦訳）がいまのところ、高齢の動物の行動に関する唯一の正規論文です。動物科学界でも、年齢による差別があるのでしょうか？　それとも、研究対象になる年をとった野生動物がいないだけなのでしょうか？　ダッグが著書の冒頭でこう述べています。「最近まで、野生動物は長生きをしないものであり、事故や病気で死ぬか、捕食者に殺されるかのどちらかだと信じられていた」。ところが、この考えはまちがっているとわかりました。驚いたことに、多くの野生動物が老年まで生きのこっているのです。いまこそ、この見捨てられた世代を研究すべきではないでしょうか。

年をとった動物だけに重点を置いた文献がほとんどないので、特定の動物について書かれた数多くの本のなかから、老化についての記述を探すことにしました。地元の図書館に行き、オオカミ、ゾウ、クジラ、イルカ、オランウータンなどの本すべてに目を通しました。そして、やや気が滅入るとはいえ、興味深いことがわかったのです。索引には〝年をとる〟、〝年をとった〟、〝年長者〟、〝初老の〟、〝年老いた〟、〝老齢〟といった言葉がまったく見あたりませんでした。ほかに、〝年老いた〟ことを表す言葉が思い浮かばなかったので、〝死〟、〝死にかけている〟、〝死亡率〟、〝寿命〟といった言葉も探しましたが、こちらは少し見つかったものの、多くはありませんでした。

野生動物に関しては、ごくわずかなデータしか集められなかったけれども、そこからいくつかわかったことがあります。動物（人間も含めて）がきわめて高齢になるまで生きられる可能性はかなり低いということ、少なくとも、哺乳動物に関しては、一歳までに死ぬ可能性がもっとも高いということ、統計的に見れば、動物は年をとればとるほど、死ぬ可能性が高くなるということ。そうは言っても、年をとるというのは比べてみた場合であり、野生のオオカミは六歳でもかなり年をとっていて（一生が早く過ぎるため）、飼育されているオオカミでも、二十歳ぐらいまでしか生きられません。ついでに言うと、飼育されていても、野生にいるより早く死ぬ動物もいます。たとえば、アフリカ象は野生では優に五十歳を超えて生きるのに、飼育されているアフリカ象の平均余命は十七年しかありません。

年をとった動物はすばやく動けず、若いころのような活発さもありません。老いの兆候は、多くの動物の身体にはっきりと現れます。痩せこけて毛の色が白っぽくなり、次第に毛の量も減っていく（例外もあり、ツバメの羽毛は若いころとほとんど変わらない）。オスとメスの寿命を比べると、普通はメスのほうがオスよりもほんの少し長生きのようです。年をとった動物は若い動物よりも病気にかかりやすく、捕食者から逃れる能力が落ち、裏を返せば捕食者としての能力も落ちる（〝捕食者の老化〟として知られている現象）。高齢者はその社会の支配者ではないけれど、社会的に重要な役割を果たしている場合が多いようです。たとえば、動物学者のカレン・マコームと同僚たちによる最近の研究では、アフリカ象の群れのなかで、高齢のメスのリーダーがいる群れは、もっと若いメスのリーダーがいる群れよりも、ライオンの攻撃をうまくかわすことがわかりました。

病気や障害がある動物はきわめて捕食されやすいとはいえ、すぐ死んでしまうわけではありません。お互いの世話をする動物であれば、仲間から特別に守ってもらえることもあるからです。たとえば、進化論の提唱者、ダーウィンが観察した目の見えないペリカンは、群れの仲間に世話をしてもらっていたし、霊長類学者のロバート・サポルスキーが観察したヒヒの群れは、麻痺や発作に苦しむ仲間を気にかけていました。ゾウの群れは評判どおり、病気の仲間を助けます。

高齢のペット

あまり注目されることのない高齢の野生動物と比べると、高齢のペットには人々の注目が集まっています。アメリカにいるすべてのペットの三十五パーセント以上を高齢のペットが占め、その増加率はほかのどの世代よりも高い。およそ七千八百万匹の犬と九千四百万匹の猫がペットとして飼われているということは、ざっと見積もっても、高齢の犬が二千七百万匹、高齢の猫が三千三百万匹。これらの数字は今後も増えると考えられます。なぜなら、獣医学が進歩して臓器移植から人工股関節の置き換え手術まで、これまで以上に幅広い治療がおこなえるようになったことに加えて、より良い医療が一生受けられるため、ペットの寿命が延びているからです。高齢のペット人口が増えるとともに、ペットの終末期への理解も深まってきました。その結果、老年のペットの専門医、老犬用と老猫用のペットフード、高齢のペットに運動機能を維持させるための器具、ペットの介護をテーマにした本、トレーナーから教わる年齢にともなう行動の変化への対処法、老犬ホームや老猫ホームなどが増えています。

高齢のペットへの配慮がなされるようになってきたとはいえ、多くのペットにとって、老年は暗くて不快な時期かもしれません。老いに対する偏見はいまだに根深く残っており、年をとっているというだけで、わりと健康であっても、治療すれば治るとわかっていても、安楽死させられる犬や猫もいるのです。高齢のペットの多くは保護施設に入れられるものの、貰い手はほとんど現われません。病気や痛みがあっても治療してもらえずに苦しむペットがあまりにも多い。なぜなら、飼い主が年をとったペットのニーズを理解しなかったり、お金がかかるという理由で適切な治療を受けさせなかったりするからです。

皮肉にも、アメリカなどの裕福国では、ペット人口がどんどん増えていて、その多くが高齢になるまで健康的に暮らしているのに、野生では、状況が逆になっています。死にかけている野生動物の割合は、増えている――つまり、寿命が短くなっているのです。気候の変動、生息地の破壊、環境汚染（石油の流出も含む）によって、生存能力が低下すれば、寿命が劇的に短くなることもありえるでしょう。たとえば、ホッキョクグマは十年前と比べただけでも、高齢になるまで生きられる可能性がはるかに低くなり、一歳までに死んでしまう可能性が高まっています。

ペットが年をとったら、どんなことが待ちうけているのか

獣医学に関する文献によれば、犬と猫は七歳になると老齢と見なされます（五歳で老齢と見なされる大型の犬種や、九歳で老齢と見なされる小型の犬種も存在する）。マヤは昨日七歳になったので、正式

には老齢ですが、いまだにすらりと美しく、活発に動きまわり、わたしと外に走りにいくときは、とても若々しく見えます。けれども、最近は長い時間寝ていることも多く、オディーと同じようなこぶもできてきました。獣医によれば、単なる脂肪腫とのことですが。眉やあごにはいぼもでき、目の下の毛には白髪が混じっています。犬の年では、マヤはわたしと同じく四十歳半ばで、オディーは七十代後半です。

年をとると犬の身体にも多くの変化が見られるようになります。たとえば、鼻づらが白髪になるといった、皮膚や毛に現れる病気や変化。とくにオスの犬に見られる（去勢手術をうけていないオスは前立腺の病気になることが多いが、犬に更年期はない）生殖器系の変化。変形性関節炎、筋委縮症などの骨や関節の病気。心臓、肺、肝臓、腎臓機能の低下。胃腸の不調（便秘、胃炎）。免疫機能の低下。視力の低下。難聴。しかし、嗅覚は最後まで衰えないのが普通です。

老化は脳にも影響を与えます。人間の認知能力の衰えは三十代から始まると言われ、わたしはこの事実にがっかりしました。なぜなら、自分でも衰えを感じるようになったからです。脳の老化は構造的および化学的な変化を引き起こします。たとえば、神経回路が失われる、脳の回復力がなくなる、大脳皮質が薄くなる、ドーパミンやセロトニンレベルが低下するなど。以前のようには頭がすばやく働かないし、よく覚えられないし、たくさんの情報を処理できません。認知能力の衰えは動物にも見られ、びっくりするほど急激に生じることもあります。獣医によると、足の指の関節を地面について歩くといったオディーの行動の癖は、神経機能の低下が招いたことだそうです。オディーはまた、犬の認知症、つまりCDS（認知機能障害症候群）も患っています。認知症の犬の脳は、人間のアルツハイマー病患者の脳とおおよそ同じで、CDSの犬を検視したところ、アルツハイマー病患者の脳に見られるプラーク（身体の部位または（皮膚）表面にできた異常な斑）と似たものが、犬の脳にも見つかりました。こうしたことから、犬はアルツハイマー病の研究モデルとして使われています。アルツハイマー病と同じく、CDSも治らない病気とはいえ、アニプリールなどの薬による治療は認知能力の衰えを緩やかにし、症状を軽減する効果があることがわかってきました。

身体と脳の変化は行動にも影響を与えます。認知症の犬は飼い主に興味を持たなくなり、寝てばかりいたり、失禁したり、道に迷ったり、性格が変わってしまったりするでしょう。このような変化がわずかしか見られなければ、飼い主は症状に気づかずに、普通の老化現象だと思い込んで、動物病院に行かないことが多いようです。獣医のデイヴィッド・テイラーは著書『Old Dog, New Tricks（老犬に新しい芸を教えよう）』（未邦訳）のなかで、老犬にもっともよく見られる行動の変化を、生理的な原因とともに説明しています。

「たとえば、老犬の大半が患っている歯の病気は痛みの原因になり、いらいらを引き起こす。軟便になれば犬小屋を汚す。肺の機能が落ちると、酸素がじゅうぶんにとりこめずに元気がなくなり、夜中に混乱したり、ぼけたりしやすくなる。心臓の病気は運動能力を抑えてしまうため、日中にますます寝てしまうことになる（十三歳以上の犬は、多かれ少なかれ心臓に病気を抱えている）。

肝臓が老廃物をあまり分解できなくなると、認知機能に障害が起こりやすくなる。腎臓病は過剰に尿を増やすため、失禁が起こりやすくなる。前立腺肥大症も失禁につながる。脳下垂体が不活発になると、怒りっぽくなったり、食べすぎや飲みすぎを引き起こしたり、落ち着かなくなったり、犬小屋を汚したりする。骨密度や筋肉量が減れば、動きが悪くなる。感覚が衰えることで吠えたり、怖がったり、攻撃的になったりする」。

年をとった動物にいちばん多い問題行動は不安になることであり、オディーの神経症がそれに当てはまります。テイラーは老犬の不安感（人間が持つ恐怖感に近い）について、次のように述べています。「老犬は経験豊かで自分のやり方にこだわる一方、しばしば不安におそわれるようだ。環境の変化にいらいらしやすくなったり、怖がるようになったりする」。不安感は身体の衰えから生じている場合が多いようです。たとえば、尿の量が多すぎる犬は犬小屋を汚すことを心配するかもしれません。視力や聴力が衰えると不安感が生まれ、認知機能障害を引き起こすこともあります。「老犬の行動は変化を嫌う保守的な態度の表れであり、老人によく見られるものとほとんど変わらない」。オディーはまちがいなく、身体の変化、とくに後ろ足が思うように動かないことに対して強い不安を抱えている。その証拠に、身体がふらついたり、足を引きずって歩いたり、餌を食べるために必死で立とうとしたりするときに、不安そうな表情を浮かべます。

老化にかかわる問題行動の多くは、飼い主が献身的に取り組むことで解決できると、タイラーは考えています。いちばん重要な点は、ハウスで失禁するといった問題行動がしばしば内科的な病気のせいで起きているということ。最初に会うべきなのは獣医であって、行動学者ではありません（次の段階になるかもしれない）。安楽死の専門医でもなければ、保護施設の職員でもないのです。ペットが年をとったときの行動の変化を予測していれば、飼い主はその根本的な原因を探して、ペットが老いにうまく適応できるような手助けを積極的におこなうことができます。そうすれば、飼い主自身ももっとうまくペットの老化に合わせられるようになるでしょう。

もちろん、老犬の行動の変化がすべてあつかいにくいというわけではありません。たとえば、多くの犬は年をとればとるほど、飼い主と離れることに対する不安感が増していくものですが（おそらく、さまざまなことに対する不安感が増しているせいだと考えられる）、オディーの場合は、むしろ不安感が減っていきました。その理由は、ほとんど耳が聞こえなくなっていたのと、しょっちゅう眠っていたため、わたしたちが出かけていることに気づかないことが多かったからです。また、頭も混乱しているため、わたしたちの留守中にかならず物を壊していたことも忘れてしまいました。わたしたちが出かけるのを見ていたとしても（オディーが玄関にいて、オディー以外の全員がガレージに行き、車に乗りこむのを見ているときでも）それほど心配してなさそうだし、興味もなさそうに見えました。どちらかと言えば、わたしたちが出かけるのを待っていたんだと思います。というのも、トパーズと喧嘩になることを心配せずに、犬用の皿もカウンターも戸棚も全部を見てまわって、見つけたものを食べることができるからです。

犬のしつけの本では、すぐに再訓練を勧めます。「犬の行動に問題が出てきたら、再訓練を受けさせましょう」。わたしはこれを読んで、ため息が出ました。〝再訓練〟のむずかしさをじゅうぶんにわかっているからです。再訓練をしても、オディーはますます頑固になり、目標を達成できずに終わるだけでしょう。オディーから学んだのは、犬の問題行動が直らないのは、飼い主のせいでもあるということ。わかりにくい合図を飼い犬に送っておきながら、訳のわからない言葉でも理解してもらえるはずだと期待します。そして、自分の気持ちを理解してもらえなければ、腹を立ててしまう。しかし、犬の訓練もしくは再訓練は簡単なことではなく、相当な覚悟で取り組まなければならないのです。もちろん、一日に十五分だけ時間を割けばいいとわかっていても、その十五分間がどういうわけか確保できなくなる。ちょうど日々の食生活を改善しようとしてもうまくいかないときのように、最初の決意はどこへやら……。これではいけないと焦れば焦るほど、目標は遠のいていきます。けれども、ここで危機にさらされているのは、飼い主の幸せだけではありません。

サクセスフル・エイジング（幸福な老い）

ペットがどれほど幸せに年をとれるか、どれだけ長生きできるかは、つまるところ、遺伝子の問題というだけではなく、ペットの生涯を通じて、飼い主がどんなふうに世話をするかということになります。

ライフスタイルの選択が、どれほど人間の寿命と老後の質に影響を与えるかを考えてみてください。何を食べるか、どれだけ運動するか、煙草を喫うか、お酒を飲むか、身体と心にどれほどストレスをかけるか。わたしたちは長い時間を経なければ影響がわからないような選択を日々おこなっています（たとえば、「ハンバーガーにポテトはおつけしますか？」と尋ねられたときになんと答えるか）。人間の老いに関する文献によると、一九八〇年代に、〝サクセスフル・エイジング（幸福な老い）〟という考えが流行しました。幸福な老いを迎えるというのは、病気にかかったり、身体が不自由になったりする可能性を低く抑えること（運動をしたり、野菜をたくさん食べたりするといった健康的な習慣を身につける）、認知機能をできるだけ衰えさせないこと（チェスをしたり、仕事をつづけたりして頭を使いつづける）、活動的な生活を送ることを意味します。また、加齢にともなう変化に適応したり、病気や障害との上手な付き合い方を学んだりすることも含まれます。

動物の幸福な老いに関する文献はまだ見たことがないけれども、これらの考えはペットにも当てはまるのではないでしょうか。ペットの世話をする者はそれぞれの遺伝子の問題やコントロールできない環境要因も考え合わせたうえで、できるだけ幸せな老いを迎えられるようにしてあげなければなりません。

べつの見方をすれば、老年学では、老化を一次的なものと二次的なものに区別しています。

一次的老化は遺伝子にプログラムされた変化であり、生まれながらに生物に備わっているものなので、変更できません。視力の低下、聴力の衰え、ストレスへの適応力の低下など。二次的老化はライフスタイルの影響によって引き起こされる身体の劣化であり、コントロールが可能です。健康的な生活を送れば、二次的老化を食いとめることはできるでしょう。たとえば、質の良い食べ物をバランスよく食べたり、アルコールや煙草の量を控えたり、医療サービスを利用して病気とうまくつき合ったりすればいいでしょう。

ペットにとって、二次的老化は飼い主次第といっても過言ではありません。安くてやたらと加工された餌（トゥインキーズ（米国製のクリーム入りの小さなスポンジケーキ）など）を与えていたり、量を与えすぎていたりすれば、体重が増えて（人間と同じように）、老化が早まるでしょう。ペットの犬の二十五パーセントから四十パーセントほどが肥満と考えられ、人間の肥満の増加に合わせるように、増えつづけています。ほとんどの獣医がトウモロコシを主原料にした安いドッグフードはあまり身体に良くないと思っているのに対して、飼い主の意見はやや肯定しているもの（「ペットに何を与えようとたいした問題じゃない」）から、強く否定しているもの（「ジャンクフードはペットを殺そうとしている」）までさまざまです。

理想的な餌に関しては意見が一致しそうにありません。生《なま》か、調理したものか？　手作りか、袋入りのドッグフードか？　オーガニックか、化学的に栄養が強化されたものか？　肉か、野菜中心か、野菜だけか？　ちなみに、いままでもっとも長生きをしたと言われている犬は二十七歳まで生きたボーダー・コリーですが、完全に野菜だけを与えられていたそうです。

理想的な食事についてこんなにも意見が異なるのを見ると、わたしは自分がペットにしていることが正しいのかどうかわからなくなります（時間があるときには、ピトケアン博士の『イヌの食事ガイド――ペットとホリスティックに暮らす』（青木多香子訳、中央アート出版社）のレシピを参考にして手作りの食事を用意しているが、人間の家族のために料理する時間さえとれないときには、もっとも品質の良いドッグフードを与えている。我が家の犬にいちばん良いものが何かはわからない。でも、手作りのものが大好きだということはわかっている）。

幸いにも、運動に関しては、させたほうがいいとはっきりわかっています。ただし、農場や広大な敷地に住んでいる場合をのぞいて、犬の運動は飼い主がさせなくてはなりません。ペットをソファーから降ろすということは、飼い主自身もソファーから離れるということ。犬と一緒に歩いたり走ったりしなければならないし、ドッグランや、犬が思いっきり駆けまわれる場所に連れていかなければならないのです。

多くの人がペットの健康に関しては傍観主義的な態度をとります。触らぬ神にたたりなし、といったところでしょうか。こうした態度がしばしば問題になるのは、身体の中で病気が進行している場合です。あとになって動物病院に連れていったときには、手の施しようがなくなっているかもしれません。もっと早く獣医に見せていたら、ペットを苦しませずにすんだかもしれないし、病気を治したり、防いだりできたかもしれません。わたしはかつて、健康維持や病気予防のための診察を勧められると、少しぶったものです。こちらからお金を絞りとろうとしているんじゃなかろうか、と。オディーが元気そうにしているから、きっと大丈夫だと思っていました。とはいうものの、とりあえず、獣医には定期的に診てもらっていました。そうすべきだと思っていたのと、ルールにしたがうのが好きな人間だからです。血液検査の結果、オディーは大丈夫ではありませんでした。

避妊や去勢の手術を受けさせているかどうかでも、老犬になったときに、健康に差が出ます。一般的には、避妊や去勢によって、健康でいられる可能性が高まると言われています。また、飼い主はいろんな場面でペットの安全に気を配らなければなりません。勝手に道路の近くまで行っていないか、靴下を食べていないか、鳥の骨を喉に詰まらせていないか、カウンターからトリュフチョコレートを盗み食いしていないか、定期的に歯を磨いてあげているか、毛玉やごみを取りのぞいてあげているか。まるで、人間の子供の世話をしているみたいに聞こえます。

食事、運動、定期健診というペットの健康のためにすべき三つのことに加えて、〝目に見えない〟けれども、ペットの老いに影響を与えるさまざまなことも考慮しなければなりません。たとえば、ストレス、不安、喜び、幸福、社会との交流、精神的刺激など。

健康的に暮らそうと心がけている人には当たり前のことに思われるかもしれませんが、健康は努力せずには手に入りません。つねに努力しつづけなければならないし、ある程度の自制心と自己鍛錬が必要になります。ペットの健康を守りたかったら、自分のことと同じように、慎重に考え、計画を立てて、毎日取り組まなければなりません。完璧などありえないことをほとんどの飼い主が経験上知っているとはいうものの、わたしたちにはペットに対してできるだけのことをする義務があるのです。

老いたペットの世話

幸福な老いを迎えてもらいたければ、ペットがまだ若いうちに準備を始めなければなりません。そして、年をとってしまったら、自分で動きつづけられるようにできるかぎりのことをしてあげましょう。心を通わせていられるように、活動的でいられるように、人間やほかの動物と有意義なかかわりを持ちつづけられるように。年をとって弱くなったペットが一生をできるだけ長く楽しめるように、飼い主は臨機応変に対応しなければなりません。

オディーとわたしの経験では、たくさんの〝できること、すべきこと〟があります。二次的老化を防ぐためにできること、すべきこともたくさんあります。しかし、オディーが年をとり、足がうまく動かなくなってしまったいまでも、生活の質を維持するために積極的にやれることがまだあるのだとわかりました。自問しなければならないことにも気づいたのです。どうやって、オディーは自分をあきらめさせているのか、わたしは手助けするために何ができるのか？そこで、わたしは高齢のペットや身体が不自由なペットのためのさまざまな情報を集めはじめました。調べていくうちに、オディーができるだけ快適に生涯の最後の日々を過ごせるように介助する方法がたくさん見つかったのです。

たとえば、視力。高齢の人間と同じように、ペットも年をとるにつれて、視力が落ちることがあります。オディーも視力が落ちたことで不安になっていると考えられ、恥ずかしいことに、わたしがそのことに気づくまでずいぶん時間がかかってしまいました。夜の散歩で通りを歩くとき、いちばん後ろを歩かせれば、歩きやすいはずだと思っていました。オディーはゆっくりしか歩けないし、年をとっているため、リードをつけません。それでも、たまに一緒に出かけるのを嫌がって、庭の端にある茂みの一角までたどり着くと、向きを変えて、裏口の網戸までよろよろと戻っていき、わたしたちが散歩を終えて戻るまで待っていました。そのとき、ようやく気づいたのです。オディーが散歩をしたがらなかったのは、目がよく見えなかったからじゃないかと。わたしたちがどんどん先に行ってしまい、見えなくなったから、安全な裏口まで戻っただけではないかと。わたしは自分の愚かさを反省し、オディーにリードをつけて、今度はわたしの横を歩かせてみました。すると、やっぱり！　オディーは嬉しそうにわたしたちと通りを散歩しました。

おそらく、わたしが気づくよりもずっと以前から、耳が聞こえにくくなっていたのでしょう。そのせいで、「おいで！」と大声で呼んでも知らんぷりをしたオディーを、何度責めたことか。いまなら、犬の難聴について学んだので、難聴が人間のお年寄りに多いように、年をとった動物にも多いということがわかります。オディーは身体の障害によって、周囲からますます孤立するようになっていました。それなのに、わたしはオディーが仲間に入れるよう、とくに心を砕いていたわけではないことを認めなければなりません。ときには、ソファーで寝ているあいだに、マヤとトパーズを散歩に連れだすこともありました。二匹だけのほうが楽だったから。どうせ、気づきもしないんだから、と心の中で思っていました。寝ているほうがいいに決まっている、と。考えてみれば、ずいぶん不公平なことをしたものです。

BAER（脳幹聴覚誘発反応）という診断テストは、限られた動物病院ではあるものの、希望すれば受けることができます。内耳の蝸牛と脳幹聴覚路で発生する電気的活動を測定することによって、犬の難聴の程度を診断します（ブリーダーによっては、この検査で子犬を調べます。とくに、ダルメシアン、オーストラリアン・シェパード、グレート・デーンなど、毛色に関連した難聴が比較的多い犬種の場合。残念ながら、このテストは子犬を安楽死させるかどうかを決めるのに使われることが多い。耳が聞こえなければ、売り物にならないから死なせるということ）。

動けなくなってきている動物を補助する方法はいろいろあります。たとえば、障害のあるペット用の商品をあつかう通販サイト、handicappedpets.com では、犬用の歩行器を買うことができます。前足はしっかりと動かせるのに、後ろ足が関節炎、股関節形成異常症、麻痺などで動かせなくなった犬用に作られました。犬の胴体にハーネスを装着し、二本の車輪の上に後ろ足を載せて使います。犬はこの歩行器に乗ったまま、歩く、走る、泳ぐ、おしっこをする、うんちをする、のんびりとくつろぐといったことができる。さらに、前足と後ろ足を両方とも支えられるものもあります。犬が歩いているときに、飼い主が手に持つサポート用のリードやハーネスも売っています。

これを書いている時点で、オディーが歩くときには、介助が必要になっていました。わたしは手押し車を注文しようかどうか迷っていました（中古の手頃な値段のものをオークションサイトのイーベイで見つけた――小売価格は五百ドルという高価なもの）。けれども、結局、オディーには合わないと思うようになったのです。オディーの前足はそんなに強くないし、身体に固定させたり、取りはずしたりするだけで、たいへんなストレスがかかるにちがいありません。それに、手押し車は歩くときに役立つものの、立ち上がるときには役に立たないのです。家のあちこちで物にぶつかるオディーの姿が目に浮かびました（怪我をして傷口を縫い、エリザベスカラーを首に巻いていなければならなかったときのように）。きっと、よけいにストレスがたまるはずです。自分の身体が宇宙空間にあるような、自分ではどうしようもない感覚を味わい、混乱してしまうにちがいありません。

家の環境を少し変えただけでも、年をとったペットが自信を持って動きまわれるようになることもあります。オディーにいちばん役に立ったのは、カーペットやマットをフローリングの床一面に敷いたこと。滑る回数が減ったため、安心して歩けるようになったようです。一方、スロープをつけて、犬用ドアの出入りを楽にできるようにしたり、車に入るときにさまざまなスロープや踏み台を置いてみたりしましたが、こちらはうまくいきませんでした。Handicappedpets.com では犬用の紙パンツも売っています。オディーが家の中でときどきおもらしするようになったとき、犬用オムツのことを調べました。さまざまな色や柄のオムツが買えます。ウェブサイトの説明では、こうあります。

おもらしをするペットはベッドから追いだされ、洗濯室に閉じこめられて、よその家を訪ねるときは家に置いてきぼりにされます。これからは、もうそんなことはありません！ 犬や猫のためのオムツ、オス犬用腹巻、サスペンダー、オムツをつけたまま履けるファンシー・パンツがあり、ペットが活発に動きまわっても大丈夫。さらに、(これを聞いたらどう思うでしょうか？) 鳥のオムツだってあります！ 購入者の感想を紹介しましょう。「バディはふたたびソファーに座ったり、わたしたちと一緒にベッドで寝たりできるようになって、すごくうれしそう！」

ファンシー・パンツと、使い捨てや繰り返し洗って使えるオムツのほかに、〝半身不随ペット用ドラッグバッグ〟(想像してみてください) も購入できます。このウェブサイトで買える商品のことはいちおう頭に入れておいたのですが、オディーが使いたいと思っているかどうかはわからないし、オムツをみっともないと思う気持ちを消せませんでした。結局、オムツを買うのをやめたのはわたしであって、オディーではありません。いまのところ、失禁はごくまれです。いちばん困っているのは、裏庭でうんちをしたあと、それを踏んづけて、家中に足跡をつけること。残念ながら、これはどうにもならないでしょう。

オディーはかなり痩せています。どんなに盗み食いをしても太りません。でも、ちょっと太り気味だとしたら、ペット用品店、〈ペッツマーケット〉を見て、ヒルズの〝プリスクリプション・ダイエット（特別療法食）r／d　体重減量〟を買うでしょう。袋の表にはスマートなビーグル犬の写真が載っていて、ほっそりと形の良いお腹には、青いメジャーが巻かれており、いかにスタイルが良いかがわかります。大きな箱に、あらかじめ個別に包装された低カロリー食とビスケットが六十六食分と、ダイエット成功のヒントが記された説明書が入っています。もしもオディーがホットドッグと小麦粉を食べすぎて肥満になってしまったら、ヒルズの〝ニュー！　セラピューティック（治療食）体重減量〟のほうを買うでしょう。そうすれば、オンラインでペットの健康をサポートしてくれる〝ヒルズのペットフィット・チャレンジ〟にも入会できます。それでも効果がなければ、獣医に頼んで、ファイザーのスレントロールを処方してもらうしかありません。これは〝初めて認可された犬専用の肥満治療薬〟で、残念なことに吐き気、下痢、倦怠感などの不快な副作用をともなうことが多いようです。

年をとったペットのためにさまざまな物を買うことができるだけでなく、もっと動けるようにいろいろな治療を受けることもできます。ステロイドが効く動物もいれば、アミノ糖のグルコサミンや鎮痛剤のトラマドールが効く動物もいます。関節の置き換え手術は盲導犬などの使役犬にもペットにも、ひんぱんにおこなわれています。『ニューヨーク・タイムズ』紙では、敏捷性を競う犬たちの関節置き換え手術を取りあげた記事のなかで、足が不自由な九歳のパグ犬リリーが股関節全置き換え手術を受けたあとに、アジリティー・コンペティション〔犬に障害物を越えさせ、そのスピードと正確さを競う競技〕でふたたび競うまでの話を紹介していました。オディーにしてあげられたらよかったと思うものは、薬を使わない代替療法です。たとえば、犬のリハビリテーション、理学療法、マッサージ、レーザー治療、鍼治療など。

介護のジレンマ

わたしはすべての飼い主がペットを家族の一員と見なしているわけではないということを理解しています。純粋に役割を果たすだけの犬もいるでしょう。たとえば、防犯や狩りの道具として。このような犬の多くが本当の家族としてあつかってはもらえません。しかし、多くの家庭では、ペットは本当の家族と見なされています。それどころか、最近の調査では、回答者の八十一パーセントがペットを子供と同様にあつかい、半数以上が自分をペットの親として、「ママ」や「パパ」と呼んでいることがわかりました。回答者の四分の三が家族の一員のようにペットに話しかけていると答え、愛情のこもったニックネームをつけています。誕生日を祝い、クリスマスプレゼントを買い、すばらしい成長を記録したスクラップブックを作っています（スクラップブック以外のことはわたしもすべてやっている）。

ペットがほとんどの家庭のなかで特別な存在なのはまちがいないでしょう。けれども、厳密にどんな存在なのかは、個別に調べなければわかりません。年をとったペットが家族のなかで果たす役割を例えるとしたら？　老犬の世話は子供の世話に似ているか、それとも、年をとった親の介護に似ているのか？　ペットの役割はそれぞれの家庭で異なるため、それを正しいとか、まちがっていると言いきることはできません（正直に言えば、犬を人間の子供のようにあつかいすぎている人々もいる）。わたしたちもオディーのことを最初に生まれた子だと冗談で言うけれど——オディーはわたしたちが新婚のころから一緒にいたし、自分の子供が生まれたのは二年ほどあとだった——だからと言って、本当に子供だとは思っていません。また、オディーとわたしの両親が年をとっていく過程には、似たところがたくさんあるけれど、オディーを親だとも思っていません。犬は犬として存在しているのであって、そのままでもじゅうぶん家族の一員なのです。家族は安定を保とうとする集合体であり、我が家の場合はたまたま複数の種類の生物が一緒にいるのだと考えています。

病気で苦しむペットがいると、まちがいなく、家族のあいだに緊張感が生まれます。それを避けるひとつの方法は、ペットに家族から抜けてもらうこと。つまり、本当に問題が起きるまえに、あるいは家族が迷惑をこうむる前に、安楽死させることになります。もうひとつの方法は（こちらのほうがわたしには好ましく思える）、家族が順応すること。しかし、これは、〝言うはやすくおこなうは難《かた》し〟です。わたしの場合、オディーのニーズを優先したいけれど、そうすると、夫や娘、マヤやトパーズ、そしてわたし自身のニーズがおろそかになるのではないかという、相反する思いが心の奥深くにありました（自分の時間をどれだけ介護にあてなければならないのだろうか?）。その答えはすぐには見つからないでしょう。それに、どちらのニーズも完璧に満たすことができる方法はありません。いつも確信が持てず、罪悪感にさいなまれていました。そして、少なくとも、わたしが経験したように、介護する者の役割は不変ではありません。毎日ちがうのです。オディー、わたし、家族のニーズは絶えず変化しています。

そこで、わたしは人間の介護に関する文献、とくに年老いた親の介護に関する本に目を通すことが、介護者として役立つにちがいないと考えました。『がん告知　そして家族が介護と死別をのり越えるとき』（渡辺俊之訳、星和書店）では、役割を限定する、支援サービスを利用する、頑張りすぎない、ニーズを検討する、受け入れる、幻想と現実を区別する、意識や柔軟性を高める、親密さを守る、元気づける、といったことが語られています。わかりきっていたために、いままでじっくり考えてこなかった重要なことがあります。それは介護をする人には問題を解決する能力が求められ、その役割を積極的に果たさなければならないということ。老いた親をなぐさめるだけでなく、積極的に問題を解決してあげなければなりません。とりわけ厄介なのは感情的な問題で、この本では、介護する人が深い満足、同情、愛情だけでなく、怒り、悲しみ、罪悪感、挫折も味わうだろうと指摘しています。

罪悪感。どんなにやってあげても、じゅうぶんではありません——いまもそうだし、いままでもずっとそう。ワクチン接種と年に一回の健康診断はきちんと受けさせていたけれど、それでじゅうぶんだったのでしょうか？　老犬の介護について書かれた本には、三カ月ごとに精密検査を受けさせることを勧めるものもあるけれど、そこまではできませんでした。

オディーに魚油のサプリメントを飲ませてみたものの、長つづきせず、在庫がなくなっても、すぐに健康食品店の〈ビタミン・コテージ〉に行かないまま、一、二週間が過ぎ、そのまま忘れてしまいました。さほど効果を感じられなかったからということもあるけれど、ほかのことで頭がいっぱいだったからということを認めざるをえません。オディーには、大好物のホットドッグやランチョンミートを与えていました。栄養がほとんどない食べ物だとわかっていたにもかかわらず。

それに、歯のこと。歯が悪いのは、オディーがドアやソファーをかじってしまったせいでもあるけれど、わたしが歯の手入れをさぼったためでもあるのです。チキン風味の歯磨き粉で歯を磨くのは、思い出したときだけでした（頻繁とはとても言えない）。オディーが嫌がって磨かせてくれず、あきらめることもありました。

また、いままでオディーを走らせすぎたのではないかと悩んでいます。わたしたちはよくマウンテンバイクにまたがっては、オディーを並走させ、モアブのジェミニ・ブリッジズにあるハイキングコースを二十マイル〔約三十二キロメートル〕以上走ったりしたものです。そんなに走らせなければ、後ろ足の状態も、これほど悪くならなかったのではないでしょうか。

オディーはヴィズラの平均寿命である十二歳半よりも長生きしているので、たぶん、まちがった飼い方はしていなかったのでしょう。それでも、もう少しうまくやれたというか、やるべきだったのではないでしょうか？　もっとうまくやれたはずなのに――この台詞はやらなかったことへの後悔に満ちています。そして、年をとったペットの介護をする者の役割が、ここに集約されている気がします。

自尊心を傷つけること

ある日、オディーはトパーズにアキレス腱を噛まれそうになって、キッチンで倒れてしまいました。怯えて、どうしていいかわからず、籐《とう》の敷物の上で滑ってもがいているうちに、うんちを漏らしはじめます。仰向けで足をばたばたさせていたので、背中をうんちで汚してしまいました。オディーを起こそうと手を伸ばしたところ、腕を噛みつかれそうになりましたが、それでも、なんとか汚れた腰を持って立たせると、オディーはよろよろと歩いてドアから出ていきました。いちども振り向かずに。わたしにはオディーが屈辱感に苦しんでいるように思えました。

あとでこの出来事を考えたとき、わたしはオディーの感情がどうして手にとるようにわかったのだろうかと不思議でした。はたしてオディーは本当に屈辱を感じていたのでしょうか？それとも、わたしが自分の感情をオディーに投影させていたのでしょうか？　おそらく、後者ではないかと思います。でも、当たっているかどうかはまったくわかりません。チャールズ・ダーウィンによれば、恥と屈辱は人間だけが感じるものだそうです。つまり、動物には顔を赤らめる生理的手段がないということ。そこまでしかわかっていないようですが、わたしは人間がまだ理解していない動物の感情がたくさんあるのではないかと思います。もしかしたら、動物も屈辱、恥、きまり悪さに近い感情を味わっているかもしれません。もしかしたら、味わっていないかもしれませんが。

そして、このことがあってから、わたしは少し落ち着かない気分になりました。老犬を安楽死させるべきだという大義名分が持ちだされるひとつのきっかけは、排泄をきちんとできなくなったときであり、トイレに行くことができなくなって、朝、おしっこやうんちをしたまま寝ているところを飼い主に見つかったときなのです。このような状況で飼い主は恥ずかしさ、つまり屈辱を感じます（オディーが床でもがいていたときにわたしが感じたこと）。動物が屈辱を感じるかどうかわからないから（仮に、従来の見方をすれば、感じない）、飼い主は自分自身の感情に隠されたロジックをもっとじっくりと考える必要があります。もしも飼い主だけが屈辱を感じているとしたら、このことによって、安楽死させる時期を決めるべきではないのではないでしょうか。

少なくとも、うんちにまみれてしまうことだけで、オディーが苦しむとは思えません。いままで何度もハイキングに行きましたが、歩いている途中で、やぶのなかから出てくると、鼻の先から尻尾までほかの動物の糞にまみれていることがしょっちゅうでした。そんなときはいつも、大満足の表情を浮かべていたのです。自分のうんちの場合はちょっとちがうのかもしれませんが。たとえ、オディーがあの出来事で屈辱を感じなかったとしても、あきらかに動揺していました。動物が失禁することで何に苦しむかと言えば、〝生まれつき備わっている〟もっとも原始的な行動（自分の巣を汚さないこと）のひとつができなくなってしまったという感覚かもしれません。あるいは、オディーと同じように、立ち上がったり、あちこち動きまわったりできないことが原因かもしれないし、子犬のころからやってはいけないとしつけられてきたことをしてしまって不安を感じたり、飼い主をがっかりさせたくないと思ったりしているのかもしれません。

動物が屈辱を感じているかどうかはわかりませんが、人が動物を侮辱できるというのは本当です。はっきりと覚えているのは、モアブでキャンプをしていたときに起きた出来事。その晩、いつもおかしなことを考えるのが得意な友人のマックスは、大きなソーセージをペニスに見立てて、オディーのお腹にテープで貼ったのです。それから、わたしたちが薪を囲んでおしゃべりしているあいだに、オディーを連れてキャンプ場を歩きまわりました。もちろん、あちこちから笑い声が聞こえてきました。オディーは何を笑われているかもわからず、ただ注目されて喜んでいたようです。

けれども、この出来事の何かがまちがっている気がしました。なぜなら、この冗談はオディーをだしにして成り立っていたからです。わたしたちの目にはオディーに恥をかかせていると映りました（最悪だったのが、お腹のテープをはがすときに、オディーの毛もたくさん抜けてしまったこと。その仕返しかどうかはわからないけれど、オディーは翌日、テーブルの上に置いてあったマックスの夕食用のソーセージを盗み食いした）。もしも、動物との付き合い方を考えるなら、地元の文房具屋でさまざまな動物の絵つきの年賀状を見たり、サーカスを見に行ったりするといいでしょう。人間がいつも動物を侮辱していることがわかると思います。

どのくらいがやりすぎなのか？

人間の生命倫理の分野では、「イエス」と言えることよりも「ノー」と言えることのほうがはるかに多くありました。次々に新しい治療法や技術が提供されるようになってからは、一度何かを利用すると、なかなか「ノー」とは言えなくなってしまいました。医療の場合はとくに。高齢の父親や病気の子供のために、医者に何もしないでほしいと言うよりも、できることはなんでもしてほしいと頼むほうが愛情深くて誠実な行為だと思いませんか？　それでも、これらの技術に巻きこまれた人々——医者も患者も——は、それ以上治療することが、無駄で、無責任で、残酷な行為になると気づいたのです。

おそらく、ペットの場合も同じようなことが言えるでしょう。重病の動物が受けられる治療法がどんどん増えてきて、いまでは選択肢がいくつもあるので、ますます「ノー」と言いづらくなっています。わたしもオディーのことでは、すでにこのプレッシャーを感じています。たとえば、視力のことについては原因を調べておくべきだったのでしょう。角膜を移植すれば、ふたたびはっきり見えるようになって、空中でおやつをキャッチできるようになったかもしれません。また、獣医に診てもらえば、オディーが肝臓癌や骨肉腫にかかっているかどうかがわかったでしょう。さらに血液検査、超音波、肝臓の生体組織検査を受けさせることもできると、獣医はわたしにすすめてきました。肝臓の悪い部分を切りとって、良い部分を残すこともできるし、レントゲン検査を受ければ、脊椎に問題があるかどうかもわかります。もし問題が見つかれば、手術してもらえるでしょう。ところが、採血してもらうだけでも、オディーにはストレスになるのです。たとえ、リラックスできる家で採血しても。獣医には、「オディーは年をとりすぎているから」とだけ言って断りました。まちがっているでしょうか？　高齢であることは、役立つかもしれない治療に「ノー」と言うのにじゅうぶんな理由になりませんか？

報道によると、世界初の老犬のための介護施設〈ソラディ・ケア・ホーム〉が日本に誕生したそうです。アメリカにも、こうした施設がいつできても不思議ではありません。毎月約九万円を払って、〈ソラディ・ケア・ホーム〉に愛犬を預けることができます。ここには介護つきの生活プログラムがあり、二十四時間の監視態勢で、獣医たちが見守ってくれます。医療サービスと、それぞれの犬のために用意された特別な理学療法や運動プログラム。さらに、特別食が用意されたり、子犬たちと交流したりすることによって、少しでも長く元気でいられるよう配慮されています。もちろん、飼い主と犬が一緒に暮らせなくなるという欠点はありますが。はたして、これはやりすぎでしょうか?

保護施設に預けられた高齢のペット

ルービィはわたしをじっと見ていました。わたしが近づくと、目で追ってきます。ガラスの前まで来ると、ふさふさした金色の尻尾を振りはじめました。この日は土曜日で、ロングモント動物愛護協会は多くの面会者で混んでいます。子犬がいる囲いのまわりに人だかりができていて、「おお」とか「ああ」とか「まあ、なんてかわいいの!」と言う声が繰り返し聞こえてきます。人々はひとつの囲いから次の囲いへと移動していきました。ほとんどの犬の前をゆっくり通りすぎるのに、ルービィの前はさっさと通りすぎます。まるでケージが空っぽであるかのように、ルービィを無視していきました。わたしがそこにいるあいだ、誰もルービィを面会室に連れていこうとはしません。名前と年齢と〝この優しいメス犬は終の棲家を探しています〟という言葉が書かれた小さな標示板を読む人もいません。ルービィは通りすぎる人をひとりずつ目で追います。もはや、自分がほとんど存在していないということをわかっているのでしょうか？　なぜなら、十二歳で、どう見ても老犬だから？　ぼさぼさの毛、白っぽい鼻づら、肉がついたお腹、曇った目がルービィの期待に背いているのでしょうか？

〝年齢差別《エイジズム》〟は一九六八年に老年学者、ロバート・N・バトラーが作った用語であり、社会に広くはびこる高齢者への偏見を意味します（一九八二年、バトラーはアメリカのマウント・シナイ医療センターにある医科大学に、世界で初めて老年学部を創設した）。わたしたちは動物にも年齢差別をしているのでしょうか？

悲しいことに、数百万匹の高齢のペットが一生の終わりを保護施設で過ごします。これらのなかには、飼い主が高齢になったり病気にかかったりしたために、保護施設に入れられることになった犬もいました。ルービィも、高齢の飼い主が亡くなり、遺族がルービィを引きとろうとしなかったために保護施設に入れられたのです。それにしても、年をとったという理由だけで保護施設に送られるペットがあまりにも多すぎます。そして、新しい家が見つかる高齢の動物があまりにも少なすぎます。わたしはいままで、どんな苦労も惜しまず、老犬や老猫の世話をする人々の話をたくさん耳にしてきました。なかには数カ月も仕事を休んだり、仕事を失ってしまったりする人さえいます。とはいえ、誰にでも真似できるものではありません。高齢の動物のニーズに応えようとして、感情的にも経済的にも追いこまれてしまう人もいます。その一方で、残念ながら、深く考えもせずにペットを飼う人がいるのです。そういう人はペットがみすぼらしくなったり、病気になったりすると、平気でごみといっしょにリサイクルセンターに連れていったり、捨てたりします。経済的に余裕があっても、高額な医療費や、老齢の動物に必要な餌にお金を出したがらない人もいます。

グレー・マズル協会は老犬と保護施設についての報告書をまとめました。老犬がどのように家を失うのか、もっと快適に生きられるようにするには何をしてあげられるかを理解して、新しい家に迎え入れてもらえるようにするためです。死ぬまで保護施設にいる老犬が何匹かはわからないけれど、すべての町のすべての保護施設には、かなり多くの老犬がいるようです。老犬を保護施設に入れるときに質問票に書く理由でもっとも多いのが、〝引っ越し〟。保護施設の職員のあいだでは、〝引っ越し〟は「もう、面倒くさくなった。犬を連れていきたくない」という気持ちを遠回しに表現している言葉だと受け止められています。

老犬が医者にかからなければならなくなったときも、飼い主は保護施設に向かいます。ペットが年をとるほど、医療費がかさむため、飼い主によっては適切な治療を受けさせようとしなかったり、受けさせることができなかったりします。保護施設に入れられる高齢のペットの数に対して、同じくらいの数、あるいはもっと多くのペットが動物病院に連れていかれて、安楽死させられています。安楽死のほうが保護施設に預けるよりもお金がかかる（安楽死が約二百ドル、保護施設が約四十ドル）一方、人によっては、積極的に治療するよりも、注射一本で済むし、捨てたわけではないので、感情的に受け入れやすい選択肢に思えるのでしょう。ときどき、老齢のペットが施設の敷地に置き去りにされることがあります。安楽死させなければならないものの、その費用と処分代が高すぎるという理由だけで。〈サンクチュアリ・フォー・シニア・ドッグズ〉に保護された老犬のバートは、散弾銃で撃たれて傷だらけのまま、ドブに捨てられていたそうです。

保護施設にいる老犬の健康問題は簡単には改善されません。高齢の動物を専門に診ている獣医のフレッド・メッツガーによると、歯の病気が非常に多いそうです。しかも、治療費がばかになりません。ほとんどの老犬は定期的に血液検査を受けていれば、腎臓病、甲状腺機能亢進症、糖尿病などのさまざまな病気を発見してもらえます。しかし、血液検査はお金がかかり、ほとんどの保護施設の予算を越えてしまうようです。病気を抱えていると、貰い手が見つからないばかりか、保護施設の獣医に診てもらえるのは、かなり症状が悪化してからなので、そうなった場合、経済的に最善の方法が安楽死になるのです。

そんな辛い話ばかり耳にするなか、高齢の動物に愛情を注ぐ人々もいることがわかりました。高齢の動物の引きとり手を積極的に増やそうと活動する動物愛護団体の数はまだ少ないとはいえ、確実に増えています。たとえば、英国王立動物虐待防止協会による〝高齢動物のリホーム計画〟（RSPCA）は、高齢のペットの飼い主になる不安を減らして、新たな飼い主を増やそうとする試みです。飼い主になってくれそうな人には、高齢のペットのいまの状態をしっかりと伝えるとともに、獣医の診療費を安くすること、送り迎えのサポート、緊急の場合は昼夜問わず電話での問い合わせに応じることを約束しています。多くの保護施設では、九月を〝老犬の月〟としてイベントを開催し、保護施設に収容されている老犬の認知度を上げつつ、譲渡費用を割り引いたり、サービスをつけたりして飼い主を増やそうと取り組んでいます。コロラド州ロングモントにある〈ロングモント動物愛護協会〉では、老犬の場合はつねに割引価格で、少なくとも年一回は特別価格で引きとってもらっています。

老犬を救う活動は多くの救済機関でおこなわれています。〈マットビル〉、〈オールド・ドッグ・ヘイヴン〉、〈シニア・ドッグズ・プロジェクト〉、〈サンクチュアリ・フォー・シニア・ドッグズ〉、〈ブライトヘイヴン〉、〈ファーリー・フレンズ・ヘイヴン〉、〈ア・チャンス・フォー・ブリス〉など。〈オールド・ドッグ・ヘイヴン〉（ニュースレターで「老犬を愛しています！」と宣言している）は家を失った老犬を里親に預けることで、積極的に飼い主を探そうとする個人のネットワークです。〈ブライトヘイヴン〉は老犬や身体が不自由な犬が残りの日々を過ごせる保護施設であり、老猫には〈パーフェクト・パルズ〉や〈タビーズ・プレイス〉などの同じような施設があります。

特別プログラムが用意されている保護施設（〝シニアズ・フォー・シニアズ〟など）もあり、老犬と高齢者が触れ合う機会を提供しています。老いたペットを飼うことが飼い主にとって幸せかどうかは、データを集めてもはっきりとはわかりませんが、ペットと暮らす高齢者はペットを飼っていない高齢者よりも活動的で、鬱病にもかかりにくいということが、研究によってあきらかになりました。さまざまなプログラムを通じて、老いたペットが高齢者の生活を豊かにしています。たとえば、多くの老人ホームやホスピスが導入しているペット・セラピー・プログラム。死期を知らせる猫のオスカーがいる〈ステアハウス〉のように、ペットを飼っている施設もあります。

なぜ動物を飼うかというと、慈しむ気持ちや居心地の良さが生まれるからです。動物は人間同士のつながりを越えたレベルで人とつながることができ、動物のことをあまりわかっていない人や、触れたことさえない人でも、犬や猫が自分の部屋に入ってくるととても嬉しくなるようです。とくに、高齢の動物は静かで落ち着いているため、最高のセラピー・ペットと言えるかもしれません。

高齢の動物を守るために世話をしようと考える人が増えるにつれて、犬や猫以外の動物にも、救いの手が差し伸べられるようになりました。フロリダ州アラチュア郡には高齢の馬専用の牧場、〈リタイアメント・ホーム・フォー・ホースィズ〉、テネシー州ホーエンウォルドにはゾウの保護区域、〈エレファント・サンクチュアリ〉、ルイジアナ州キースビルには医学研究用だったチンパンジーの保護施設、〈チンプ・ヘイヴン〉。なかにはかならずしも安息の地とは言えないような施設もあります。最近では、『ニューヨーク・タイムズ』が引退馬の世話をしているアメリカ最大の民間団体、〈サラブレッド引退馬基金〉に関する記事を載せました。この基金が千頭以上の馬の管理者への支払いを滞納したため、多くの馬が世話をしてもらえなくなり、飢えて死んでしまったという内容です。

　わたしはオディーが冷たいコンクリートで囲まれた保護施設の犬舎で座っている姿を想像しました。吠え声や何かがぶつかる音やキャンキャン鳴く声が聞こえてくる。うんちのにおいと、はっきりと感じられる怯えで空気がよどんでいる。不安を監視する装置がついていたら、きっと警戒して警報が鳴るはず。オディーは将来の飼い主にとって、魅力的に見えるだろうか？見えないかもしれない。きっと目の前でハアハアと息を荒げて、老犬特有の息のにおいをたっぷりと嗅がせてしまうはず。背中を撫でれば、白いフケと抜け毛の小さな塊ができ、お腹を撫でれば、たくさんあるこぶに触れ、ひじや頬やお尻にはさまざまな色のいぼができているのに気づくはず。きっと、オディーは噛みつこうとする。

　引きとって世話をするのは、これらの欠点を見ないようにしてくれる人じゃないとだめだ。曇った目をのぞきこみ、本当のオディーを見てくれる人じゃないとだめだ。とっても食欲があって、数えきれないほどの魅力があって、ワイオミングの空のように大きな愛がある犬なんだから……。

　けれども、こんなふうに頭の中で想像するのは好きではありません。あまりにも辛すぎるから。わたしの理想とする世界では、老犬一匹一匹が愛情あふれる温かい家で一生をまっとうします。それぞれが本当の姿を見てもらえます——ただの老犬として見られるのではなく。そして、もしもマヤとトパーズがこの世を去ってしまったら、わたしはべつの犬を引きとります。

かならず保護施設に行き、引きとり手が現われないような年老いた犬を連れて帰ります。その犬がどんなに息が臭くても、どんなにみすぼらしくても。

オディーの日記

二〇一〇年六月五日から九月四日まで

二〇一〇年六月五日

　オディーはつまずくし、足を引きずりながら歩くし、後ろ足を持ち上げることがほとんどできないのに、いまだにソファーには飛びのるからすごい。もうわたしのベッドでは絶対に寝ない。飛びのるのがむずかしいというよりも、縄張りがあるからだ。ベッドはトパーズの縄張りになっている。でも、ソファーはオディーが一日の大半を過ごす場所。あんまり静かに寝そべっているから、居場所がわからなくて家中を探しまわってしまうことがある（いつも自分のそばにくっついている子分のようなトパーズとは大ちがいだ）。

二〇一〇年六月二十六日

　マヤとトパーズを連れて公園に向かって歩いていたとき、通り沿いに住んでいるビルが声をかけてきた。「オディーは元気かい？　いつかまた、顔を見せに来られそうかな？」。
「なんとか頑張ってるわ。それなりに元気にしているんだけど、もうあまり外には出ようとしないのよ」。

いまの家に引っ越してきた当初、オディーを庭から抜けださせないようにするのがひと苦労だった。最初にやらなければならなかったことのひとつは、塀を建てること。それも、なるべく早く建てる必要があった。というのも、家の前の通りは交通量が多く、犬や幼い子供が一緒に暮らしている場合、庭が塀で囲まれていないと、飛びだして車にひかれてしまうかもしれないからだ。さっそく、庭の三方を高さ六フィート〔約一メートル八十センチ〕の板塀で囲ったが、裏庭は隣の敷地に面していて、境界線に沿ってきれいなコデマリの低木が植えられていた。春には長く伸びた枝先に白い小花をたくさんつけ、一年を通じて、ちょうどいい感じにプライバシーが保たれている。コデマリを残しておくために、そこだけは高さ四フィート〔一メートル二十センチ〕の金網のフェンスを設えるしかなかった。

ちょうど、その金網のフェンスと板塀が隣り合っている角こそ、抜けだすのに絶好の場所だった。ガラス戸のところに立っていれば、オディーが抜けだすのを眺めることができた。まず、まわりを見まわして、わたしたちが見ていないことを確かめるために、片方の肩越しに振り返り、こんどはもう一方の肩越しに振り返る。じつにこそこそと。それから動きはじめるのだ。普通の犬のようにフェンスを飛びこえたり、小型犬のように地面を掘ったりはしなかった。ヘビのようにするするっと越えるのがオディーのやり方だ。前足をフェンスの上に引っかけて、腰を振りながら乗りこえるのだ。

オディーはわたしたちと一緒にいても幸せじゃなかったのだろうか？　だから、逃げだそうとしたのだろうか？　たぶん、そうじゃないと思う。もっと人間の友達が欲しかっただけなのだと思う。ほかの人の愛情にも触れたかった。どんなにわたしたちが愛情を注いでも、それだけでは満たされなかったのかもしれない。オディーの心には、わたしたちでは埋められない穴があった。
フェンスを乗りこえるのが大好きだとわかっていたから、たいていはフェンスを越えようとしているところを捕まえた。するすると登っていく途中で見つけたこともある。オディーは叱られると、じりじりと身体を下ろし、お得意の後ろめたそうな顔でわたしを見たものだ。けれども、何回かは本当に抜けだしてしまった。そのうちの一回がビルに会ったときのことだ。ある春の夕方、ちょうど仕事から帰宅したときに電話が鳴った。「オデュッセウスという名前の赤毛の犬を飼っていますか?」と、ビル。「はい、うちの子です」。「じつは、我が家のガレージでうろうろしてたんですよ。挨拶しにこちらまで来てくれたみたいでね。車にひかれるといけないから、捕まえたところなんです」。わたしが引きとりにいくと、オディーは帰りたがらなかった。この一件があったから、ビルはオディーにほんの少し親しみを感じるようになったんだと思う。

二〇一〇年七月三日　エステス・パークにて

一週間の休暇のため、今日キャビンに到着した。もう夜も遅い。荷作りし、家を出て、ここに着いてからは荷ほどきをしていたので、とても疲れている。ようやく、みんなの寝る準備が整ったため、ベッドに入って横になり、ほっとする。明かりを消そうとしたとき、オディーが吠えはじめた。数分後、少し腹を立てながら、リビングに向かう。オディーは部屋の真ん中で横たわりながら、わたしを見ている。外に出たくてドアのそばで待っていたのではない。それなのに、外に出る必要があるのだろうか？　さっき、夜の散歩から戻ったばかりだ。だから、おしっこがしたいのではない。お腹が減っているのか？

わたしはやってはいけないことをしている。オディーに二度目の夕食を与えてしまったのだ。やってはいけないとわかっていた。なぜなら、吠えればご褒美がもらえると思ってしまうかもしれないから。それに、わざわざ吠えさせるようなことはしたくなかった。けれども、コテージについてから、犬たちは食欲が増していたし、わたしはとにかくベッドにもぐりこみたくて仕方がなかった。そんなわけで、オディーは二度目の夕食にありつけたのだ（そして、ほかの犬たちも。というのも、わたしが公平かどうか、つねに見張っているからだ）。

ベッドに戻り、明かりを消して、ほっとする。静かになったと思ったら、ふたたび聞こえてきた。吠え声。数分の静寂。ふたたび吠え声。そのまた次の吠え声。わたしの優しい部分はオディーがかわいそうになっている――きっと不安で、孤独で、自分の居場所がわからないのだ。少し、切なくなった。わたしの優しくない部分はやまない吠え声にうんざりし、嫌気が差している。寝ている途中で起こされるから二、三時間以上まとめて寝られないことも、毎日、午前四時にベッドから出なければならないことも嫌になっていた。オディーの最後が少し早めにきてほしいと願っているのだろうか？　この考えは明るい場所に出てきたがらない吸血鬼のように、心の奥底でほくそ笑んでいる。

わたしは十五分ほど、聞こえないふりをした。オディーが吠えるのをやめるか、誰かがなんとかしてくれるのを待っていた。結局、もう一度、暖かいベッドから出ることになった。

腹を立てながら、オディーを叱るつもりでリビングに入っていった。さっきと同じ場所にいるとばかり思っていたのに、そこにもソファーの上にもキッチンにもいない。ようやくバスルームの床に倒れているオディーを見つけた。立とうとしても、つるつるしたフローリングの床に足をとられて立てなかったようだ。きっと、ひんやりした床で寝ようとしてここに来て、トイレの水を飲んでから、倒れたのだろう。

わたしは後ろ足をそっと持ち上げながらオディーを立たせてバスルームから連れだすと、身体を抱えてソファーの上に下ろした。オディーの大好きな寝場所だ。それから、落ちこんだ気持ちのまま、ベッドカバーの下にもぐりこんだ。ようやく静寂が訪れる。

二〇一〇年七月四日　エステス・パークにて

今日はハイキングをした。オディーは前回ここに来たときよりも、あきらかに歩くペースが遅くなっている。石に足をとられてしまい、一度転んだ。つねに誰かが注意を払っていなければ、ちょっとした冒険に出たまま、いなくなってしまうだろう。本人にしかわからない任務についているつもりになって、まちがった方角に歩いていってしまいそうだ。

二〇一〇年七月七日　エステス・パークにて

昨夜は犬たちを連れて、長めの散歩に出た。〈ヘルズ・ヒップ・ポケット牧場〉に向かう。ほんの三分の一マイルなのに、オディーにとってはかなり長い道のりだったようだ。左の後ろ足の状態がかなり悪くなっている。持ち上げられないから、ずっと引きずっている。しかも、その左足全体が変なふうにねじ曲がっているのだ。身体は横向きにひねられていて、一、二歩進むごとに、後ろ足の膝ががくっと崩れてしまう。いままでは、十数歩おきだったのに、いまでは一歩おきだ。それでも、オディーは楽しそうに見えた。気持ちの上では、満足しているようだ。

実際のところ、おとといの夜には、わたしのベッドで寝ていた。家ではけっしてベッドでは寝ない。でも、ここはちがうと思っているみたいだ。トパーズの縄張りだとはあまり思わないらしい。

階段の上り下りのためや、車の後部に乗せるためにオディーを持ち上げようとすると、ときどき噛みつこうとする。頭を後ろにまわしても、わたしの身体までは届かない。だから、ただ〝ナマズ(唇)〟をゆがめて、歯をむきだしにする。このあいだはわたしの腕に噛みついたものの、あごに力が入らず、歯も見かけ倒しなので、あまり痛くなかった。

セージの話によると、

オディーのトーテム動物は水牛。
マヤのトーテム動物は鹿。
トパーズのトーテム動物はタスマニアデビル。

二〇一〇年七月八日　エステス・パークにて

オディーの舌の先に新しいできものを見つけた。小さくて赤い球状のもの。

今夜はオディーとゆっくりとくつろぐことができた。わたしは暖炉のそばで本を読みながら、肘掛け椅子の上で丸くなり、オディーが床の真ん中で寝そべっていた。まさに〝その瞬間の生活を楽しむ〟ときだ。ふと、わたしがオディーを愛していることを知らせたほうがいいと思った。近頃オディーはいつも置いてきぼりにされたり、仲間外れにされたり、そばで眺めていたりするだけだったからだ。あと何回、オディーにわたしの愛情を示すことができるだろうか？　わたしはオディーに寄り添うように床で丸くなった。それから、頭から尻尾まで撫で、前足も一本ずつ撫でた。その後、しばらくオディーを抱きしめていた。やがて、しっとにかられたトパーズがオディーの顔とわたしの顔のあいだに自分の鼻をつっこんで、魔法を解いてしまった。

二〇一〇年七月八日　エステス・パークにて

オディーを連れて散歩に出かけた。暑い日だったので、小川まで行き、涼ませてあげたかった。オディーにとって、水の中を転げまわるのがもっとも大きな楽しみのひとつだ。胸までの深さの水に入るのは好きだけど、泳ぐのは好きじゃない。十歳まで泳ぎ方を知らなかったし、泳げるようになっても、水をかきすぎて、水中に渦巻きができるほどだった。オディーをなだめすかして、ボールダーの貯水池で泳がせるため、セージとわたしはホットドッグに紐を巻きつけ、水に浮かべて引っぱったものだ。オディーはおびき寄せられるようにじりじりと餌に近づき、ゆっくりと深い水への恐怖心に打ち勝っていったのだ。

ようやく小川に下りられる場所を見つけ、オディーを抱えて斜面を下りた。オディーは小川の冷たい水に足を入れるのを楽しんだ。ところが、水をなめているとき、川底に沈んでいた枝に足がからまってしまい、仰向けに倒れて起きあがれなくなってしまった。すぐに助けることができたけれど、白目を剝いたオディーの顔がいまも頭から離れない。

バンガローに戻ってから、今度はトパーズとマヤを連れて散歩に出かけているあいだに、オディーはセージやクリスが気づかないうちに、バンガローを抜けだしてしまった。網戸を開けて出ていったにちがいない。固いコンクリートの階段を下りるところを想像すると、身がすくんだ。そこから落ちるところをいままでに三度見ているからだ。どうやら階段を使わずに、遠回りして丘の斜面を横切り、隣のバンガローまで行ったらしい。やがて、戻ってきた。何か災難に見舞われたみたいで、頭から毛が抜けていて、血が出ていた。

バンガローにいるあいだに、何度かウィグワム高原を歩いた。クリスとわたしが死んだら、ここに自分たちの灰を撒いてもらうのが夢だ。オディーはもうこの草原を登ることができない。手前の道にとどまり、深いわだちに足をとられないようにゆっくりと歩いている。

二〇一〇年七月十一日　家にて

今日のオディーはまるで百歳の老犬に見える。後ろ足がひどく悪い。それでもどうにか、オフィスのソファーに自力で乗ったけれど、下りられなくなった。歩こうとすると後ろ足がもつれてしまう。しかも、地面に着いたつま先はますます後ろ向きにまるまっていく。身体全体が片側に傾いている。顔を覗きこむと、目が白く濁っているのがわかった。いちばん困ったのは、オディーが餌を食べなくなってきたこと。夕食はほんのちょっと口をつけただけで、料理を作っているときも、キッチンをうろつかなくなった。犬の餌用の掃除機は床にこぼれた餌を吸いこみすぎて、壊れてしまった。

リズでさえ、二日前に会ったときと今日のちがいに気づいている。「なんてことなの」。裏口から入ると、こちらに向かって歩きながら、言った。「こんなになって……」。リズの目には涙が浮かんでいる。リズは十年間ずっとオディーを深く愛してくれた。抑えていた感情がいまにもあふれだしそうに見える。リズの目を見たとき、わたしも涙がこみあげてきた。

「いつごろお迎えがきそう？」と、リズ。それから、今週いっぱいもたないんじゃないかしらと言っていた気がするけれど、あまりよく覚えていない。オディーにはまだまだ時間が残されている。数カ月、あるいは、一年だってもつかもしれない。数週間ではないはず。ましてや数日なんてことはけっしてない。でも、今夜のオディーの様子を見ていると、こわくなる。わたしは少し気分が悪いまま、ベッドに入った。

二〇一〇年七月十四日

オディーが回復した。ふたたび元気になり、夕食をすべて平らげた（トパーズの分まで）。

人はどうして肉体的な美しさにとらわれるのだろうか？　花は満開のときに美しさの頂点に達

するけれど、花がどんなすばらしい実を結ぶかがわかるのは、花が終わったあとだ。まさにそのときこそ、花の秘密を次の世代に伝える準備ができたと言える。オディーは肉体的な美しさの多くを失ってしまった。確かに、近くでオディーを見た人は、さまざまな大きさの黒いぶつぶつ、いぼ、赤いできものを目にして、「おぇっ」と言うかもしれない。けれども、オディーはまだ頑張って、すばらしい実を結ぼうとしている。

二〇一〇年七月三十日　エステス・パークにて

模様替えと、ロングモントの焼けるような暑さ（三十五度）から逃れるために、週末をバンガローで過ごすことにした。模様替えに必要な物と一緒に、車の後部にトパーズとオディーを押しこみ、前の席に座ったセージがマヤを膝に抱いた。途中のパインウッド・スプリングスを過ぎたころ、セージとわたしは強烈なにおいに気づいた。犬のおならのようだが、それよりもっとひどい。

バンガローに着くまでは車を止めたくなかった。なぜなら、外は犬たちには暑すぎるし、交通量の多い山道で、わざわざ後部のドアを開けて、トパーズやオディーを飛びださせるようなことはしたくないからだ。そんなわけで、窓を開けたまま、運転をつづけた。あまり息を深く吸いこまないようにしながら。

バンガローに到着するとすぐ、ホンダのＳＵＶ、パイロットの後部ドアを開けた。わたしが心配していたことが起きている。とうとうオディーは排泄のコントロールができなくなってしまったのだ。敷いていた毛布がおしっことうんちまみれになっている。その毛布を私道の脇に置いておくことにした（家に戻ってから捨てるつもりで）。オディーはあたりをひととおり嗅ぎまわって縄張りにマーキングをしている。わたしはオディーを抱えて階段を上り、バスタブに直行した。いつ買ったかわからないようなシャンプーで洗ったため、週末のあいだずっと、オディーの身体から安い香水のようなにおいがしていた。

わたしはベッドに転がりこんだ。すると、オディーが吠えはじめる。一時間後、吠えるのをやめた。

三時三十分、オディーが吠える。クリスが外に連れだして、おしっこをさせる。

三時五十分、オディーがふたたび吠えたので、外に連れだして、おしっこをさせる。それから、オディーを抱きあげて、ソファーに下ろし、居心地良くなるよう毛布も用意した。すると、オディーはソファーから飛びおりてしまう。今度はべつの寝室に連れていき、ベッドに載せて、わたしも隣に横たわろうとした。きっと寂しいから吠えたんだろうと思ったからだ。ところが、オディーはわたしに噛みつこうとして、またしても、ベッドから飛びおりる。わたしはあきらめて、自分のベッドに戻ったものの、寝られなくなる。オディーのことで、心がかき乱されている。やがて、朝の六時ごろ、ようやく眠りに落ちた。

八時十五分、オディーが吠える。起きて様子を見にいくと、ふたつのコロッとした小さなうんちがソファーの上に落ちていた。なぜか、まったくにおいがしない。

オディーに大好物のバニラアイスを食べさせることにした。柔らかくなった黄色いアイスのにおいを嗅ぎつつ、まわりを警戒する。マヤとトパーズがポーチに出されるのを見届けてから、舐めはじめた。いつものようにがつがつ食べようとはしない。冷たい甘味を舌の上で味わっているのだろうか？　舐めているうちに、後ろ足の膝が曲がりはじめる。お尻が床に着きそうになると、舐めるのをやめて、腰を持ち上げる。すぐにまた、膝が曲がりはじめる。

二〇一〇年七月三十一日　家にて

バンガローでまる一日働き、家に戻ってからも仕事をしたため、へとへとになってベッドに転がりこんだ。

ようやくゆったりした気分になったとたん、「アゥー」。ダース・ベイダーの警報器が鳴りはじめる。十秒後、「アゥー」。その十秒後にふたたび、「アゥー」。泣きたくなった。とても疲れているため、オディーがどうして吠えるのか、まったく理解できない。さっき外でおしっこをしたし、夕食をたっぷり食べたし、まだ真夜中にもなっていない。それなのに、いったいどうして？

ベッドの中でクリスと顔を見合わせ、お互いによくわからないという顔をした。クリスが言う。「どうしたんだろう」。

「さっぱりわからないわ」。ため息をつき、吠え声がやむことを願いながら、枕を頭の上に押しつけた。奇跡的にやむ。もう聞こえない。

しばらくして、セージが寝室のドアを勢いよく開けて言った。「オディーが床にうんちをしちゃった」。思ったとおり、廊下に出ると、有毒ガスのようなにおいが鼻をついた。床に転がっているふたつの黒っぽい塊を慎重に避けて、ペーパータオルをとりにキッチンへ向かう。すると、つま先がぐにゃっとしたものに触れた。なんと、三つめの塊がご丁寧に戸口の真ん中に置かれているではないか。

わたしたちが後始末をしているあいだ、オディーはピアノの下から様子をうかがっていた。わたしは腹這いになって近づき、オディーを抱きしめて言った。「大丈夫。怒ってないわ。仕方がなかったんでしょ？」。

わたしは責任を感じている。ベッドに入るときに、オディーが何回か吠えるのを聞いていたのに、オオカミが来たと叫んだ少年の親のように、真実に耳を傾けなかった……。

二〇一〇年八月八日

オディーが玄関の戸口で立ち止まっている。そこが安全な場所と危険な場所の境界線なのだろうか？　くんくんとにおいを嗅いでいる。まるで、先に進むべきかどうかが、わずかな風のにおいでわかるとでも思っているみたいに。上のほうを向き、鼻づらのしわを膨らませ、頭をわずかに左に傾ける。やがて、ゆっくりと身体の向きを変えて、家の中に戻っていった。

二〇一〇年八月十七日

昨夜はうんちが出なくて大変だった。用を足すときのかがんだ姿勢のまま、何度も庭中を歩きまわってみたものの、ほんの少ししか出なかった。

二〇一〇年八月二十三日

リビングの床にこの前よりもたくさんのうんちを発見。オディーが外に行きたがっていたことに、寝ていて気づかなかった。

二〇一〇年八月二十四日

オディーがキッチンの戸口にずっと立っている。その横を通るときには、身体を横向きにして、壁につけなければならない。わたしが通るたびに、オディーは口をぱっと開ける。まるで、わたしがホットドッグをちぎって差しだしているところを勝手に想像しているかのようだ。

二〇一〇年九月三日

わたしは身体をかがめてピアノの下にいるオディーに近づき、愛情たっぷりに抱きしめた。すると、それをトパーズが部屋の向こうから見ていて、唸ったり、くんくん鳴いたりした。それから、走ってきて、わたしとオディーのあいだに割りこんだ。気の毒なオディー。すっかり怯えてしまい、かまってもらったことを素直に喜べないでいる。

動物行動学者からは、相反するアドバイスをもらっている。ある人は多頭飼いにおける地位争いに立ち入らないようにと言った。下位の動物（まちがいなく、オディーのほうだ）の立場がますます悪くなるからだ。トパーズがオディーをひどい目に遭わせたあとでもトパーズを褒めてあげなさいとまで言う。べつの人は、あいだに入ってオディーを守り、誰が本当のボスか（わたしのこと！）をトパーズに示しなさいと言った。いったい、どうすればいいんだろう？

　今日はオディーの恋愛について考えてみた。オディーは男らしさを象徴するカウボーイ、〝マールボロ・マン〟、もしくはとびきりの二枚目俳優、ロバート・レッドフォードの犬バージョンだと思う。赤毛で風格があり、ひきしまった完璧な体形をしている。いかにも強そうな容貌と、頭のてっぺんには見事に隆起した骨。毛の色に合った鼻と目の色。波打つように動く筋肉。けれども、オディーの恋愛はなぜかはかない。もちろん、オディーの本当の生殖能力は手術によって失われている。ただ、それにしても、オディーは二匹のメス犬だけに、しかもつかの間の興味しか示さなかった。そして、その二匹ともオディーの恋心に応えてはくれなかったのだ。

　サマンサは大型のブラッドハウンドで、皮膚はたるみ、毛色は黒と褐色のぶち。危なっかしい足どりで歩き、お尻の形はおもしろいほど不格好。ただし、鳴き声はすばらしい。トパーズを飼うまえは、定期的にドッグランに足を運んでいた。オディーはたいてい、ほかの犬に関心を示さなかった。ドッグランに行くのは人間に会うためで、ひとりひとりにすり寄っては、軽く叩いてもらったり、撫でてもらったりした。けれども、サマンサがいるときは、まわりには目もくれなかった。どこへでもついていき、お尻のにおいを嗅いで、マウンティングしようとしたが、いつもサマンサに逃げられていた。身体の大きさがオディーの倍近くあるため、前足でサマンサの背中につかまるには、後ろ足をまっすぐ伸ばして身体を高く持ち上げなければならない。サマンサがうるさがっているのはあきらかだったが、温厚な性格だったので、オディーの誘いにも、驚くほど耐えてくれた。無視することがほとんどだったけれど、たまにくるりと向きなおり、うなることもあった。わたしはその場にいて、とても気恥ずかしい思いをし、サマンサの飼い主の手前、仕方なしに声をかけたものだ。「オディー、そんなに失礼なことをしないでちょうだい」とか、「オディー、もうやめなさい」とか、「オディー、いい加減にしなさい」とか。

オディーのもう一匹のガールフレンドは同じドッグランで出会ったチワワのミックス犬。花にちなんだ名前がつけられていた。確か、デイジーだったと思う。疑う余地もなく、デイジーはいままで見たなかでもっとも醜い犬の一匹に数えられる。パンひとかたまりほどの大きさで、オディーがデイジーと交尾しようとする姿はちょっと悲しくなるほど滑稽だった。自分の前足をデイジーに巻きつけることもできないので、後ろを歩きながら、ひとりで交尾に似た動作をしていた。思いみだれた喜びの表情を浮かべながら。交尾できるから性的魅力を感じるというわけではかならずしもないということはわかっている。とくに、オディーのように去勢されたオスの場合は。それでも、オディーがデイジーに対して熱烈な感情を抱いていたのは確かだと思う。

オディーがメス犬以外で交尾しようとしたのは、クリスの医学部時代の同級生でわたしたちの友人、チャドの頭だ。わたしたちはクリスのアパートにいて、チャドは床に四つん這いになってペットのフェレットと遊んでいた。気づいたときには、オディーが走ってきて、チャドの頭を足にはさみ、腰をくねらせはじめていた。一瞬、沈黙が広がったが、チャドが叫び声を上げたとたん、クリスとわたしは思わず吹きだした。

二〇一〇年九月四日　エステス・パークにて

バンガローにいる。オディーはますます年をとったように見えるけれど、それでも散歩を楽しんだ。後ろ足はさらに衰えてしまっている。家の近所をごくゆっくりと散歩するときとちがい、ここでは速く歩こうとする。ときどき、一度に数歩だけでも、なんとかして走ろうとする。そのたびに、わたしは固唾を飲んで見守った。というのも、いまにも小川沿いの茂みの中に倒れこんでしまいそうに見えたからだ。

第四章
苦痛

苦痛（Pain）とは何か。

一三〇〇年ごろの意味は〝罰〟とくに犯罪に対する刑罰。現在の意味は〝痛みを感じる状態、快楽の反対〟（法律用語では、〝拷問、虐待、被害〟の意味もある）。


朝四時、犬の喧嘩で目が覚めました。喧嘩になった過程がわからないため、見当で言うしかないけれど、まず、トパーズがベッドの上にいて、マヤはもう起きたがっていたのでしょう。「いやだ」と、トパーズ。「起きよう」と、マヤ。「無理だ」。「どうして」。やがて、相手の毛や、足や、尻尾に嚙みつこうとして、ぐるぐるまわりながらの大喧嘩が勃発し、わたしが部屋に入っていったときには、目だけがこちらを向いていました。わたしは不覚にも、よくあるまちがいを犯してしまったのです。喧嘩をやめさせるために、どちらかをしっかりと捕まえて引き離し、べつの部屋に移動させようとしました。手のひらに鋭い痛みが走り、それから生暖かい血が流れるのを感じました。

数秒後、嵐が過ぎたため、明かりをつけて、部屋の中を確認しました。床や壁に血が点々と飛びちっています。マヤの片耳が引き裂かれ、垂れさがった皮膚からは血が出ていました。トパーズに怪我はないものの、精神的に参ってしまったようです。耳を折りたたみ、うろたえて腰をかがめ、尻尾を巻いている。わたしがマヤの耳をタオルで押さえて、出血を止めようとしているあいだも、トパーズはずっとこちらを見ていました。夫が血で汚れた床を拭きました。

ふたりでマヤをしっかりと抑えて、垂れさがった皮膚をもとの位置に戻します。数時間様子を見てから、動物病院に連れていったほうがいいかどうか決めることにしました。

それから、急ぎ足でクリスのオフィスに行き、わたしの傷の手当てをしてもらいました。いままでに何度も思ったことだけれど、家に医者がいてくれるのは、本当に助かります。右手の掌と甲に深い刺し傷ができたので、クリスが傷口に生理食塩水をかけて、念入りに洗い流してくれました。あまりの痛さに冷や汗が出て、頭がくらくらしはじめます。「血管迷走神経性失神〔迷走神経という副交感神経が急激に反射を起こし、脳の血流が落ちて一時的に気を失うこと〕だ。床に横になってごらん」。これが原因で死んだりしないだろうか？　傷口を消毒し、絆創膏を貼りおえると、クリスはわたしにうつぶせになるように言いました。わたしはお尻に破傷風の注射を打ってもらうことになりました。

五時三十分ごろ、ふたたびベッドに戻りました。ところが、手がずきずきして眠れません。そこで、痛みをテーマにした章を書こうと考えました。動物は人間と同じように痛みを感じるのでしょうか？　マヤもわたしと同じように感じているのでしょうか？　犬に噛まれたとき、人間が痛みを感じるのと同じくらい、犬も痛みを感じるのでしょうか？

デズモンド・モリスが著書『ドッグ・ウォッチング』（竹内和世訳、平凡社）のなかで、十八世紀に出版された本『The Treatment of Canine Madness（狂犬病の治療法）』（未邦訳）の一部を引用していたことを思い出しました。「自分を噛んだ犬の毛を傷口に当てると早く治ります」。さっそく、ベッドから抜けだして、ハサミを手にすると、トパーズの毛を少しだけ切りとりました。けれども、実際に刺し傷にその毛を当てることはできそうにありません。仕方がないので、ダンスをしているみたいにくるくるとまわりながら、自分の頭に振りかけてみました。癒しのパワーが届きますように、と願いながら。

苦痛と動物の死：人道的エンドポイント

ネブラスカ大学医学部動物実験委員会に在職していたときのことを思いかえすと、当時感じたことで、いまも印象に残っているのは、〝倫理的な〟議論です。そのときはめずらしく、動物の痛みについて話し合いました。動物が実験に使われるべきかどうかという議論でもなければ、苦痛が実験用の動物に対する道徳的侮辱かどうかという、たびたび取り上げられている問題についての議論でもありません。単なる満場一致の投票（当然、実験動物の票は差し引く）ではなく、米国農務省の動物実験処置に関する苦痛分類でカテゴリーEに当てはまる処置がされた実験のことを話し合いました。このカテゴリーEというのは、「動物に適切でじゅうぶんな麻酔薬、鎮痛剤、鎮静剤を使っても、軽減できないような苦痛やストレスを与える処置」のことです。

たいていの場合、動物実験委員会によって承認されたプロトコル（科学的研究や患者の治療を実行するための計画）の大半は、苦痛の程度がそれほどひどくないと見なされて実験がおこなわれます。

プロトコルのなかには、本当に苦痛を与えないものと、鎮痛剤を使って苦痛を与えないようにするものがあります。つまり、強い鎮痛剤を使って、身体にメスを入れれば、苦痛を与えたことにはなりません。(痛みを感じさせなければ、痛みとは言えないのだろうか?)

死そのものは、おそらく動物を傷つけるものではありません。それどころか、〝米国獣医師会が認めた、先に外科的処置をしていない安楽死の処置〟はカテゴリーCに当てはまります。カテゴリーCというのは、「苦痛や不快感をともなわない処置、もしくは短時間持続する軽い痛みや不快感をともなうもので、鎮痛剤を使う必要がない処置」のこと。さらに、すべての苦痛をともなう実験には、〝人道的エンドポイント(治療行為の有効性を示すための評価項目)〟が設定されています。これは苦痛が研究者から見て、道徳的に耐えられないレベルに達していると考えられ、人道的なことをおこなうために必要なタイミングとして、定められているものです。つまり、動物を殺して、苦痛を和らげることを意味します。

ペットに関する文献のなかでも、苦痛は意思決定の倫理的な要因と言われています。とくに、命の終わりを決めるときには。ペットを死なせるべきか、死なせるならいつか(飼い主が自らペットの命を終わらせなければならないとき)を決めるのは、たいてい苦痛があるかどうかによるということ。ペットが激しい痛みを感じていたら? そのときは、死が人道的な選択であり、倫理的なエンドポイントになります。死は苦痛を管理するときの最後の手段と言えるでしょう。実際に、動物の福祉についての哲学的な公開討論会でも、苦痛が話題の中心になっています。倫理的に重要な問題は、〝動物は苦しみを感じているのか（どの時点で、苦しみと肉体的な痛みが同じになるのか）？〟ということではないでしょうか。

動物は痛みを感じるか？

なんて奇妙な質問でしょう、そう思いませんか？　答えはきわめてあきらかなようだけれど、多くの科学者や哲学者にとってはちがいます。

痛みは定義するのも評価するのも簡単ではありません。痛みとは、刺激に対する生物学的反応で、実際の、あるいは潜在的な組織の損傷によって生じます。進化上、重要な役目を果たしてきました。なぜなら、痛みを感じなければ、危険を避けられないからです。ここでは、まず大事なポイントを心に留めておきましょう。人間の痛みはどのように定義されてきたのか？動物の痛みはどうか？

痛みは生理学的な出来事（もしくは、一連の出来事）で、感情的な反応がともないます。この生理学的な出来事が痛覚（もしくは侵害受容）と呼ばれ、怪我や痛みを知覚します。痛覚があるときには、怪我をしている、もしくはこれからするかもしれないという信号を身体が受けとり、脊髄に伝える。米国学術研究会議における〝実験動物の苦痛に関する委員会〟によると、「痛覚は末梢および中枢神経システムであり、性質、強さ、位置、刺激の持続期間など、組織の損傷に関する内部および外部環境の情報を処理している。痛みを知覚させない脊髄反射と同じく、痛覚の多くは脊髄と皮質下レベルで起こる」。痛覚は原始的な感覚能力で、脊椎動物と無脊椎動物の多くに備わっています。このことに関しては、科学者も哲学者も同じ意見です。

動物が痛みを意識的に知覚しているかどうかは、はっきりわかっていません。痛みは痛覚を通じて不快な感情を体験することなので、ある程度、複雑な神経系を持っていなければ、体験できないと言われています。国際疼痛学会によると、「痛みには直接ぶつけるといった物理的な原因があると思われがちだが、痛みを与えるような刺激によって伝達経路で引き起こされる活動は、痛みではなく心理状態、すなわち感情である」。どういうことかと言うと、たとえば、自分がごくちっぽけな脳しかない非常に単純な生物だとしたら、痛覚器官があっても、痛みを感じないということになります。米国学術研究会議の見解は、「脳の情報処理によって、最終的に痛みは起こるが、不快という感覚情報を解釈すれば、痛みの知覚（痛覚）とは質的にべつのものになる。痛みの知覚はそれぞれの受容体（痛みに敏感に反応する感覚器官、すなわち、痛覚器官）が、痛みを与えるような刺激によって（熱による刺激、化学作用による刺激、物理的な力による刺激など）、どれほど活性化したかということと、脊髄、脳幹、視床、そして最終的に大脳皮質においてどのように処理されたかによって決まる」。

専門家のあいだでは、わりと最近まで、痛みは人間だけが持つ能力だと信じられていました。人間以外の動物は神経系が複雑ではないという理由だけで、痛みを感じないと言われていたのです。専門家によるこのような主張は、常識的な目で物事を見ていたほかの科学者の意見とは一致しませんでした。なかでも、研究所などの科学的な環境以外で動物（ペットなど）とふれあっている科学者の考えとはちがっていたのです。にもかかわらず、動物研究のイデオロギーにとって、重要なよりどころになっていました。いまでも、この考えは欠点を指摘するたくさんの証拠があるにもかかわらず、一部の専門家によって支持されています。

魚の痛み：どの動物が痛みを感じるか？

このあいだの週末、わたしたちはロッキー・マウンテン国立公園にハイキングに行きました。途中で立ち寄ったドリーム・レイクのほとりで、ちょうど娘と同じ年頃の少年が釣りをしていたのです。「魚が釣れたぞ」。少年は娘に向かって、声をかけてきました。「見せてあげようか？」。少年に近づくと、思ったとおり、絶滅危惧種のカワマス（もちろん、釣ることは禁じられている）を釣りあげたところでした。一匹のカワマスが岸の上でばたばたと動いています。ピンクと茶のうろこが輝いている。少年が釣った獲物を自慢しているあいだも、カワマスは釣り針を口に引っかけたまま、もがきつづけています。「ちょっと待って。釣り針を外すところを見せてあげるから」。少年は釣り針の端をつかみ、引きぬこうとしました。

夫は慌てて、釣り針の外し方を少年に教えました。フライ・フィッシングをするときは、釣った魚を水の中に入れた状態で釣り針を外さなければなりません。「キャッチ・アンド・リリースは魚が絶滅しないように、生きたまま放さなければならないんだよ」。それから、ペンチを持ってきてくれと少年に言いました。釣り針のかえし（獲物に突き刺さって抜けないようになる針状の突起）を取りのぞいてしまえば、魚の口から釣り針を引きぬくことができるからです。持っていないと少年が答えました。それなら、釣り針を抜かずに放したほうがいいと、夫が説明します。少年は釣り糸を切るためのナイフをとりに走っていきました。わたしは先にハイキングコースに戻ることにしました。それ以上、見ていられなかったのです。

夫が追いついたとき、その後の様子を聞かせてもらいました。「魚はいったよ」。「なんてこと」。わたしは草むらでぐったりと横たわっている姿を想像して、うめき声を漏らしました。「そういう意味じゃなくて、行ったってことさ。泳いでね。たぶん、大丈夫だろう」。夫は少年が釣り糸を切るのを手伝いながら、今度釣りをするときには、かえしのない釣り針を使ったほうがいいと伝えたそうです。あのカワマスは特大のリップリングをつけた人間のように、釣り針をつけたまま生きていくことに慣れなければならないでしょう。

この小さな魚の出来事が起きたのは、わたしが動物の痛みについて書いているときだったのに加えて、たまたま、『魚は痛みを感じるか？』（高橋洋訳、紀伊國屋書店）というとても興味深い本を読んでいたときでした。魚は思ったよりもずっと知的で感覚が鋭く、痛みも感じることがわかっています。魚に対して、自分が長いあいだ偏見を持っていたことに気づきました。魚が好きだし、食べることもしないのに、魚のことを下等な生き物だと思い込んでいたのです。この本を読んでわかったのは、想像以上に魚の知能が発達しているということ、金魚はすこぶる知的であきっぽいこと。そして、多くの種類の魚が人間と同じくらい、痛みを知覚し、感じるということ。わたしはどんな生き物がどんなことを感じるかということや、どんなことに自分の道徳的な価値を置けばいいのかということが、よくわからなくなってしまいました。

魚の認識力について知ってからというもの、娘の寝室に置いてある水槽のことを考えるたびに、いたたまれない気持ちになります。すべての生き物が安心して暮らせる家庭環境を作りあげようと思っているのに——マダニや蚊がわたしたちの血を吸おうとしたときは、身を守るために殺すけれど、それ以外はむやみに虫を殺さない——生き物によって、待遇に差をつけてしまっていました。家の水槽で暮らす魚たちは、はっきり言えば、ランクが低い。容量四十五リットルの水槽をふたつ置いて、オスのグッピーとメスのグッピーを別々に飼育しています(分けなければ、〝産めよ、増やせよ〟の言葉どおりにどんどん増えるため)。一匹だけ残ったメスはひとりぼっち。ほぼ毎日、小さな黒いポンプの陰に隠れています。魚が孤独を感じるかどうかはわからないけれど、いまはこの小さなグッピーのことが気がかりです。

どの動物が痛みを感じるかという質問の答えは、科学者が動物の生理と認知能力について理解するにしたがって、少しずつ進化しています。痛みの伝達神経は脊椎動物と無脊椎動物に幅広く確認されてきました。人間もウミウシも身体的損傷を感じると、その刺激からすばやく逃れようとするとはいえ、すべての動物が痛覚による情報を処理して痛みを感じられるほどの複雑な脳を持っていると言えるでしょうか？

刺激に対する生理的な反応や行動的な反応を観察した結果、いくつかのゆるぎない仮説が立てられました。過去二十年にわたる研究によって、哺乳類が痛みを感じることと、その能力が鳥や魚にも備わっていることを示す豊富な証拠が見つかったのです。それによると、魚は痛みに対して、ほかの脊椎動物と同じような生理的な反応や行動的な反応を示します。たとえば、痛むところを刺激から守ろうとしたり、呼吸を速めたりするのです。

無脊椎動物に関しては決定的なデータがないため、結論が出ていません。それでも、うじむしやハエ（やマダニや蚊）は痛みを感じないと言えるでしょう。なぜなら、神経系が発達していないので、認知能力が限られているからです。タコやイカなどの頭足類は脳が大きいため、判断がむずかしいようです。ロブスターやほかの甲殻類に関してもまだ結論が出ていません。甲殻類のオピオイド・ペプチド（モルヒネと同じ作用を示すアミノ酸化合物。生体内では、特定の神経細胞から分泌される）とオピオイド受容体は、痛みを感じる能力の存在を示す証拠だと解釈する科学者がいるものの、そのようには解釈しない科学者がほとんどです。動物と痛みについてもっと学べば、まだまだ驚くようなことに出会えるにちがいありません。

苦しみを測る

この春、カリフォルニア州パーム・スプリングズ市にある動物保護施設は〈動物のために《クローズ》〝はさみ〟《フォー》を食べよう《ポーズ》〉というイベントを主催しました。毎年恒例のこの行事は、コーチェラ谷全域で唯一の殺処分をしない動物保護施設にとって、なくてはならない大切な収入源になっています。

ここでは、一・二五ポンド〔約五百六十グラム〕の焼いたメイン・ロブスター一尾、自家製コールスロー、ライスサラダ、焼きたてロールパンをランチ、ディナーともに二十ドル〔税込〕で味わうことができます。ビールとワインは別料金。さらにステーキをつけて〔米国農務省によりチョイス級と格付けされた牛肉六オンス〔約百七十グラム〕〕二十五ドル。これにロブスターをもう一尾加えても、三十五ドルで召し上がれます。

殺処分をしない保護施設が資金を集める手段としてはとても良いアイディアかもしれませんが、道徳的に見て、少しおかしくないでしょうか？　ぐつぐつとお湯が沸いた鍋に入れられる直前に、ロブスターが「おい！　動物のことをそんなに気にしてくれて感謝するぞ！」と、皮肉を込めて叫ぶ声が聞こえてきませんか？

痛みや苦しみは動物によってちがうのでしょうか？　犬や猫が痛みや苦しみを強く感じるのに、ロブスターや牛はあまり感じないのでしょうか？　生物にとって痛み、苦しみ、死はどれも大きな問題です。それなのに、どの動物が苦しみを感じるかを人間が道徳的に判断した場合、動物によって苦しみに差があると考えてしまいます。それならば、動物に痛みがともなう実験をしなければならないときには、痛みや苦しみが大きい分、チンパンジーよりもアリを使ったほうがいいでしょう。まだましだと言ったほうが正しいかもしれません。

直観で言えば、チンパンジーや犬のように、複雑な脳を持つ動物は、ネズミや魚のようなあまり複雑でない脳を持つ動物に比べて、もっといろんな痛みを経験しているような気がします。しかし、生物学者、ドナルド・ブルームの見方はちがいました。彼の仮説によると、複雑な脳を持つ動物は、複雑な脳を持たない動物よりも痛みへの対処がうまいそうです。脳が複雑になれば、その分、反応の仕方もさまざまで、柔軟な対応ができます。おそらく、魚は痛みにうまく対処できないため、結果的には、複雑な動物よりも苦しんでいるかもしれません。

痛みのない苦しみ

もしも、ある女性が家族やほかの人間と知らぬ間に引き離されて、快適なコンクリートの独房に入れられてしまったら、はたして幸せに暮らせるでしょうか？　連れ去られた理由も、閉じこめられている場所も、子供や夫がどうなったのかもわからないし、することもありません。本、新聞、テレビもなく、あるのは窓のない壁と、向きを変えたり、手足を伸ばしたりできる程度の狭い空間だけ。明かりはいつも同じ時間に点灯し、食事はきちんと考えられた薄味の料理が壁に空けられた穴から、機械式のトレーに載って運ばれてきます。こんな奇妙な場所で残りの日々を生きなければならないのです。これからどうなるのかもわからないまま。身体に傷はなく、痛みもありません。このような状態で、はたして苦しみを感じないのでしょうか？

動物の福祉に関する文献では、痛み《ペイン》と苦しみ《ディストレス》は一緒に使われることが多いようです。たとえば、動物実験委員会が定めた「動物実験処置に関するカテゴリーBからE」を〝苦痛分類〟と呼んでいます。動物の苦しみは外科的処置の痛みにとどまらないということを政府が認めているという点は良いけれど、苦しみの定義――〝ストレス要因に適応しようとしても、心の平静を保てず、やがて適応性のない行動が現われること〟――としてはかなり曖昧ではないでしょうか。ストレス要因になりうるものには、病気、苦痛、障害のような生理的ストレスから、かまわれすぎ、社会的な孤立、予想できない環境などの精神的ストレスや、退屈、不安、死別、恐れのような心の状態まで、並べればきりがありません。苦しみを言いかえると、ストレスが強すぎて精神的苦悩が生じること。（苦しみを意味するdistressはラテン語の接頭辞dis〝離れて〟とstringere〝強く引っぱる、しっかり合わせる〟をつなげた言葉。しっかり合わせておくべきものを引き離した状態）。

〝精神的苦悩〟という言葉は非科学的かもしれませんが、痛みを表す語彙のなかでは、重要です。動物の精神的苦悩と言ったほうが、倫理的にあいまいな表現である〝動物の苦しみ〟と言うよりはいいでしょう。動物と人間の苦悩は同じではないとはいえ、自分自身の経験から考えると、動物にも身体の痛みや、怪我や、病気による苦しみ以外にも、さまざまな苦悩があるにちがいありません。動物の生活の質を判断するとき（これ以上生きることが辛すぎるかどうかを考えるとき）、そのような精神的苦悩を考え合わせる必要があるでしょう。

そんなことは当たり前だと思うかもしれませんが、動物の意識――や動物の苦悩――に対して懐疑的な見方がいまでも存在していることを忘れてはいけません。慎重な科学者や哲学者は、動物が本当に苦しむのか、どんなふうに苦しむのかを正確に知ることはできないと主張し、精神的苦悩という言葉の定義さえ、当てにならないと言うのです。動物行動学者のマリアン・スタンプ・ドーキンズは苦悩を〝広範囲にわたる極端に不愉快な主観的（精神）状態のひとつを経験すること〟だと定義し、「これが正確な定義だといずれわかるだろう」と述べています。

ドーキンズによると、目に見える行動と主観的な経験には〝説明のギャップ〟（脳に関する客観的で物理的な記述と、意識の主観的な側面に関する記述とのあいだにある、説明的なつながりの欠落）があり、これは人間の場合でも、動物の場合でも同じだそうです。「そのギャップを埋めるためには、不確かでも思いきって信じ、それぞれの動物が〝人間のような〟脳の構造を持っている、もしくは人間のように苦悩しているというような仮説を立てなければならない」。このギャップを埋めようとする試みもなされました。脳の構造が人間と似ていることを説いたり、行動が人間と似ていることを説いたり。覚えておくべきなのは、科学者はいまでも人間の意識を完全には理解していないので、人間と高性能コンピューターとのちがいがなんなのか、人間の神経系における電気刺激が愛する、恥じる、痛むなどの感情に対して〝意識的な経験〟をどれほど正確に生じさせるのかということに、いまも頭を悩ませています。しかし、哲学的にも科学的にも謎だらけにもかかわらず、人間の意識というものを否定することはありません。人間のこととなれば、喜んで説明のギャップを飛びこえようとするでしょう。

ドーキンズは動物が主観的な感情を経験するかどうかはまったくわからないという懐疑的な見方をしているので、人間以外の動物に〝精神的苦悩〟という言葉を使うためには、「不確かでも思いきって信じることが必要だ」と考えるのでしょう。ドーキンズが正しいかもしれません。わたしから見れば、思いきる必要はほとんどないし、信じるのは当たり前で、むしろ、動物の苦悩を否定するほうが、はるかに思いきりが必要です。

動物の感情の生理学的な根源を研究している神経生物学者のヤーク・パンクセップは、動物の脳を調べて、特定の化学物質のレベルの変化といった生理学的な出来事を観察したり測定したりすれば、動物の感情がわかると語っています。そして、すべての哺乳類には同じ基本的な感情システムがあるという多くの証拠も示しました。それは、探求心、怒り、恐れ、性欲、慈愛、ろうばい、楽しみ。そして、感情とまではいかないけれども、それに近い情緒システムが、痛み、喜び、嫌悪、ひもじさ、渇望。これらのシステムが備わっているとすれば、動物が深い苦悩を感じるのに必要なものがそろっているということではないでしょうか？　そして、先ほどから言っているような哲学的なクレバスを飛びこえなくてもすむのではないでしょうか？

動物の痛み／人間の痛み

動物の痛みは基本的に、ふたつの方法で測ることができるでしょう。ひとつは、客観的な評価法。臨床状態〔臨床場面において医学的手順や判断を用いて評価した患者の健康状態〕の測定にもとづき、動物が痛みを感じているときにとる行動を手がかりとして、呼吸や脈などを測ります。痛みに対する行動学的および生理学的な反応は、あらゆる哺乳類に見られ、一般的にはあまり動かず、食欲が落ち、社会的に引きこもる。痛みを感知する閾《いき》――痛みを起こすような刺激〔侵害刺激〕を最初に感じる点――は基本的に人間もほかの恒温脊椎動物も変わりません。慢性的な痛みに対する長期間の心理的反応も、あらゆる哺乳類でほぼ変わらず、鬱病になったり不安を抱えたりします。

もうひとつは、科学者が使っている痛みの等価テスト。人間とほかの動物の痛みは基本的に同じだと考えて、まず自分自身に問いかけます。「これは痛いか？」。答えがイエスなら、ほかの動物も痛みを感じると考えられるでしょう。したがって、医療行為もしくは病気の進行が痛くて辛いものなら、ほかの動物にとっても痛くて辛いはずだと考えるべきです。人間の痛みについてわかっていることの多く――痛みのタイプ、治療法、さまざまな鎮痛剤の効果、薬の副作用、さらには痛みを感じるときの精神状態――が動物を使った痛みの研究から得たものだということを、(何度でも)思い出さなければなりません。なぜなら、科学実験の結果、動物の痛みは人間の痛みと変わりないことがわかっているからです。

それでも、動物の痛みを正確に評価するには、まだ多くの問題が残されています。動物の痛みは人間の痛みと似ているとしても、人間の痛みとは、おそらくちがいます。たとえば、痛みを〝感知する〟閾はどの動物でも同じようなものだけれど、痛みを〝許容する〟閾値――耐えうる痛みの最大レベル――は同じではありません。動物の種類ごとに大きな差があり、同じ種類の動物のあいだでも、ばらつきがあります。研究によると、人間が許容できる痛みは年齢、性別、経験、文化的嗜好、瞑想、〝プライミング〟(連想能力)によって加減されるということです。

自分自身の経験に照らしながら、人間にもっとも近い動物に対して痛みがどのように感じられるかを推測してみるのは良いことかもしれません。しかし、生理機能や神経回路がまったくちがう動物、たとえばニジマスの痛みの感じ方を推測するのはむずかしい。マダニやクモなどの無脊椎動物となると、痛みの合図だと考えられるような行動がまだよくわかっていないため、人間とまったくちがう生物は痛みを感じないというような、まちがった推測をしてしまうかもしれません。

〝橋渡し医療《トランスレーショナル》〟とは、通常はラットやマウスを使った研究の成果を人間の臨床医療につなげることです。すでに述べたように、人間の痛みとその治療法についてわかっていることの多くは、動物を使った研究によって得られたものです。けれども、この〝橋渡し〟がうまくいかない場合も多いため、痛みの研究者たちはずっと不満を抱えてきました。そして、人間と動物モデルを同一視しすぎることの危険性を指摘しています。そのひとつが、動物モデルを用いた一般的な痛みのテストが実際の臨床に合っていないということ。たとえば、とてもよく知られている酢酸ライジング・テストは、ラットやマウスの皮下に酢酸を注射して、身もだえする《ライジング》ような痛みを引き起こします。いったいどれだけの人間が病院で酢酸を注射するでしょうか？

痛みの研究者がさらに指摘しているのは、ラットやマウスを使って痛みを測定するために使われる行動学的反応（なめる、噛む、鳴き声を出すなど）の多くが、〝除脳〟動物（脳幹を切開もしくは切断された動物）に見られる、つまり、脳がつながっていなくても、脊椎動物の脊髄が侵害刺激に反応するという点です。痛みを意識的に感じているかどうかを研究するためには、大脳皮質の構造も考慮に入れて、行動学的に測定しなければなりません。行動学的反応というものが、動物の心の中で起きていることの表れだとはっきり言えるような信頼できる指標なのだろうかという疑問が湧いてきます。

痛みの感じ方が個々の動物でちがうことも混乱を招く要因のひとつでしょう。ほとんどすべての痛みの研究はスプラーグ・ドーリー・ラットのオスを使っておこなわれています。（〝スプラーグ・ドーリー〟はシロネズミの一種で、一九二〇年代にスプラーグ・ドーリー動物会社が開発して以来、医療実験用として幅広く使われている）。信頼できる結果を得るためには、データ要素を集めるときに、混乱を招くような要因が現われても、それほどたいしたことはないと見なすしかありません。とはいえ、当然、人間はスプラーグ・ドーリー・ラットとはまったくちがいます。また、女性の痛みや鎮痛剤に対する反応も、男性とはちがいます。人種、民族、年齢、経歴、気分なども、痛みの感じ方とさまざまな鎮痛剤の効き目に影響します。ひとりひとりが痛みに対して独自の反応をするし、このような個々のちがいは動物のなかでも、スプラーグ・ドーリー・ラットのオスのなかでさえ、見られるのです。

最後に、人間と動物の心のちがいが痛みによって引き起こされる苦しみにどんな影響を与えるのか、じっくりと考えなければなりません。人間の心はほかの動物よりも複雑だから、痛みによる苦しみも人間のほうがひどいはずだと思われがちですが、それはちがいます。科学者、獣医、哲学者が観察したことを考えてみてください。

科学者によると、ストレスに対する副腎の反応は人間よりも動物のほうによりはっきりと表れるそうです。どうしてか？　おそらく、人間はストレスが多い状況を心理的な方法で切りぬけることができるからでしょう——たとえば、人間は注射される理由を理解できるため、平常心を保っていられるというわけです。獣医によれば、動物は人間よりも痛みに苦しむようです。痛みには感覚的および弁別的側面（痛いという感覚情報の認知）と、情動的側面（好ましくない不快な情動の生成）があり、動物は人間よりも感覚的側面が限られているため、情動的側面に対する反応が人間よりもはっきりと表れるのかもしれません。そして、哲学者が指摘しているのは、「もしも動物が本当に……いま起きていることにとらわれているのなら、人間はもっと動物の苦悩を和らげようとしなければいけません。なぜなら、動物は痛みがやむのを期待したり、予期したり、ぼんやりでも思い出したりすることができないのだから。痛みを感じているときには、すべてが痛みに包まれ、何も見えなくなり、動物自身が痛みと化してしまうのです」。

人間の痛みは動物の痛みとまったく同じではありません。とは言っても、人間の痛みを理解すれば、動物が痛みをどのように感じているのかをじゅうぶんに推し量ることができるでしょう。感情移入は知覚によって理解する方法であり、相手の感情や要求を直観で知り、適切に応えることに役立ちます。いつも人間相手にしていることなので、動物が相手でも同じようにできるにちがいありません。

痛みのパラドックス

〝動物の痛み〟に対する考え方には矛盾があります。動物に関する科学的研究は動物が痛みを感じないと仮定して進められます。なぜなら、動物には痛みの受容体があっても、感情がないので、痛みを〝感じる〟ことができないと考えられているからです。一方、生理学や心理学における人間の痛みの研究は伝統的に動物モデルを使っておこなわれます。なぜなら、動物の痛みと人間の痛みは基本的に等しいと仮定しているからです。

この矛盾を科学的に証明したのが、コロラド州立大学の生命倫理学と哲学の教授、バーナード・ローリン。一九八〇年代に研究機関における動物実験委員会の設置にかかわり、獣医師、研究者、牧場主、養豚農家と協力して動物の福祉を向上させるために生涯をささげてきた人物です。ローリン博士が『The Unheeded Cry（無視された叫び）』（未邦訳）を執筆した一九九〇年代前半は、動物の感情を否定する意見がほとんどでした。しかし、それから二十年後、動物の認知に関する研究によって、動物には意識があり、あらゆる複雑な感情を経験していて、痛みを知覚するのに必要な認知機能を持っていることが、合理的に証明されました。

さらに進歩した動物の認知科学によって、動物の痛みに対する考え方、とくに獣医師の考え方がどのように変わったのかを、わたしは知ろうと考えました。ローリン博士は獣医師や獣医学生とじかに仕事をしているので、どれほど状況が変化したかを尋ねる相手としては、まさにうってつけです。コロラド州立大学は自宅からそれほど遠くないので、さっそく訪ねてみることにしました。

すがすがしい冬の朝、コロラド州立大学の哲学部でローリン博士に会いました。わたしが到着したとき、博士はロビーのテーブルにもたれながら、携帯電話で話をしていました。今回のインタビューの申し込みは電話でおこなったため、直接会ったことがないにもかかわらず、その野太い声と早口のしゃべり方、とりわけ、やたらとつく悪態を耳にして、すぐに博士だとわかったのです。背はさほど高くない――せいぜい五フィート六インチぐらい〔約百七十センチメートル〕――けれど、存在感があり、ふたりで話すために入った会議室が窮屈に感じられるほどでした。胸板が厚く、白髪交じりのあごひげが扇形に伸びていて、かの有名なドイツの哲学者、カール・マルクスにどことなく似ています。自己紹介のなかで、ローリン博士はハーレー・ダビッドソンに乗っていて〔黒いブーツと黒い革ジャン姿の、いかにもというでたちだ〕、五百ポンド〔約二百二十六キログラム〕のベンチプレスを持ち上げることができると言い、「誰もわたしに逆らったりしないようにね」と、つけくわえました。たとえ、哲学的な考えを無理やり押しつけられたとしても、ローリン博士にはむかうことはできないでしょう。

この十年か二十年のあいだに、博士と一緒に研究をした獣医師や獣医学生たちの痛みのあつかい方がどう変わってきたかという質問をしました。ローリン博士はため息をついて、頭を掻き、白髪交じりの髪を手でとかしました。「みんな野蛮人さ。本当に」。

まちがいなく、わたしは驚いた顔をしていたと思います。

「とくに、いまの獣医学生は最悪だ。とてもがっかりさせられている。排他主義で言ってるんじゃない」。椅子から身を乗りだして、わたしをじっと見つめます。「そう思うなら、それでもかまわないが、本当に排他主義ではないんだ。とはいえ、いまの獣医学生の九十二パーセントが女子学生だということは断っておくよ。状況は悪くなる一方だ。動物に思いやりを持とうとすれば、時代の流れに逆らうことになる」。
科学者が動物の痛みをなかなか認めようとしないのはどうしてかと質問したところ、ローリン博士は言いました。「イデオロギーが何層にも重なっているからだ」。すべての獣医学生が卒業するまでに、動物は痛みを感じないと信じている誰か——教授、同級生、開業獣医——と知り合います。すると、何人かの学生は動物の痛みを無視するようになるでしょう。そういう考え方を教えられるからです。
ローリン博士が研究者の道を歩みはじめたころは、科学者たちは動物が痛みを感じるということをめったに認めなかったようです。認めても、機械論的に概念化しただけでした。一九六〇年代でも、獣医学生は動物の痛みを真剣に受け止めるべきだという教育を受けずに獣医師になり、現場に臨みました。獣医学生は塩化サクシニルコリンのような筋弛緩剤を使って、馬を去勢することを教えられます。この種類の薬剤は、意識を失わせずに神経筋の力を抜きます。ローリン博士は獣医大学の当時の学部長の言葉を引用しました。「麻酔剤や鎮痛剤を使うのは痛みをとるためではない。動けなくさせるためだ」。(ここでちょっと考えてほしい。身体は麻痺しているけれど、痛みがあって何をされているかわかっている状態と、もっとも怖い夢を見ている状態では、どちらのほうが恐ろしいかを)
科学者たちは動物の痛みに対する考え方の矛盾にきちんと対処するのを避けようとしてきました。その結果、痛みを精神状態や意識というよりも、〝痛覚(侵害受容)〟という機械的、生理的な出来事としてあつかうようになったのです。つまり、痛みに対する反応だけを語り、動物の気持ちは考えないということ。似たようなことが〃ストレス〃という恐れ、不安、そのほかの悲惨な状態を表すはずの言葉にも起きています。このような不健全な状況によって、動物の痛みに気づいたり意識したり感情移入したりできなくなってしまったと言えるでしょう。

ローリン博士は獣医大学の最前線で自分がかつて見た出来事に、とりつかれているようでした。ベトナム戦争の帰還兵のように、恐ろしい出来事を次々と思い出しています。「手術の実習のことを知っているかい?」。わたしが首を振ると、ローリン博士は教授になったばかりのころの話をしはじめました。何人かの獣医学生が問題を報告しに来たそうです。その学生たちは動物の手術を実習で学んでいました。ある授業では、生きている犬を使ったということです。学生ひとりに対して一匹の犬が与えられ(一回の実習で約百二十匹)、それぞれの犬に九回手術をおこないます。九回目が終わると、犬は殺されます。当時は麻酔をかけずに手術をすることがよくあったとローリン博士が言いました。「実習に使われた動物はほったらかしだった」。一回の手術が終わるたびに、犬は回復する時間が少しだけ与えられ、その後、ふたたびナイフの下に横たえられたのです。

「ある学生が言っていたんだ。手術の最中に、教授が昼食にでかけたと。だから、学生もテーブルの上に犬を残したまま、食事に出かけたそうだ」。ハーレー乗りの男の目には涙があふれていました。

動物の痛みに対する時代遅れの対応を改善するために、あらたな取り組みが始まっています。現況に不満を抱いているローリン博士とはちがい、状況は改善されているというのがわたしの印象です。二〇〇一年に開催された米国獣医師会の動物福祉フォーラムで、オープニングを飾る演説者としてシェイラ・ロバートソン博士が宣言しました。「動物が痛みを感じているということを科学的に証明できる確かな証拠があります。わたしたちがいま取り組まなければならないのは、どうすれば動物を痛みから救えるかという、もっと重要なテーマを話し合うことです」。

もっとも力を尽くした人々のなかに、コロラド州ウィンザーで動物病院を開業しているロビン・ダウニングがいます。獣医大学に通っていた一九八〇年代には、ローリン博士が言ったとおりの定説がありました。獣医師たちは動物の痛みに気づいていたものの、それを重要な抑制剤と見なしていたのです。つまり、傷を負った動物や病気の動物は痛みによっておとなしくなると考えられていました。ダウニングは状況が変わったときをはっきりと覚えています。それは腸閉塞を起こした赤毛の牧羊犬を治療してほしいと頼まれたときのこと。選択肢は三つ。安楽死させるか、鎮痛剤が手に入らないため、それを使わずに手術をするか（手術の痛みで犬が死ぬこともありうるとじゅうぶんに知ったうえで）、新しい方法を見つけること。ダウニングは三番目を選びました。人間のペイン・マネジメント（疼痛管理）を専門にしている医師に相談し、牧羊犬にも使える麻酔をかけて、無事に手術を成功させたのです。それ以来、人間のペイン・マネジメントの専門医たちと協力し、動物の痛みをコントロールして世間から注目されるようになりました。やがて、世界初の動物専門のペイン・マネジメント・クリニックを開き、国際獣医学疼痛管理協会を創立しました。

それでも、状況は依然として厳しいとダウニングは言っています。動物の痛みの大半が不十分もしくは誤って管理されている、もしくはまったく管理されていないために、とても多くの動物が不必要な痛みにいまも苦しんでいるからです。日常的なペイン・マネジメントが動物医療現場の大多数でおこなわれておらず、飼い主にほかの選択肢が知らされないまま、たくさんの犬や猫が安楽死させられています。ほとんどの獣医師は動物の痛みを理解し、和らげてあげるという教育をまったく受けていないため、どんなにさまざまな治療法があっても、それらを使っていないというのが現状のようです。

痛みの緩和治療は基本的な自由である

痛みは本当の悪ではありません。進化上の重要な役目を果たしていて、動物が安全に生きられるようにしてくれます。それでも、治療されない痛み――薬でコントロールできるものや、動物の要求にもっと注意を払えば和らげてあげられるものや、わざと動物に与えられたもの――はないほうが、動物にとって暮らしやすい世の中になるでしょう。もしも痛みを効果的にコントロールできれば、ペットの生存率は改善されて、生活の質も向上するはずです。

人間の世界では、痛みの緩和治療を受けることは基本的人権として守られてきました。二〇〇九年、人権擁護団体の〈ヒューマン・ライツ・ウォッチ〉は、『これ以上苦しめないで……人権として、痛みの緩和治療を利用すること』というタイトルの報告書を発表しました。この報告書で述べられているように、世界保健機関（WHO）が見積もったところ、世界の人口の八十パーセントが〝中度から重度の痛みに対する治療を受けられない、もしくはじゅうぶんには受けられない〟状態であり、毎年数百万人が終末期に緩和治療を受けられないまま、痛みに苦しんでいるということです。WHOは治療されない痛みのことを、公衆衛生上の重大な危機と呼んでいます。とりわけ当てはまるのが、発展途上国の人々。国際法のもとでは、国には国民が適切な痛みの治療を受けられるようにする義務があります。痛みの治療を受けさせなければ、健康への権利の侵害であり、場合によっては残酷で非人道的なあつかいを禁止する法律の違反になります。報告書では、せめて〝緩和治療を必要とするすべての人が使える必要不可欠な薬物と考えられている〟モルヒネを、すべての国で利用できるようにしなければならない、と結ばれていました。

治療されない痛みは、犬や猫にとっても、公衆衛生上の危機だと考えられるでしょう。動物の痛みに注意を払うことは、飼い主や獣医にとって道徳上の基本的な義務で、痛みの治療を受けさせなければ、残酷で非人道的にあつかっていることになります。動物の福祉に関する権利の文言を使うのはあまり好きではありません。その代わりに、「六つの自由」の言葉を使いたいと思います。ブランベル委員会が定めた「五つの自由」の三番目に、「痛み、傷害、病気からの自由」があり、この自由を保証するためには、ペイン・マネジメントを動物の飼育の基本理念にする必要があるのです。

この自由がじゅうぶんに保証できているとはとても言えません。あまりに多くの動物が（たとえ世話が行き届いた愛されているペットでも）痛みに苦しんでいます。飼い主が放置したり、虐待したりしている場合もあれば、獣医の不注意が原因の場合もあります。けれども、いちばん多いのは、動物が苦しんでいることを知らなかったり、痛みを効果的にコントロールする方法を理解していなかったりする場合（わたし自身もこの点で失敗しました）と、獣医がどんな理由であれ、動物の痛みを和らげるためにできるかぎりのことをしようとしない場合。

痛みをしっかりと理解することは重要です。なぜなら、ペットの老いや、臨終や、死を判断するときに、痛みがとても大事な役目を果たすし思われるからです。良くも悪くも、痛みはもっとも重要なものであり、そのまわりで、終末期における数多くの決定がなされます。たとえそうだとしても、痛みはどのようにして、動物を安楽死させるかどうかの決断を飼い主にさせるのでしょうか？　もしも、動物の痛みがじゅうぶんに管理されているとしたら、ホスピス・ケアや自然死のほうが安楽死よりも良い選択になるのでしょうか？　言いかえれば、痛みに対する効果的な治療法がなければ、ペットを安楽死させるのでしょうか？

ローリン博士とダウニングが述べているように、動物の痛みに対する緩和治療がおこなわれるようになったのは、ごく最近のことです。それまでは、手術は麻酔剤なしでおこなわれ、癌や変形性関節症などが原因の慢性的な痛みは基本的に無視されました。こういうことは現在ではめったにないとはいえ、ペイン・マネジメントは獣医学のほかの分野になおも遅れをとっています。動物の痛みについてわかっていることを考えれば、痛みの治療が統一も安定もしていないこと、その有効性に対してほとんど注意が払われていないことに驚かされます。

コロラド州立大学の獣医学部の調査によれば、動物が人間と同じくらい痛みを感じているということにほとんどの獣医師が同意しているものの、痛みを治療する時期については大きく意見が分かれることがわかりました。それどころか、なかには動物に手術をおとなしく受けさせるためには、痛みが必要だと信じて、わざとそのままにする獣医がいまだにいることもわかったのです。動物行動学者で獣医師のケビン・スタッフォードは著書『The Welfare of Dogs（犬の福祉）』（未邦訳）のなかで、穏やかではないいくつかの統計を示しました。イギリスでは獣医の九十三パーセント、カナダでは八十四パーセントが整形外科手術に鎮痛剤を使います。ということは、七パーセントと十六パーセントが鎮痛剤を使わずに整形外科手術を行っているということになります。そして、「手術中の痛みの評価にしたがって鎮痛剤が使用されており、その割合は開胸手術の六十八パーセント、十字靱帯手術の六十パーセント、外側耳道切除手術の五十三パーセント、乳房切除術の三十四パーセント、歯科手術の三十二パーセント、会陰ヘルニア手術の二十九パーセント、足指切断手術の二十二パーセント、卵巣子宮摘出手術の六パーセント、去勢手術の四パーセントである」。

獣医による医療行為の実態は、現在も継続されている調査によってわかってきました。この調査はおもに、さまざまな手術とペイン・マネジメントのための相対的な痛みの評価に注目しています。そして、評価方法があまりにも曖昧なため、期待されているような的確な評価を示せていないことがわかったのです。たとえば、〝行動に基づいた複合的評価尺度《スケール》による痛みの評価〟にしたがうと、犬が卵巣子宮摘出手術を受ける場合と卵巣摘出手術を受ける場合では、卵巣と子宮の両方を摘出するときのほうが圧倒的に切開部が大きいにもかかわらず、痛みに差がないと評価されています。実際に、ふたつの手術で痛みに差がないのならかまいませんが。この評価方法は非常におおざっぱなので、動物の痛みをむしろわかりにくくしているようです。そして、この評価にしたがって手術後に鎮痛剤を投与しても、犬の痛みがうまく和らぐとは思えません。なぜなら、獣医が効果的な投薬量、投薬速度、効果の持続期間についてなんの情報も持っていないからです。

効果的なペイン・マネジメントは動物の痛みを獣医がじゅうぶんに理解するだけではなく、飼い主がつねに注意深くペットを見守ろうとする気持ちと能力を持つことによって、可能になります。わたしの地元の動物愛護協会では、避妊や去勢手術後に鎮痛剤を使うかどうかは、飼い主の判断に任せています。わたしは猫でも犬でもないけれど、自信を持って言えることは、もしも自分の卵巣が摘出されたら、絶対にバイコディンかコデインなどの鎮痛剤を投与してもらいたいし、できればウイスキーを数杯あおりたい。それなのに、協会のボランティアから聞いた話によると、多くの飼い主が鎮痛剤の代金十五ドルを払わずにすまそうとするそうです。おそらく、鎮痛薬を使うかどうかは自由であり、追加料金もかかるため、絶対に必要なものというよりも、むしろ、無駄遣いというイメージを持ってしまっているのでしょう。

人間と同じく、動物の慢性的な痛みには、急性的な痛みよりも深刻な問題が隠れている可能性があります。多くの場合、慢性の痛みは治療されません。急性の痛みよりも気づくのがむずかしいからです。慢性の痛みの兆候はわかりにくく、手がかりとなるような、はっきりとした傷もありません。慢性の痛みはゆっくりと悪化していくことが多く（変形性関節炎の痛みなど）、それにともなって行動もゆっくりと変化していくため、たとえどんなにペットの面倒を見ていたとしても、見のがしてしまう恐れがあります。しかも、次第に動きが鈍くなるといった多くの行動の変化は老いのせいにされがちで、原因である（痛みのある）病気は治療されずに進行しているかもしれません。変形性関節炎は犬にもっとも多く見られる関節の病気で、慢性の痛みの原因としては代表的なものです。スタッフォードが見積もったところによると、アメリカ合衆国にいる一千万匹の犬が、変形性関節炎で苦しんでいて、そのなかの少数しか、実際に治療を受けていません。しかも、治療を受けている場合でも、その多くが効果のない治療を受けており、ごく短い時間しか効き目がつづかないような、ごく少量の鎮痛薬しか与えられていないようです。

さらに、べつのよくある状況は、悪気のない飼い主がペットのために良かれと思ってしたことなのに、効果があるどころか、むしろ害になってしまった場合です。たとえば、『ニューヨーク・タイムズ』のブログ〈ウェル・ペット〉に載った最近の記事で知ったのは、イブプロフェンが犬には有毒だということ。人間の痛みに効くからと言って、ペットの痛みにも同じように効くわけではないということをあらためて思い出しました。そのブロガーは足の関節炎に苦しむペットのジャーマン・シェパードを、少しでも痛みから解放してあげようとしたようです。内科医なので、イブプロフェンが効くだろう思ったのです。数回薬を飲ませたところ、愛犬は餌を食べなくなり、失禁してしまいます。ブロガーが獣医を呼ぶと、すぐに動物病院に連れていくよう言われました。結局、イブプロフェンは潰瘍を作り、腸を出血させ、腎障害を起こし、腎不全（すなわち、死）に至らせる可能性があるとわかりました（ジャーマン・シェパードは回復したが、治療費に三千ドルが請求されたとのこと）。

どうすれば動物の痛みに気づくことができるのか？

良い質問ですが、残念ながら、正確に答えるのは無理かもしれません。動物の痛みを治療するうえでもっともむずかしいのが、痛みがいつ起きるかを知ることです。人間の痛みを治療するときの基本ルールは「痛みとは、患者が痛いと訴えているものである」。繰り返し、痛みの主観的性質を思い出さなければなりません。同じ刺激でも、ひとりひとりに与える影響はまったくちがう可能性があります。インフルエンザの予防注射をぜんぜん痛がらない人もいれば、ひどく痛がる人もいます。けれども、動物の患者は何が痛いのか、言葉で訴えることができません。

呼吸数や脈拍数の増加といった苦痛の手がかりになる生理学的な出来事は測定できるけれど、それだけでは、動物がどう感じているかがよくわかりません。米国学術研究会議では、「動物が経験する痛みの度合いを評価する、一般に認められた客観的な基準はない」と結論づけています。獣医師が直面しているもっとも重要な問題は、動物の痛みを測定するための、シンプルで客観的で安定した手段や道具がないことだと、ロビン・ダウニングは考えています。

獣医師は自分たちが受けた訓練のおかげで、痛みの行動上の兆候を読みとることができます。しかし、それぞれの動物に接する時間があまりにも短いため、十五分間の診察室での診療では、特定の手がかりしか読みとれません。その動物のことをあまりよく知らない場合にはなおさらです。反対に、飼い主は自分のペットをいちばん知っているのに、読みとる技術がなく、訓練も受けたことがなく、意識してペットを観察したこともありません。わたしは行動をうまく読みとれないことと、何を探せばいいかわからないことを理由に、オディーの痛みを見のがしてきました。

多くの動物は痛みがあると、いつもの行動ができなくなり、外見まで変わります。痛みの兆候はわかりやすいと思われるかもしれません。鳴き声をあげる、身をよじらせる、もがく、など。けれども、その兆候がわかりにくい場合も多く、自律神経系の変化（よだれを垂らす、瞳孔が開く、心拍数が増える）、体温の上昇、身体の震え、被毛の逆立ち（鳥肌など）などが起きているかもしれません。国際獣医学疼痛管理協会は、ペットに見られる痛みの兆候として、次のようなリストを作成しました。姿勢の変化（腹部をすぼめる、頭を垂れる、背中を丸める）、気質の変化（攻撃的になる、社会的な交流を避ける）、声を出すこと（めったに見られない兆候のひとつ）、動きの変化（あまり動こうとしない、ずっと横たわっているか座っている、歩けなくなる）、食欲不振、毛づくろいの減少など。概況報告書『ペットの痛みに気づく方法』を読めば、直観を信じることの大切さがわかります。愛犬が痛がっていると思ったら（どこか痛いんじゃないかという疑問が頭をよぎっただけでも）、おそらく痛いにちがいありません。

もちろん、異変が起きていることを察知するためには、いつもの行動を知っていなければならないでしょう。わたしはオディーのことをよくわかっているけれど、すべてを知っているとはいえないし、もっと広い意味で、犬の行動についてなんでも知っているわけではありません。しかも、痛みの兆候のひとつが、〝痛みを表に出さないこと〟なのだから、じつに紛らわしい！痛みを表に出さないようにするという行動は多くの動物、とりわけ猫に見られます。生存競争におけるこの行動の効果はあきらかで、自分が傷ついていることを捕食者に気づかせません。気づかれたら標的になってしまうからです。

痛みの兆候となる行動はそれぞれの動物や、種類によってもちがいます。特定の動物の合図を読みとるためには、その動物特有の伝達手段を知らなければなりません。ラットは身体を膨らませて、動かなくなります。馬はまぶたの筋肉を緊張させます。かつて、獣医は動物の痛みの証拠として、行動上の合図を人間に照らして読みとるよう教えられたものでした。しかし、このやり方はあまりうまくいかなかったのです。たとえば、手術後の雌牛はすぐに餌を食べはじめます。おそらく、人間は何も食べられません。したがって、餌を食べている雌牛は痛みを感じていないということになります。ところが雌牛の場合、痛みがあるにもかかわらず餌を食べるのは、進化上の利点なのです。つまり、餌を食べない雌牛は弱くなっていくだけでなく、捕食者の目にも弱く映ってしまうということ（群れの仲間と一緒に草を食んでいないため）。同じように、犬も痛みを感じないと思われていました。というのも、腹部の手術を受けた直後に起きあがって、あちこち動きまわるからです。けれども、腹部の筋肉組織が犬と人間とではちがうのです。犬の場合、腹部の筋肉は身体をまっすぐにするためのものではありません（犬の内臓は

〝三角巾〟のような腸間膜で吊りさげられている）。痛みを感じているときの動物と人間が異なる行動をとるというほかの多くの実例に対しても、同じように説明できます。

おそらく、治療されない痛みのせいでいちばん苦しむのは、年をとった動物でしょう。わたしを含めた多くの人間が、ペットの老いには消極的な態度をとります。痛みの兆候や不快感や障害がはっきりするまで待ってから、ようやく、獣医のもとへ向かいます。この時点で、動物の病状はかなり進んでいて、治療がむずかしくなり、激しい痛みをともなうかもしれません。痛みや病気の兆候があきらかになったときでさえ、「年をとったせいだ」と言って、ペットを動物病院に連れていこうとしない飼い主はたくさんいます。

オディーは痛みを感じているだろうか？　オディーが年をとり、ますます身体に障害が出てくるたびに、何度も自問しました。この一年間、痛みについて書かれた文献を読むことに没頭しているのに、いまだに確信が持てません。いまのところ、もっとも正解に近いと思われるのは、少し痛むものの、それほどひどくはない、というもの。オディーは身体がこわばっていて、腰に触れようとすると、嚙むことがあります。料理中はキッチンから出ていってくれとお願いしても、出ていかずに嚙みつこうとする頑固者です。この二年間は絶えず息を荒げていたけれど、それは喉頭麻痺のせいだと思います。カルプロフェンのような関節炎の薬を飲ませてみたものの、見たかぎりでは、何も変わりがありません。鎮痛剤のトラマドールを試したけれど、やはり変化が見られませんでした。かかりつけの獣医が言うには、オディーの不自由な足は神経の病気だから、痛みを感じないのではないかということ。でも、それを信じていいのかよくわかりません。オディーはいつも何を考えているかわからないからです。

おかしな話だけれど、まさにオディーが痛みを感じていないように見えるからこそ、オディーの一生の終わりがかなり複雑になりそうだということに、わたしは気づいていました。痛みを感じているのなら、できれば治療して和らげてあげたいし、いつか痛みがひどくなれば、安楽死させて楽にしてあげたいと思ったのです。しかし、判断材料である痛みがなければ、どうやってオディーの苦しみを測ればいいのでしょうか？　ピアノの脚の後ろで動けなくなっているときに苦しんでいるのか、後ろ足が弱すぎて立ち上がれなくなっているときか、それとも、排泄物にまみれて横たわっているときか？　一日に何度も倒れて、わたしが見つけて立たせてあげるまで、ひっくり返ったカブトムシのように足をばたばたと動かしているときか？　餌皿まで頭を下ろすことができなくて、お皿の上に倒れてしまうときか？　いつも不安そうな表情を浮かべているときか？　これらのことから、どうやって苦しみの重さが測れるのでしょうか？　とくに、こういうとき以外はいつもお腹を空かしていて、いつも足もとにいる、いつもの大きな赤い犬なのに？

痛みの治療

動物の痛みに対するもっとも一般的な〝治療〟のひとつが安楽死です。ときには、死が適切な選択になることもあるでしょう。しかし、ほとんどの場合、そこまで厳しい選択をしなくても、痛みを管理するためのもっと手軽な方法が見つかります。可能な治療法の選択肢を見れば、人間の痛みの治療に必要なものと同じものがほとんどそろっているのがわかります。局所麻酔薬（リドカイン）、ステロイド（プレドニゾン）、鎮痛薬（モルヒネ、トラマドール）、非ステロイド系抗炎症薬（カルプロフェン、メロキシカム）。非薬物療法もさまざまなものがあり、温熱、氷、マッサージ、食べ物、理学療法と運動、鍼治療、ホメオパシー、栄養医薬品（グルコサミンやコンドロイチンなど）。

どのような選択肢を選んでも、動物の痛みを治療するのは簡単ではありません。人間の痛みの治療をそのまま動物に用いることはできないからです（その逆も同じ）。たとえば、鎮痛薬のメペリジンは人間の場合、四時間ごとに服用しなければ効果が出ません。そのため、犬や猫にも四時間ごとに与えていました。ところが、研究を進めた結果、動物に効くのは長くて二時間、それを過ぎると効かなくなることがわかったのです。

治療法もまた、それぞれの痛みに適したものを選ばなくてはなりません。痛みの原因も肉体（皮膚、骨、腱、筋肉）、内臓、神経系（神経、脊髄、脳）とさまざまです。病気の進行が異なれば、痛みの種類も異なり（内臓からくる痛みに対して神経障害による痛み、慢性の痛みに対して急性の痛み）、不快感のレベルも異なります。したがって、効果的な治療法は、痛みの原因と種類、動物の種類、個々が耐えうる痛みのレベル、それぞれの健康状態を含めた多くのことによって決まります。

さらに、鎮痛剤には副作用があるため、つねに痛みのコントロールとのバランスに気をつけなければなりません。鎮痛剤の服用は、個々によって大きく異なるため、投薬後の経過を見るフォローアップ治療によって、適切な痛みの緩和と、我慢できる副作用とのバランスをとる必要があります。副作用も動物の種類（腎不全のような、非ステロイド性抗炎症剤のマイナスの副作用は犬よりも猫にはるかに多い）や、血統や、個々によってかなりばらつきがあります。

国際獣医学疼痛管理協会はふたつの基本的な痛みの治療法を勧めています。ひとつ目が複数の治療法（ちがう薬を組み合わせるか、薬とマッサージや理学療法を組み合わせる）を使って痛みをコントロールする方法。いくつかの異なる治療法を使うことによって、相乗効果を生み、ひとつの薬や療法よりも一般的に見て効果があります。ふたつ目がいわゆる先制攻撃的治療。痛みが始まるまえに鎮痛剤を使うことで、痛みの反応を弱めることができます。痛みが完全に〝始まる〟と、治療はずっとむずかしくなります。だから、腫れたり、痛みが出たりするかもしれない処置の一、二時間前にイブプロフェンを飲ませておくよう医者が勧めるのでしょう。ロビン・ダウニングはペイン・マネジメントのピラミッド型を使います。土台部分の基層には、比較的軽い痛みを和らげる治療の組み合わせがきます。たとえば、非オピオイド薬、効き目が穏やかなオピオイド、鍼治療などの非薬物療法、神経系の特定の受容体に的を絞り、ほかの鎮痛薬の効力を助ける補助剤など。痛みが強くなれば、新たな治療が加わります。ピラミッドを登ることで、だんだんと強い薬になり、用量も増えていきます。目標は痛みの一歩先を進みつづけること。そうしていくうちにいつか、残された唯一の効果的な治療法が安楽死というレベルに達することになるかもしれませんが。

ここで言いたいのは、たとえどんなに腕の良い獣医師の手にかかっても、痛みを管理するのは容易ではないということです。どんなに注意深くペットの行動を観察し、痛みの兆候を正確に読みとったとしても、飼い主はめったに獣医のもとには向かいません。市販の薬を与えて、済ませてしまいます。痛みをきちんと治療するためには、さまざまな薬を組み合わせたものを、ほかのペイン・マネジメントも考えつつ、薬の副作用と治療のストレスに対して釣り合いがとれるように試す必要があるかもしれません。とはいえ、投薬、レーザー療法、水中歩行訓練、特別食、鍼治療のどれをとっても時間とお金がかかります。残念ながら、重病もしくは重傷のペットの痛みを最も効率的に管理するための知識、忍耐力、経済力、時間を持つ飼い主はめったにいません。そういうわけで、とても多くの飼い主が痛みを感じているペットの世話をすることに対して、相反する感情を持つことになるのです。できそうなことをすべてやるのはきわめてむずかしいし、一生懸命やってみても、ペットがずっと快適でいられるようにするには不十分かもしれません。そんなとき、安楽死がもっとも良い方法かもしれないと考えるようになります。

痛みの反対側(オディーは幸せか?)

ペットの命を終わらせるかどうかを決めるときには、たいてい痛みに注目します。喜びと比べて痛みはどれほど強いのか? 生活の質を評価するとき、頭の中の天秤の一方に痛みを載せ、もう一方に喜びを載せます。たぶん、痛みのほうがわずかに重くなるのは、道徳上の緊急性のためでしょう。〝痛み〟が苦しみ全体を表しているように、〝喜び〟はポジティブな健康状態を表し、幸福、歓喜、満足感などが含まれます。ペットの喜びの合図をうまく見つけられるでしょうか? オディーは幸せなのでしょうか?

動物がまちがいなく喜びを経験しているということを、生物学者のジョナサン・バルコムは著書のなかで丁寧に解説しています。人間にはわからない独特な喜びさえ、経験しているかもしれないと言います。鳥は必要に迫られてさえずるだけではく、純粋に喜びを感じるからさえずることがあるそうです。良い声でさえずる鳥のオスは、さえずるとき、とくにメスに向かってさえずるときにドーパミンの分泌が増えるようです。ラットはお互いに遊んでいるときや、よく知っている人間がお腹をくすぐると、笑います。

トパーズはフリスビーをキャッチしようと空中に飛びあがっているときに喜びを感じている

ようです。フリスビーをくわえて戻ってくると、わたしの足もとにほうってよこし、飛びはねながら満面の笑みを浮かべ、輝いた目でわたしを見ます。あとは雪が降ったとき。それはもう、狂気乱舞と言っていいかもしれません！　わたしの横で飛びはね、目を輝かせてわたしのほうを見て、わたしの指を鼻でつんつんと触り、マヤのあとから庭に飛びだします。すると、急に足を止め、ふいに思いついたように、ちがう方向に走りだします。小さな除雪車のように雪に鼻をつっこんで、鼻も顔も雪で真っ白。大きな吹きだまりに自ら入っていき、完全に雪で覆われてしまいます。やがて這いでてくると、雪を振るい落とし、ふたたび入っていくのです。マヤが幸せなのは、朝の散歩のときに小鳥にそっと近づくときや、裏のベランダに寝そべりながら、テレビでリスの映像を見るときや、公園の刈りたての芝生でごろごろところがっているとき。オディーの場合は、大勢の子供たちに囲まれているときや、カウンターの上に置いておいた棒状のバターを盗み食いしているとき。

わたしが〝喜び〟と、あまり科学的に聞こえない〝幸せ〟という言葉を一緒くたに使っていると思っているのではないでしょうか。確かに、〝幸せ〟という言葉は科学的な文脈のなかで、動物に対して使われることはめったにありません。獣医師のフランク・マクミランによると、その理由は、動物が一瞬一瞬を生きていて、瞬間的な感情しか抱かないため、一生をひとつのものと認知して評価することができないと信じられているからではないかということ。動物は瞬間的に喜んだり、小さな幸せを感じたりすることができても、人間のように本当の幸せを感じることができないと信じられているのです。しかし、マクミランによれば、動物も〝本当の〟幸せを感じることができる、つまり、長い時間をかけて、何事もうまくいっているという感覚をずっと持っていられるそうです。

人間は〝感情のセットポイント〟と呼ばれている幸せの基準レベルを持っています。人生はさまざまな出来事によって一時的な浮き沈みが起こるけれども、数カ月以内に幸せの基準レベルに戻ろうとします。宝くじを当てたり、誰もが欲しがる賞をとったりすれば、嬉しさがこみ上げてくるでしょう。けれども、やがてその嬉しさも消え、幸福の面でもとの状態に戻ります。同じように、ひどい障害（身体が麻痺する、失明するなど）や深い喪失感（配偶者の死など）を負っても、たいてい数カ月経てば幸せの基準レベルに戻るものです。マクミランによれば、動物にとっても、感情の浮き沈みは一時的なものだと豊富なデータが示しています。動物は感情の揺らぎを安定させるための基準を持っているのです。ある研究によると、後ろ足が麻痺した犬の気質は、飼い主が判断したとおり、麻痺するまえと変わりなく、良いものでした。オディーのセットポイントはのんきなマヤ、猛烈に陽気なトパーズと比べて、低いようです。カウンターからホットドッグが入った袋を丸ごと盗んだときには嬉しそうだけれど、わくわく感が消えていくにしたがって、いつもの憂鬱そうな老犬に戻ってしまいます。

マクミランが述べているように、人生の満足度は、自分の人生全体をふり返っての評価になります。動物は人間のようには認知的評価をしないかもしれません。しかし、人間の人生の満足度を上げる多くの要因は、動物にも当てはまります。たとえば、世の中と積極的にかかわること、刺激的な環境にいること、自分の欲求を満たすことができ、目標を達成する能力を持っていること、達成感、自分の生活をコントロールできているという実感など。

動物の苦しみと四つの象限

イギリスの総合科学誌『Proceedings of the Royal Society B: Biological Sciences』の二〇一一年（vol. 277）の記事のなかで、マイケル・メンドル、オリバー・バーマン、エリザベス・ポールによって書かれた〝An integrative and functional Framework for the study of animal emotion and mood（動物の感情および気分の研究に対する全体的かつ機能的な枠組み）〟というタイトルのエッセイがありました。そのなかで、動物の感情を知るためのもっとも新しい方法が紹介されています。この方法によって、動物が人間に何を伝えようとしているのか、何を伝えていないのかがわかり、動物の喜びという問題を解くさらなる手がかりが得られるかもしれません。

動物の感情に関するほとんどの研究では、恐れ、不安、幸せといった個別の感情に注目が集まっていました。その一方で、「感情とは何か?」、「何が原因で苦しんでいるのか?」などの疑問に答えるために、感情を理解するためのもっとも重要な枠組みを示そうという試みもなされました。三人の著者はこの重要な枠組みについての考えを述べ、感情をわかりやすく図を用いて説明しています〔図1参照〕。

その図は、感情の基本的な写像を二次元の空間で表し、四つの象限に区分したものです。研究者のあいだで、〝中核的な感情のシステム〟と呼ばれています。ここで表される二次元は誘発性《バレンス》（x軸）と覚醒水準（y軸）。不安、悲しみ、喜びといったそれぞれの感情がこの中核的感情の空間に〝配置〟されています（図1参照）。（〝誘発性〟というのは、ある刺激が生体を引きつけたり［正の誘発性］、退けたり［負の誘発性］する性質で、それに応じて生体には興味を持つ・嫌悪するといった感情が起こる）。

感情は生物システムであり、その刺激によって生物は報酬（食べ物、異性、すみか）を手に入れたり、罰（暑さ、寒さ、敵の攻撃）を避けたりします。グラフの右側（第一象限と第二象限）に描かれた感情は報酬に関連したもので、幸せ、興奮、平静など。罰を避けるために役立つ感情は第三象限と第四象限に描かれ、恐れ、不安、悲しみなど。誘発性を表すx軸は強い負（Q3とQ4のいちばん左側）から強い正（Q1とQ2のいちばん右側）まで、覚醒水準を表すy軸は低（Q2とQ3）から高（Q1とQ4）まであります。この感情の次元説は、人間の感情を対象にした研究のなかで注目を集めてきました。メンドル、バーマン、ポールは、動物の感情が人間の感情とよく似ていると見なし、この理論を動物にも当てはめることができると主張しています。

動物は人間と同じように、一度にひとつだけの感情を抱くわけではなく、すぐにべつの感情を抱きます。正確に言えば、一度にいろいろな感情を持っているのです。それらの感情は渦を

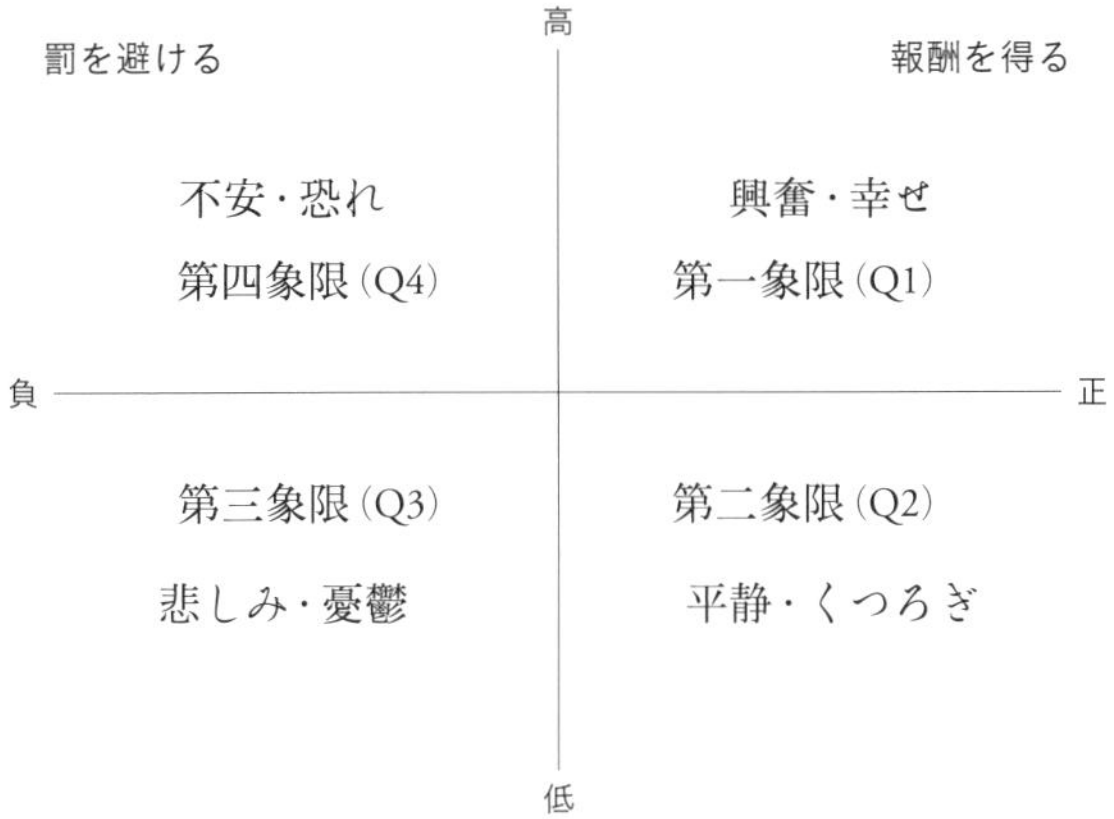

図1. 中核的な感情のシステム。ここで表される二次元は誘発性(x軸〔横軸〕)と覚醒水準(y軸〔縦軸〕)である。不安、悲しみ、喜びといったそれぞれの感情の状態がこの中核的感情の空間に"配置"されている。

巻いていて、そのなかのひとつの感情がはっきり見えるようになったかと思うと、すぐに背景に溶けこんで見えなくなってしまいます。まるで、水晶玉に映しだされる像のように。中核的な感情はある刺激によって生まれます。しかし、研究者によると、そういった感情も、背景のなかに存在しているようなもので、特定の刺激がなくても生まれるそうです。このような感情を〝浮動性気分〟と呼びます。研究者は言っています。「たとえば、ある動物がたびたび命を脅かすような出来事に遭遇する環境にいたら、その動物の感情はQ4の状態になりやすく、蓄積された経験によって、長期的に高覚醒のネガティブな気分に陥る恐れがある。このような出来事を避けることに何度も成功していれば、もしくは、一般的に安全と認められる環境に身を置いていれば、長期的に低覚醒のポジティブな気分（Q2：平静／くつろぎ）でいられるかもしれない」。

したがって、いま自分が感じている気分は〝中核的な感情のシステム〟のどこかに当てはまるということです。ちょうどいま、わたしはQ2といった気分だけど、数分後にブラックチョコレートを食べれば、ゆっくりとQ1の気分に変わっていくでしょう。オディーはQ3の気分かもしれません。慢性的な低レベルの不安にしつこくつきまとわれているからです。それに、悲観主義。額にしわを寄せているのを見ればわかります。とくに、散歩の前にはいつも、用心深くドアに近づきます。それから、外に足を踏みだす前に、鼻をつんと立てて、においを嗅ぎます。オディーが何を探しているのかわからないけれど、どうやら、ときどき〝鬼《イット》〟を見つけるらしい。というのも、くるりと向きを変えて、家の中に引きかえすか、もしくは戸口で立ち止まって動こうとしないからです。もし、行こうか行くまいか迷っているように見えたら、リードをぴしゃりと叩き、ドアの外に引っぱっていきます。すると、「おまえは最悪の飼い主だ」とでも言いたげな顔でわたしの顔を見ます。

豊富な心理学的研究だけでなく、自分自身のことを振り返ってもわかるように、気分は意思決定と認知的評価に影響を与えます。たとえば、機嫌が悪い人は、あいまいな刺激をネガティブな意味にとらえるのに対し、幸せな人は自分に都合よくとらえるでしょう。したがって、たとえ動物の気持ちが正確にはわからなくても、物事をどうとらえているかを観察することによって、根底にある感情を推測することができます。聞き慣れない音がしたら、幸せな動物は何が起きたのかを確かめずにはいられません。その一方、神経質で沈んだ気持ちの動物はしりごみするか、逃げだすでしょう。羊、ラット、犬、豚を調査した結果、気分が意思決定に影響を与えるということが確かめられました。たとえば、イギリスのニューカッスルの研究チームは、刺激の多い環境で飼育されている豚のほうが、退屈な環境にいる豚よりも楽天的だということを発見しました。聞き慣れない音でも、おやつをもらえるかどうかを確かめるために近づいていくそうです。先のエッセイの著者、マイケル・メンドルが犬の楽観主義と悲観主義について研究したところ、家で留守番をするときに重度の不安におそわれる犬は、留守番をするのが平気な犬より、潜在的にネガティブな感情を抱えていることがわかりました。これで、わたしがオディーに抱いていた気がかりが裏づけられたことになります。オディーはまさにQ3の感情を持っているのです。

個別の感情と中核的な感情システムがどのように関連しているかについては、感情の研究者の意見が一致しません。中核的な感情（誘発性と覚醒）がすべてを支配するというトップダウン型のモデルを支持する研究者は、現在の環境刺激への評価が加わると、恐れや興奮などの特定の感情が生まれると考えています。一方、個別の感情がいちばん重要で、特定の感情から経験を認知的に蒸留したものが中核的な感情だと説く者もいます。

ここでの目的を考えれば、わたしにとって、ほとんどがあまり重要ではありません。もちろん、いくつか例外はあります。第一に、人間の感情と動物の感情を研究するために、同じ基本モデルが使われているのが印象的でした。人間が動物の仲間だというのは常識だと思われるかもしれません。しかし、これは人間以外の動物に対する人間の見方が、大きく変わったことの表れなのです。とくに、科学の世界においては。十年前でも、世の中の人々と同じように、ほとんどの獣医や科学者は、動物が痛みを感じたり、感情を持ったりしていることを信じていませんでした。ましてや意識を持っているなどとは考えもしなかったのです。動物に感情があることを否定する人々が少なくなったというわけではありません。けれども、否定するのは、科学者の信条のせいというよりも、哲学的な態度（理屈）のせいなのです。

第二に、動物の感情の研究が実際に進歩しているのがわかり、わくわくしました。たとえ、動物が経験する主観的な感情を理解することには限界があっても――人間は動物の言葉があまりよく理解できない――主観的な感情が引き起こす神経、行動、生理、認知の変化（たとえば、脳の働き、心拍数、コルチゾール濃度の変化）を測ることはできます。動物の心がわかりにくいから無視していいという考えは、あきらかな誤りです。

第三に、動物の感情に関する研究のほとんどが、これまでに、罰を避けようとする高覚醒の感情、言いかえれば恐れや不安が置かれているQ４の象限に集中していることがわかりました。あまりにも退屈な数多くの研究やモデルでは、まず動物に恐れや不安を抱かせて、それからその感情を調べます。メンドル、バーマン、ポールが指摘しているように、「動物の感情の研究すべてが恐れや不安に集中し、このような感情を引き起こすテストの開発をおこなっている」。

一方、ほかの次元における動物の感情の研究はあまり発展していません。科学者たちは神経生物学における報酬システム（高覚醒のQ1の感情を引き起こすもの）を探求してきました。しかし、動物の幸せや、ほかのQ2の感情や、憂鬱などQ3の感情についてはほとんどわかっていません。動物の感情を幅広くしっかりと理解できるようになれば、動物はもっと大切にあつかわれるはずです。

第四に、痛みは感情ではないものの、感情と相互に関係しあっていることがわかりました。ネガティブな気分のときには、痛みがいつも以上に強く感じられるし、その逆で慢性的もしくは強い痛みがあれば、ネガティブな感情が生まれます。そして、長い時間をかけて、慢性的な負の感情へと変わるかもしれません。痛みと感情の相互関係は個体によって大きく異なるため、世話をする人間が動物の細かなことまでつねに気を配る必要があります。ここで言いたいのは、痛みを苦しみとしてあつかうのは、それほど簡単ではないということ。痛みにはさまざまな種類があり、苦しみにも多くの種類があり、個体の性格も千差万別で、それぞれのやり方で、痛みや苦しみを経験し、乗りこえてきているからです。

最後に、動物の苦しみについてのさまざまな考えを知りました。多くの人の話から、動物を死なせるときは、人間が動物の喜びと痛みを頭の中の天秤にかけて、どちらのほうが重くなっているかで決めるようです。このような決め方は大いに気になるし、必然的なことだと思うけれど、あまり信用できないようにも思えるのです。感情ははかなく、移ろうものであり、人間も動物として、Q3やQ4の気持ちになります。Q3やQ4の気持ちになっている動物を、〝ひどい状態〟だから死なせるべきだと、あまり急いで決めてしまってはいけません。ポジティブな気持ちだけを抱えて生きている人間は、それほどいないのではないでしょうか。それに、すべてのネガティブな感情が動物を永遠に苦しめると決めつけてもいけません。もっと重要なのは、年をとっていることや、死が間近に迫っていることが原因で、恐れたり不安になったり悲しんだりしていると決めつけがちですが、すべての年をとった人間がそうとはかぎらないし、すべての年をとった動物もそうとはかぎらないということです。確かに、高齢だったり病気だったりすると、一時的にそんな気分になるかもしれません。でも、心の奥ではいつも幸せを感じているかもしれないのです。

はっきり言っておきたいのは、苦しみのどこかに境界線を引くべきだということ。手に負えない、耐えがたい苦しみには〝希望の光〟がなく、光に近づくことさえできません。残念ながら、多くの動物がQ4の感情だけを持って、悲惨な状況で暮らしています。ちょうど、バタリー法で育てられた鶏（養鶏場のちっぽけなバタリーケージに閉じこめられた鶏）や、飼い主から気まぐれに罰を与えられ、食べ物や水やベッドを満足に与えてもらえず虐待されている犬のように。動物の世話をするうえで目標にすべきことは、おそらく、動物が基本的にはポジティブな気持ちを持ちつつ、悲しみ、苦しみ、恐れ、不安も一時的に経験できるような一生を送れるように、環境を整えてあげることではないでしょうか。

誰が動物の幸せを決められるか?

もしも動物の命の終わりを決めなければならないのなら、人間が喜びと痛みを天秤にかけなければならないのなら、どんなことを、どれだけ秤に載せればいいのでしょうか? オディーの場合、喜びと痛みを測るのがとてもむずかしくて、なかなか決めることができません。皮肉なことに、オディーの身体の障害が痛みをともなわないからです。後ろ足の障害は関節炎のような痛みが原因というよりは、脳から足に正しい信号が送られない神経性のもの。たぶん、足先まで麻痺しているのでしょう。指の関節を地面に着いて歩いているのを見ると、ものすごく痛そうですが、それほど痛みを感じていないと獣医がはっきり言っています。身体の不調に苦しんでいるんじゃないかと思う反面、苦しんでいるのかよくわからないと思うこともあります。また、喜びを測るのもむずかしい。なぜなら、オディーの一生はつねに不安と心の葛藤でいっぱいだったから。この慢性的な負の感情は年をとるにつれて大きくなり、いまではめったに喜びを表に出しません。誰かに撫でられたり、餌皿についた油をなめたりしているときは嬉しいはずなのに。そんなわけで、オディーが痛がっているとははっきりと言えないし、かといって、嬉しいというポジティブな気持ちを感じているとも言えません。しかし、たとえオディーが何を考えているかよくわからなくても、決めるべき人間はわたしだと思います。オディーのことをいちばんよく知っているのだから。

たいてい、飼い主はペットにとって何が大切かということを確かめなければならない立場にいます。友人のパンジーが飼っていた大型の猟犬ワイマラナーのフィンの話を思い出しました。フィンが十四歳のとき、足に深い切り傷を負ったため、パンジーはフィンを動物病院に連れていったそうです。検査をしたあとで、麻酔をかけると危険だから、傷口を縫うことができないと獣医から告げられました。フィンには心臓に持病があったからです。そこで、心臓の検査と心臓手術を受けることを勧められました。そのあとなら、傷口を縫うことにも耐えられるだろうから、と。フィンの年齢で身体をつつきまわされたり、病院のケージにひとりぼっちで閉じこめられたりするのは、フィンがいちばん望んでいないことだと思い、パンジーは反対しました。すると、獣医は少し怒って言ったそうです。「フィンがウサギを追いかけながら、死んでもかまわないんですか？」。パンジーはすかさず言いかえしました。「そうなれば本望だわ」。そして、フィンのリードをつかんですたすたと出ていきました。

動物にもパーソナリティがある

犬や猫と暮らしている人なら誰でも、動物にパーソナリティがあることを知っています。パーソナリティは気質、ふるまい方、感情、考え方などの集合体で、個々の特徴を形成しています。動物に対して使うなら、〝パーソナリティ（人格）〟という言葉ではなく、〝アニマリティ

〝動物格〟のほうがいいかもしれません。あるいは、〝ドッガリティ（犬格）〟や〝キャッタリティ（猫格）〟など。けれども、わたしは〝パーソナリティ〟を使うつもりです。なぜなら、誰でも知っているし、科学者が専門用語として使っているからです。

過去十年間で、動物のパーソナリティ研究の分野は大いに発展しました。そのあいだに研究者たちが気づいたのは、同じ種類の動物でも、個々の行動は驚くほどちがうということです。それだけでなく、個々の気質の特徴は生涯変わらないということも。この個人差はチンパンジーからパンプキンシード・サンフィッシュ、カオジロガン、クモまで幅広い種で発見されました。さらに驚いたことに、動物のパーソナリティが人間のパーソナリティを分類する五つの因子をそのまま使って分類できることがわかったのです。その五因子とは、神経症傾向、誠実性、外向性、経験への開放性、協調性。

オディーは根っからの人好きです。もしも、まわりに人間がいればボールやフライング・ディスクで辛抱強く遊ぶこともできないし、愛しのサマンサやデイジーはべつとして、ほかの犬にもあまり興味を示さないでしょう。まちがいなく、外向性で上位にきます。さらに、わたしから見れば、神経症の最上位、開放性の中位、協調性と誠実性の下位にきます（きっと、オディー自身の評価はちがうはず）。わたしの評価に対して、オディーを知る友人や家族は驚くかもしれません。おそらく協調性の評価がまちがっていると言うでしょう。オディーは誰もが認めるとても人懐っこい犬です。でも、協調的ではありません。根は正反対なのです。

パーソナリティに関して、進化生物学者のデイビッド・スローン・ウィルソンは次のように言っています。「情報をうまく処理できない人々は、まわりにあまり注意を向けず、人生をしゃにむに進みがち。感受性が強い人々はいつもまわりのことを考えている。まわりからの情報は貴重だし大切かもしれないが、情報量が多すぎて、手に負えなくなるかもしれない」。高度な感受性を持つ人々《ハイリー・センシティブ・パーソン》に関する研究によれば、その繊細さは〝領域一般的〟〔ひとつの領域で獲得した知識・認知・思考スキルがほかの領域でも有効に働く性質がある〕だということ。つまり、そういう人々はホールマーク・カード社のテレビ・コマーシャルに感動し、暴力的な映画に悩まされるでしょう。また、カフェインなどの薬にも過敏に反応し、肌はローションや洗剤に敏感です。オディーは敏感な犬なので、遠くからかすかに聞こえてくる銃声のような音にも反応してひどい不安におそわれるし、外に出ると、どんな危険なにおいがしやしないかとびくびくし、空に浮かぶ雲にも怯え、リズの陽気な笑い声にも驚きます。あまりの敏感さに、わたしは気が狂いそうになるのです。

ちょうど、人間のための特性を使って動物の特性が説明できるように、人間は自分たちを動物と比較することに強い興味を持っています。わたしは〝自分の中の動物〟（わたしのトーテム動物）を見つけるために、インターネットでちょっとしたテストを受けました。すると、わたしにもっとも近い特性を持つ動物がコウモリだとわかったのです。実を言えば、コウモリにはとても興味をそそられていたので、すんなりと受け入れることができました。わたしのトーテム動物は次のように説明されていました。「鳥類ではないし、翼をうまく操ってスムーズに飛ぶことができないため、社会的な状況に置かれると、ぎこちなく見えることがある。しかし、社会的な優雅さに欠けることを埋め合わせるように、コウモリのパーソナリティを持つ者は生まれながらにレーダーを持っていて、他人の行動の動機を直観的に読むことができる」。

動物のパーソナリティの研究はいろいろな理由から重要です。とくに、動物の痛みを理解し、治療し、最小限に抑えるために、そして動物の喜びを最大にするために、個々の特徴に注意を払わなければなりません。

緩和ケア：病気の終末期のペイン・マネジメント

緩和（Palliate）とは何か。

一五四〇年代にできた言葉。〝治さずに、軽減すること〟。語源はラテン語のpalliare、〝外套を着た、覆いを掛けた〟。

人間の医学では、痛みの治療をしばしば緩和ケアと呼んでいます。一般的な緩和ケアは効果的なペイン・マネジメント全体を指すものの、人生の終わりにホスピスでおこなわれる場合がほとんどだと言えるでしょう。

緩和はホスピスと同じようにケアのひとつの方法であり、病気を治したり、命を救ったりすることよりも、辛い症状を減らすこと、患者をもっと快適に過ごさせてあげること、生活の質をより良くすることにケアを集中させます。ほとんどが痛みのコントロールになるけれども、もっと大きな目的があります。それは身体面だけでなく、精神面、社会面、霊性面の苦しみにも対処することです。

人間の医学において、緩和ケアは比較的最近まで注目されていませんでした。三十年前でも、医学生はペイン・マネジメントについてほとんど教えてもらわなかったため、痛みをどのように治療したらいいのかわからず、戸惑うことも多かったようです。現在では、ペイン・マネジメントと緩和ケア全体が下位専門分野になっていて、まだ改善の余地が残されているとはいえ、以前に比べると、より良い痛みの管理がおこなわれています。

動物の緩和ケアも少しずつ進歩してきました。獣医学でも人間の緩和ケアと同じように（二十年ぐらいは遅れているが）、さまざまなペイン・マネジメントに注目するようになり、年をとったり、病気を患ったり、障害を負ったりしている動物のニーズに注意深く応じるようになりました。もはや、老いや痛みから動物を解放するための最初の手段は安楽死ではありません。多くの人々がケア哲学を念頭に置き、単なる手術や薬による治療を越えた、長期にわたる動物のニーズに注意を向けはじめています。

次の章では、増加している動物のホスピスについて書くつもりです。〝動物のように死ぬこと〟が、安らかで痛みのない死を意味するようになるまでには、しばらく時間がかかりそうだけれど、その日に一歩近づいたことはまちがいないでしょう。

オディーの日記

二〇一〇年九月二十日から二〇一〇年十月二十四日まで

二〇一〇年九月二十日

わたしたちは犬たちを〈Pansy's Canine Corral〉のオーナーのパンジーに預けて、カンサスに二日間滞在した。二日後に迎えにいくと、オディーはわたしに会えてなんだか嬉しそうに見えた。尻尾を振りながら、足にすり寄ってくる。このごろはずっと、なんに対しても興味がなさそうだったのに。

家に連れて帰ったら、めっきり年をとって見えた。後ろ足はさらに弱くなり、体重を支えていられない。わずか二日間でこんなに悪くなるものなのか？ 立っていようとしても、すぐにへたりこんでしまう。オディーが重力に逆らえずにへたりこむのを三回見た。それから、何度立とうとしても後ろ足を滑らせていたが、ようやく、ぎこちないけれども、まっすぐ立った。だが、そのまま動くこともできず、立っていられなくなった。立たせるためには腰を持ち上げてやらなければならない。そろそろ犬用の歩行器を用意したほうがいいだろうか。

どうやら、オディーはお腹が空いていたらしい。わたしはドッグフードでも自分でスライスするタイプの、本物の肉を使ったものをおやつに与えている。オディーはできるだけたくさん食べようと必死だ。缶詰のドッグフードをスプーンですくってあげると、大きな塊をぱくりと口に入れた。今度は手で口に運んであげると、どんどん食べた。年をとった犬に手で餌を与えている飼い主がいることは知っていたけれど、これからはわたしがオディーにやってあげなければならない。わたしの手から餌を食べているあいだ、オディーの足は力なく曲がってしまい、お座りに近い姿勢になった。

二〇一〇年九月二十二日

昨夜、オディーはほとんど寝なかった。午前一時三十分ごろ、いつものように外に出るために吠えた。外に出て、おしっこをして、それから中に戻った。いつもどおりに。でも、いつもだったら、戻って寝るところが（あるいは、オディーが寝て、わたしはベッドに戻っても、眠れずに横になっている）、昨夜はふたたび、吠えはじめた。わたしはもう一度外に連れていきながら、きっとうんちもしたかったのに、しそびれたのだと考える。しかし、オディーは外に出ただけで、すぐに戻ってきた。しばらくして、ふたたび吠え声がする。今度はクリスが起きて、オディーを外に連れていこうとした。ところが、オディーはドアのそばに立ったまま、動こうとしなかったらしい。いったい、どうしたというのか？　具合が悪いのだろうか？

今日はパンジーの紹介で、往診してくれる獣医に電話をした。明後日に来てくれるという。オディーの後ろ足について意見を聞きたい。何をしてあげれば、もっと動けるようになるのだろうか。

二〇一〇年九月二十七日

オディーはますます足を滑らせるようになっている。寝ている時間が長くなってあまり立ち上がらなくなり、散歩にも興味がなくなってきた。この二日間で歩いたのは、二軒先のデールとメリッサの家まで。昨夜、庭に出たら、すぐに家のほうにくるりと向きなおって戻ろうとした。食欲が落ちてしまい、ずいぶんと痩せて見える。わたしが作った餌なら、まだ興味を持って食べてくれるし、缶詰の餌でも手で与えれば食べてくれる。だけど、それ以外は食べようとしない。わたしが朝食を準備しているあいだ、オディーはお腹を空かせてキッチンの戸口に立っている。そのくせ、食べようとしない。

このまえの木曜日に新しい獣医がやってきた。とても感じの良い女性で、犬たちはいっぺんに好きになってしまった（トパーズでさえ、驚いたことに、吠えずに耳を下げて「やあ」と挨拶し、尻尾を思いっきり振っていた）。獣医はオディーの歩く姿を観察し、全身をくまなく触った。それから、後ろ足を片方ずつ持ち上げて、やや内側に斜めに下ろしてみる。しばらくすると、オディーが足の位置を直した。けれども、直すのが少し遅い。すると、獣医が言った。「ほら、何が起きたか、感じないのね。脳から足へ信号が伝わっていない」。

「まちがいなく神経学的な問題です。良い知らせは、そんなに痛いわけではないということ。というか、痛みはほとんど感じないはずです」。次に悪い知らせがくるとわかり、身構えて座った。「悪い知らせは、わたしたちにできることがあまりないということ」。

ひとつの治療法として、ステロイドをしばらく使ってみてはどうかと獣医が言った。これを試すことで動きやすくなるかもしれないし、喉頭麻痺にも効果があるかもしれないとのこと。ただし、オディーの年齢を考えると、念のために血液検査で調べてから治療をはじめたほうがいいらしい。

そんなわけで、採血することになり、静脈を見つけて注射針を刺すため、わたしはオディーの隣に立って頭を押さえた。年をとってすっかり弱っていることを考えれば、オディーは驚くような力で抵抗した。十五分ほどかけて、ようやく小瓶一本分の血液を採ることができたが、そのあいだずっと、オディーは息を荒げて震えながら、必死でわたしの腕に噛みつこうとしていた。獣医はほっとした様子で結果を電話で知らせると言い、帰っていった。

二〇一〇年九月二十八日

獣医が電話をかけてきた。検査の結果、オディーの肝臓中の酵素値が危険なほど高くなっていて、おそらく骨または肝臓の癌だと思うが、確かめるのはむずかしいと言う。もっと詳しい検査をするかどうか、決めなければならない。獣医は検査を進めるべきだと言うけれど、わたしはまだ悩んでいる。少し考えさせてほしいと伝えた。採血するだけでも、あんなに嫌がるのだから、これ以上つっつきまわされたら、相当なストレスを感じると思う。詳しい検査をしたからといって、それで何か良いことがあるのだろうか。積極的な治療をするつもりはない。骨や肝臓の癌を完治させる治療法はないのだから。たとえあったとしても、オディーの年齢を考えれば、断ったほうがいい。どんな癌か知るために検査を受けさせることもできるけれど、それが何になるのか？　良いことをひとつ挙げるとしたら、これから付き合っていく病気の知識が増えるため、何か緊急事態（内臓からの出血とか？）が起きたときには、必死になって原因を探しまわらなくてもすむことぐらいだ。だけど、オディーが緊急の状態に陥ったら、そのときが最期になるはず。なぜなら、オディーの肝臓の酵素値がとても高く、肝臓に負担のかかるステロイドが使えないからだ。とても残念なことだけど、しかたがない。

血液検査では甲状腺が正常に機能していないこともわかり、獣医から甲状腺ホルモンのサイロキシンを飲ませるよう勧められた。さっそく今晩から飲ませるつもりだ。

二〇一〇年十月三日

帰宅したとき、本当に嬉しかった。というのも、オディーがカウンターの上にあった袋入りのピーナッツバター・クッキーを見つけ、そのビニール袋をびりびりに破いて床一面にばらまいていたから。まだ少し元気が残っている証拠だ！　それに、床にはひとかけらのクッキーも残っていなかった。

二〇一〇年十月四日

オディーはサイロキシンのおかげで元気になったと言ってもいいかもしれない。昨日はいつもより長い時間起きていて、散歩にも行く気満々に見えた。けれども、後ろ足の状態は悪化している。リビングルームから、嫌な音が聞こえてきた。ばたっと床に倒れる音。オディーが立ち上がれなくなっていた。わたしたちはそこら中にカーペットを敷いている。フローリングの床はオディーにとって歩きにくいからだ。それなのに、わざわざカーペットが敷かれていない場所まで行って倒れている。いまのオディーはとてもよろよろしていて、いまにも倒れるんじゃないかと見ていてひやひやさせられる（ほら、もう倒れている！）。

二〇一〇年十月八日

気温は秋の初めにしては安定している。どういうわけか、オディーはふたたび自力で外に出ていけるようになった。もちろん、犬用ドアではなく、人間用のドアからだけど。一晩中、引き戸を開けっぱなしにし、裏口のドアを半開きにしている。蚊はもう出てこないし、猟奇的殺人犯が侵入してくる恐れもない（トパーズが見張っているから）。ネズミのことは気がかりだけど、危険を冒すだけの価値はあると思う。夜中に何度も起きなくていいことが、信じられないほどの贅沢に感じられる。

サイロキシンを飲みはじめて一週間が過ぎた。オディーには良くなったところも悪くなったところもある。食べる量が減って、痛々しいほど痩せて見える一方、少し元気になったようにも見える。

ここ数日は散歩に行きたがらなかった。ときどき、トパーズとマヤのあとにつづいて外に出ても、すぐに家の中に戻ろうとする。歩くことがあっても、約二十フィート（約六メートル）先のアンとマイクの家の前で立ち止まり、わたしのことを見つめながら、戻ってくるのを待っている。家に戻るときは、ほんのちょっと足どりが軽くなる。

あまり食べないし、ドッグフードでは食欲が湧かないようなので、特別な朝食を用意した。いつもの餌に缶詰のツナを混ぜたもの。オディーはがつがつと平らげたが、どうやら、詰めこみすぎたらしい。リビングルームの床に全部吐きだしてしまった。

わたしは獣医に電話をかけて、これ以上、検査を受けさせたくないと伝えた。

二〇一〇年十月九日

昨夜はセージがお泊まり会で出かけていたため、わたしとクリスはコテージにむかった。オディーを連れていくのはますます大変になっている。まず、ロングモントで車に乗るのを嫌がった。旅行にこれっぽっちも興味を示さない。車の後部で憂鬱そうな顔をしていた。道中、ずっと立ったまま息を荒げていて、いちばん狭くて居心地が悪そうな場所に（トパーズから離れたいから？）身体を押しこんでいたのだ。もしもほかの荷物（スーツケースなど）が一緒に積まれていれば、その上に無理やり乗ろうとしただろう。

午前一時三十分ごろ、オディーが外に出るために吠えはじめる。わたしが外に連れだすと、転がるように歩いておしっこをし、戻ってきた。この時点から、わたしもクリスも眠れなくなってしまった。やがて、クリスがヒーターの隣で寝ようと（寒くて！）リビングルームに行ったときには、すでに敷物の上にうんちがあり、その上をオディーが何度も行ったり来たりしていた。うんちは床や敷物にべっとりとくっついてしまっている。これで謎が解けた。朝、床にこびりついていたうんちは、ちょっと踏んづけただけには見えなかったのである。まるで誰かがバターナイフで、カーペットやフローリングに塗ったかのように見えた。オディーが横たわったにしては、身体にうんちがついていないのはどうしてだろうと思っていた。行ったり来たりしていたからにちがいない。

二〇一〇年十月十四日　家にて

夜中にどさっという音が聞こえた。オディーがオフィスで倒れて（もしかしたら、ソファーから降りようとしたのかも?）立ち上がれなくなっていた。起きあがらせてあげなければならなかった。午前二時三十分。四時三十分ごろ、ふたたび、オディーが歩きまわり、ばたっと倒れる音が聞こえてくる。動けなくなっていないか、確かめにいく。キッチンの戸口のところで立っていた。

オディーはますます痩せてしまった。手で餌を食べさせなければならない。そうすれば、食べてくれる。

二〇一〇年十月十五日

わたしたち家族とセージの友達数人がキッチンから外に出たときのこと。女の子たちはきゃーきゃー騒いだり、くすくす笑ったりして、クリスが取りつけたハロウィーンのおばけの飾りつけを楽しんでいた。オディーはキッチンをうろうろしていた。すると、トパーズが女の子たちの声に刺激されて吠えはじめる。牧羊犬特有の威嚇するような吠え方だ。いきなり、大好きな攻撃ポイントであるオディーのアキレス腱に噛みついた。

オディーは噛みつかれて倒れてしまった。わたしはトパーズを引き離したが、オディーは立ち上がれずに、大の字に床に倒れている。驚きに目を白黒させたまま、必死に立ち上がろうとする。立たせようとして足に触れるたびに、頭を後ろにまわしてわたしに噛みつこうとした。そして、床の上で身体を揺すっているうちに、緑色のうんちが三つほど出て、背中にこびりついてしまった。

二〇一〇年十月十九日

オディー、マヤ、トパーズを連れて歩いているとき、隣のアンに会った。アンはオディーをしげしげと見て言った。「このまえに会ったときとずいぶんちがうわね」（きっと二、三週間まえに会ったときのことだ）。オディーは骨と皮ばかりに見える。まさにボニーマン（やせた男）というニックネームそのものだ。

今朝、オディーが抱える問題のひとつがわかった。オディーが頭を下げて餌を食べようとするたびに、身体が左右に揺れてしまい、バランスを失って倒れてしまうということ。どうりで、いつもお腹を空かせているはずだ。

試しに、オディーの餌皿を台の上に載せてみたところ、このほうがずっと食べやすそうだ。もっと早く気づかなかった自分に腹が立っている。

二〇一〇年十月二十二日

オディーは危なっかしい足どりの酔っ払いみたいに、ふらふら歩く。後ろの左足を引きずったままで。今日はかなり調子が悪そうだ。

ソファーから降りられなくなった。ようやく立ち上がって飛びおりたときには、床にうつぶせに倒れてしまった。そんなことがあっても、ソファーの上に飛びのろうとするのだから、まったく驚かされる。

もしかしたら、オディーが歩きまわるかもしれないと思って、家中の床にカーペットを敷いた。ヨガマット、バスマット、玄関マットも敷いて滑らないようにしている。かなり奇妙な光景だと思う。

最近はおもにホットドックを食べていて、ほかの食べ物はほとんど受けつけない。

今日はなんだか落ち着かないらしく、オフィスの戸口まで何度もやってくる。そこに立ったまま、わたしを見ている。けっして中に入ってこない。ただ戸口までやってくるだけだ。

二〇一〇年十月二十四日

今夜、セージがわたしに尋ねた。「ママ、いったい、オディーの鼻はどうしちゃったの?」。すぐにオディーのそばに行き、確かめる。どうやら一晩で色が変わってしまったようだ。もはや茶色のシミがある赤褐色ではない。なめし皮のような暗褐色に見える。わたしは膝をついて、顔をのぞきこんだ。鼻の表面が硬くなって黒ずんでいる。ぱさぱさの土か茶褐色の苔のよう。乾ききったうろこ状になっていて、ざらざらだ。どう見ても普通ではない。明日、獣医に電話をかけてみよう。

夜中にオディーの鳴き声が聞こえてきた。まだ（かろうじて）暖かいので、裏口のドアを開けっぱなしにしている。だから、起きてオディーを外に連れていく必要はないのに、気になって眠れない。オディーが家の中を歩きまわる足音が聞こえる。寝室の前の廊下を、幽霊のように行ったり来たりしている。なんて騒がしい幽霊なんだろう。

第五章

動物のホスピス

犬が与えてくれる愛情の虜になっている飼い主は、自分の愛犬が健康で幸せに暮らしていけるように、できるだけのことをします。子犬のころからしつけをし、餌を与え、散歩に連れていき、挨拶、遊び、食事、睡眠といった毎日の儀式を繰り返します。しかし、愛するペットの求めているものが、はっきりわからなくなるときがやってくるかもしれません。突然、もしくはオディーの場合と同じようにゆっくり時間をかけて、飼い主はペットの健康で幸せな生活を守りつづける自信を失っていくのです。そして、わたしが感じたように、霧が立ちこめた絶壁の縁をさまよいながら、ペットを突き落とすのではなく、一緒に死の谷へと下りていく道を探すことになるでしょう。

この本を書きはじめるまえは、自分の限られた経験から、オディーの生活の質を保てなくなるときがいずれやってくるだろうと思っていました。そして、「いまがそのときなのか？　まだなのか？　遅すぎたのか？」と、思い悩みつつ、決断するだろうと予想していました。涙をためながら、オディーを車の後部に乗せて、動物病院に連れていくのだろうと。オディーの死を予約するなんて、きっと奇妙な感じがするはず——こんなふうに、死を迎えるべきではありません。うまくいかないに決まっているのだから。オディーは神経質になるでしょう。動物病院が嫌いだからです。息を荒げ、目を細めて、尻尾を下向きに丸めるでしょう。消毒薬の強烈なにおいがするなかで、冷たいステンレスのテーブルに横たえられたオディーを見たら、オディーの信頼を裏切ってしまったと感じるにちがいありません。そして、他人である獣医や看護師の前で泣くことを恥ずかしいと思うでしょう。青い注射針をすばやく刺してオディーの命を終わらせる人々は、オディーの一生の輝きや、心配性だけど勇敢なところや、人間に対する計り知れないほど深い愛情を知ることはないのだから。

年をとったり病気になったりしたペットが、青い注射針を刺されるのをただ待つのではなく、もっとケアしてもらえる機会があればいいのに、必要なのは終末期ケアのさまざまな選択肢だと考えました。動物の痛みを理解してコントロールするより良い方法と、ゆっくりと最後のときを迎えられるような、あるいは自然死も許されるような、より多くの選択肢と、動物の生活の質を考えるためのもっとわかりやすい方法が必要ではないでしょうか。

動物のホスピス

人間のホスピスのような動物のためのホスピスが求められています。調べてみると、すぐにわかったのは、わたし以外にもこのように考えている人々がいるということ。動物のホスピス（ペットのホスピスとも言う）は以前から存在していました。オディーが衰えはじめたころは、まだ気づかずにいたのです。しかし、この本を書きおえるころまでには、動物のホスピスはさまざまな場所で利用できるようになっていました。オディーにはいくつかのホスピス・ケアを受けさせていたけれども、いま知っていることを一年前に知っていたら、もっと良い選択ができただろうし、オディーの最後の日々をもっと快適なものにしてあげることができたのではないかと思います。

〝ホスピス〟という言葉は、少なくとも二十年前には動物のケアに関する文献のなかで使われていました。そして、二〇〇一年には、米国獣医師会が動物のホスピス・ケアのガイドラインを示し、業界の基準を設けようと試みたのです。それでも、ホスピスのことをよくわかっていない飼い主や獣医師が多く、終末期のペットのペイン・マネジメントや緩和ケアの選択の幅はなかなか広がりませんでした。ここへ来てようやく、動物のホスピスへの関心が少し高まり、世の中に知られるようになってきたようです。一カ月に一度ほど、インターネットを使って、動物のホスピスで利用できそうなものを探していますが、そのたびに、提供されているサービスの幅が広がっていることがわかります。

どうしていまなのでしょうか？　ひとつには、ペットのホスピス運動が、人間のホスピス運動と融合したからです。それは動物に対する人間の態度が変わったことの表れでもあります。動物の認知機能の複雑さや、感情の複雑さに気づくようになったため、ペットのあつかい方、とくにペットの死に方や痛みのケアに対して、細心の注意を払うようになってきました。ペットの統計も変化しています。年をとって身体が弱く、病気を抱えるペットの数がどんどん増えているのです。これは獣医学が進歩したことによって、動物が長く生きられるようになったからでしょう。長生きをして病気にかかったり、障害を持ったりするペットの数も、これからますます増えることになります。同時に、ペットの飼い主がさらにもっと複雑な治療法の選択を迫られることにもなるでしょう。そして、人間の医療と同じように、ますますイエスかノーの選択を迫られる機会が増え、動物の終末期ケアははるかに複雑になっていくでしょう。

動物のホスピスが発展しているにもかかわらず、その本質はあまりはっきりしていません。いまのところ、動物のホスピスは、終末期ケアに対するあらゆる種類の取り組みのことを指しているものの、動物の死に方に対する哲学的な意見のちがいも見うけられます。ホスピスの活動範囲が広がるにつれて、特定の目的、方法、考え方がもっとはっきり見えてくるでしょう。いまのところ、〝動物のホスピス〟は動物の終末期における生活の質および死の質を最大限に高めようとする取り組み全体を指します。

動物のホスピスとは何か？

動物の医療のほかの現場とちがい、ホスピスは死期が近い患者のケアを専門にしています。したがって、ケアの目的は痛みの緩和であり、病気を治すことではありません。ホスピス・ケアは、病気が末期もしくは死が間近の動物に緩和治療をおこなうことによって、生活の質をできるだけ高めながら、最後の日々を過ごしてもらうことを目標にしています。とはいえ、飼い主と獣医の意見をとりいれ、人間のホスピスと同じように動物のホスピスでも、癌や肝臓病などの末期の病気に対する積極的な治療も受けられるようです。飼い主の関心が回復から痛みの管理へと移り、死というものが避けられない結果として受け入れられるようになります。ホスピス・ケアによって動物の寿命が延びることもありますが、それが本来の目的ではありません。

獣医学者で〈ペットのためのニッキ・ホスピス財団〉の創立者、キャスリン・マロッキーノがトム・ウィルソン（アメリカの新聞漫画『Ziggy（ジギー）』の作者。動物に囲まれて暮らすジギーの日常をひとコマで描く）の漫画の台詞を引用して、次のように表現しています。「動物のホスピスとは、自分のペットに向かって、『そのときが来るまでそばにいるから。この歌が終わるまで、一緒にダンスをしていよう』と、言うことである」。

ほとんどの獣医師は動物のホスピスを、安易に安楽死に走るのを思いとどまらせるものだと考えています。病気や障害があったり年をとったりした動物は、高められる生活の質がたくさんあるのに、ほかの選択肢を知らない飼い主や獣医によって、あまりにも早く安楽死させられることが少なくありません。けれども、安楽死は医療上の選択肢のひとつとして、いつでも選ぶことができるのです。

獣医学診療には人間のホスピスにいるような専門知識を持ったスタッフがあまりいません。たいてい、〝ケア・チーム〟といっても、獣医師と看護師の二人だけ。それでも、これはチームアプローチ——獣医師、看護師、（人間の）依頼人、（動物の）患者を含めたチームによる協力体制——だと言われています。そして、獣医師たちは積極的に依頼人に安楽死以外の治療法（リハビリテーション、ホメオパシー、鍼治療など）や、精神的な支援（ペットとの死別カウンセリング、施設付きで牧師がいる礼拝堂）について教えたり、介護ネットワークを広げるための手助けをしたりしています。

動物のホスピスは主に家でおこなわれ、必要があれば、獣医を訪ねることもあります。動物にとってはいちばんリラックスした状態で受けられるし、飼い主にとってもいちばん利用しやすいので、在宅でおこなう獣医の数は増えてきているようです。まず、獣医は最初の診察のために家に来て、ペットの状態を見きわめ、治療とケアの目標を飼い主と決めます。それから、ケアプランを立て、ペットにどんなケアが必要かを飼い主に理解してもらい、薬の飲ませ方や注射の仕方など、基本的な技術を教えるでしょう。わたしが調べたところ、獣医によるホスピスのほとんどがペットの自然死を望む飼い主のサポートや、安楽死もおこなっています。

動物のホスピスを実際におこなううえで重要なことは、痛みや不快感の緩和（薬、マッサージ、理学療法を使う）と、ペットが喜ぶことをできるだけすること（社会との交流、仲間のペットとの交流、精神的な刺激、遊び、散歩、人との触れ合い）です。病気のペットや年をとったペットのケアには、身体の向きを変えること、身体を洗うこと、おしっこやうんちをさせることなどがあることも忘れてはいけません。特別食が必要かもしれないし、食べさせたり飲ませたりしなければならないかもしれません。ホスピス・ケアに取り組む飼い主は、注射の仕方などの基本的な技術を学ぶ必要があるでしょう。ホスピス・ケアの重荷はペットの飼い主にまともに（そして、ずっしりと）のしかかってくるため、やらないという選択肢を選ぶ人もいます。ここで言っておかなければならないのは、ホスピス・ケアは誰にでもできることではないということ。そのためにはかなりの時間とお金、ある程度の技術と学習、大きな責任を負う覚悟が必要です。いい加減なやり方でホスピス・ケアをおこなえば、動物に余計な苦しみを味わわせることになりかねません。

人間の医療現場では、患者は主治医にホスピスを紹介してもらい、それから緩和ケア専門の医師のもとへ行き、ホスピス専門の看護師を含めたネットワークのケアを受けます。動物の場合は一般的に、患者がホスピスを紹介されることはなく、緩和ケア専門の獣医もいません。たいてい、かかりつけの獣医がホスピスの獣医の役割も担うことになるでしょう。しかし、獣医にとっても、飼い主にとっても、そんなにたやすいことではないのです。緩和ケア技術の訓練を専門に受けた獣医がほとんどいないため、多くはホスピス・ケアに不慣れだったり、とまどったりするでしょう。

ホスピスと緩和ケア

ホスピスは死期が迫っている患者のための緩和ケアですが、ホスピスと緩和ケアのあいだにはっきりした境界線はありません。しかも、動物の場合には両者が密接に関係しています。ひとつの統合された概念として〝動物のホスピスと緩和ケア〟のように、ふたつの言葉をつなげるべきだと考える人々もいます。このふたつの言葉をひとつの連続した言葉と考えたとき、ホスピス・ケアはどちらかと言うと、もうしばらく生きられる、死期の歩みが遅い動物にふさわしいのかもしれません。

一般的に、人間の患者がホスピスに入るのは、余命が六カ月未満になったころ。ほとんどの人間の病気に関しては、比較的正確な生存統計が出ているため、医者は患者があとどのくらい生きられるかを、ある程度、予測することができます。動物の平均生存率に関する統計のほうがはるかに少ないため、個々の診断においても、最後のときがいつかは判断しづらいでしょう。というわけで、終末期ケアの期間がどのくらいになるかは、人間の場合よりもずっと予測がむずかしいことがわかります。また、動物の寿命で考えると、六カ月というのはかなり長い期間に相当します。犬や猫の年における〝人生の最後〟に相当する期間は約一カ月。とはいえ、動物のホスピスと緩和ケアは一カ月よりももっと長い期間に向いているようです。むしろ、六カ月ぐらいのほうがいいかもしれません。動物のホスピス・ケアが本当に始まるのは、治すことが不可能もしくは生きることがひどく重荷になったと判断したときであり、そのとき、飼い主の考え方は〝回復させること〟から、快適に過ごせるようできるだけ生活の質を高めていくことへと変わります。

動物のホスピスをもっとも熱心に唱えているのが、動物の腫瘍学者（癌治療を専門とする医師）、アリス・ビラロボス。人間のホスピスと区別するために、動物のホスピスを〝ポウスピス〟（ポウ（動物の足）とホスピスをつなげた言葉）と呼び、考え方のちがいを主張しました。人間のホスピスのように、患者があとわずかしか生きられなくなるまで待つのではなく、診断されたら、できるだけ早くホスピスを受けさせるべきだと言います。また、ホスピスをたんに死を待つことと見なすのではなく、緩和ケアをもっと積極的におこなうことだと考えています。ビラロボスにとっての動物のホスピスとは、病気のなかでも、とくにさまざまな癌の積極的な治療に代わるものを提供すること。ポウスピスの目標は、動物が痛みや苦しみを感じない状態で死ねるようにすることと、動物の生活の質が受け入れられるものから受け入れられないものへと変わったかどうかを、飼い主が判断できるようにすることです。ビラロボスはポウスピスを、ペットが病気の末期と診断されたときから死を迎えるまでの重要な時期を埋めるものだと考えます。癌にかかった動物以外にも、さまざまな病気の動物、年老いた動物、死にそうな動物には、無期限に受けられるホスピスと緩和ケアが必要です。

「飼い主にはペットがいずれ死ぬということと、その事実を理解して受け入れてもらうことが、とても重要になります」と、ビラロボスは言います。獣医は動物の死について話すのが得意ではありません。人間をあつかう医師と同じく、獣医師も〝為せば成る精神〟を持っているけれど、〝どうにもならない〟ことがはっきりしたとき、獣医と飼い主は安楽死に頼ってしまうことが多いようです。べつの方法があるはずだ、病気を治そうとするのをやめて、心地よさとケアを与えればいい、とビラロボスは語っています。

ホスピスの必要性

ほとんどの動物病院やクリニックはホスピスのサービスをはっきりとは勧めません。ロングモントの何人かの獣医に、ホスピス・ケアをおこなっているかどうか尋ねたところ、答えに困っているようでした。「ホスピスがどんなものかよくわからないので」と、ひとりが言ったのです。飼い主がペットにとってほぼ価値のない治療をやめることに決めたら、ほとんどの獣医は快く受け入れ、ペットの生活の質をできるだけ高めることに協力するでしょう。しかし、飼い主がホスピスや緩和ケアについて知らなければ、自らそうしようとはしないはずです。治療をつづけるか、つづけないなら安楽死させるかしか頭にないからです。ホスピスについてよくわかっていなければ、助言も選択肢も与えられないし、緩和ケアの技術がしっかり身についていなければ、死にそうな動物が快適に過ごせるよう効果的に手助けすることもできません。その結果、年老いたペットや末期のペットが、あまりにも早く安楽死させられるのです。緩和ケアをおこなう獣医のロビン・ダウニングがわたしに言いました。「飼い主がほかの選択肢を知らないせいで、どれほど多くの猫や犬が安楽死させられているかということを、考えただけでもぞっとする」。

動物のホスピスと効果的な緩和ケアを求める飼い主の数に比べて、サービスをおこなっている獣医の数ははるかに少ないのが現状です。とはいえ、ホスピスに関心のある獣医の数は増えつづけていて、過去十年にわたって、動物のホスピスを専門化し、具体的な仕事と業務範囲（と、おそらく当事者意識）を確立するための努力が払われてきました。すでに述べたように、米国獣医師会（AVMA）は動物のホスピス・ケアのガイドラインを示し、業界の基準を設けることによって、訓練を受けたスタッフによる適切なペイン・マネジメントと、定期的なモニタリングを保障しようとしています。

ホスピスの定義づけと促進を積極的に進めている団体もあります。ひとつは〈the American Association of Human-Animal Bond Veterinarians（人間と動物の絆を結ぶ米国獣医師協会）〉。〝社会における人間と動物のポジティブな交流を育むために、獣医学界が積極的に役割を果たしていく〟という目標を掲げています。協会はホスピスに熱心に取り組み、ホスピスの定義を、〝終末期を迎えた患者に思いやりのある緩和ケアをおこなうと同時に、大切なペットを亡くした家族をサポートする仕組み〟としています。もうひとつは〈the International Association for Animal Hospice and Palliative Care（動物のホスピスと緩和ケア国際協会）〉。安易に安楽死へと走るのを思いとどまらせるだけでなく、動物病院の狭い檻での隔離や、家庭での不十分な治療による苦しみから解放してくれるものとして、ホスピスを推進しています。ホスピスは寿命を延ばす方法ではなく、質の高い生活を送る時間を延ばすものです。この協会は、ホスピス・ケアが利用できるということ、ポジティブな効果をもたらすということを、より多くの獣医と飼い主に知ってもらおうと活動しています。

動物のホスピスと緩和ケア・サービスは急速に増えています。わたしがインタビューした獣医の話では、全国で緩和ケア・サービスをおこなっている獣医の数は七十人ほどですが（二〇一一年現在）、毎月増えているとのこと。べつの獣医によると、終末期ケアをおこなう獣医たちが一年間で診療する動物の数は一万匹にのぼり、十年前の約十倍に増えたそうです。

ホスピスのボランティア

ボランティアは人間のホスピスの現場において重要な役割を担っています。患者と家族に対して社会的な支援をおこない、患者の入浴や食事の介助をすることによって、家族に息抜きをしてもらうことができるのです。一方、動物のホスピスでは、このようなボランティアはほぼいません。とても残念なことだと思います。なぜなら、飼い主が仕事に出ているあいだに動物の様子を見たり、点滴をしたり、寝具を交換したりといったボランティアによる支援があれば、ホスピスが飼い主にとってもっと利用しやすいものになるからです。

ボランティアが支援するホスピスのひとつのモデルとして、コロラド州立大学アーガス研究所が運営する〈ペット・ホスピス・プログラム〉が挙げられるでしょう。これは全米唯一の、獣医学校が母体となっているホスピスです。コロラド州立大学の動物病院を受け持っていて、スタッフの大半が獣医学部の学生ボランティア。緩和治療とケアを決める手伝い、安楽死の前後と最中のサポート、遺族の悲しみを癒すためのグリーフ・カウンセリングなどの支援をおこなっています。学生ボランティアは動物病院で飼い主とペットに会い、飼い主が望めば、獣医の診察を受けるときにもつきそうでしょう。また、ボランティアは家を訪ねてホスピス・ケアを手伝い、投薬の管理もします。安楽死のための処置がおこなわれているあいだ、サポートするために立ち会うでしょう。このプログラムで動物や飼い主が恩恵を受けるだけでなく、獣医学生も動物の介護をしたり、ペイン・マネジメントや死別などの終末期の問題に取り組んだりしながら、貴重な実地体験ができるというわけです。

　ボランティア活動を組みいれたもうひとつの革新的なプログラムは、サンフランシスコ動物虐待防止協会による〝フォスピス〟であり、おそらく、保護施設にいる末期症状の動物のために考えられた唯一のホスピス・プログラムと言えるでしょう。フォスピスは里親《フォスター・ケア》［養い親］制度のことで、訓練を受けたボランティアが病気の末期の猫や犬を自宅に引きとり、死ぬまで面倒を見るというものです。この条件に当てはまるのは、腎不全、初期の心不全、進行が遅いリンパ腫のようなあまり痛みが出ないタイプの癌を患っている動物です。動物の所有権と主な責任は保護施設が持ち、獣医によるすべての治療、薬、特別食を保護施設が用意し、安楽死や埋葬サービスもおこないます。フォスピスのボランティアは毎日動物の世話をして、愛情を注ぎ、最後まで寄り添います。これこそが、動物が心底求めているものですから。そして、安楽死させるべきか、させるならいつがいいかを見きわめます。

任意団体によるホスピス

現在はほとんどのホスピスが家庭や動物病院でおこなわれているものの、いくつかの独立した居住型の動物保護施設では、病気や障害を持ったり、年をとったりした動物にホスピス・ケアが施されています。保護施設に引きとられることになった動物のなかには、飼い主がペットのニーズに応えられなくて連れてこられたものや、捨てられて保護されたけれども、たまたま殺処分されずに救われたものもいます。わたしがもっとも感銘を受けたのは、〝傷ついた〟動物がほかの動物と同じくらい愛情を求めていることと、望みがないと決めつけられた動物であっても、まだじゅうぶんに生きられることを理解したうえで、これらの施設が運営されているという点です。一般的に、こうした施設は獣医ではなく、普通の人々が運営しています。そして、すべての施設に当てはまるわけではないけれど、動物への総合的なケアに積極的に取り組んでおり、安楽死ではなく自然死へのひときわ強いこだわりがあることがわかりました。

〈ブライトヘイヴン・ホリスティック・リトリート・アンド・ホスピス・フォー・アニマルズ〉は年をとったり障害を持っていたりする動物のためにゲイル・ポープが創設し、運営している非営利の動物保護施設で、所在地はカリフォルニア州サンタローザ。ホスピスそのものではないけれど、安楽死の代わりとなるホスピス・ケアに取り組んでいます。ここにいる動物の多くが安楽死させられる寸前で運びこまれました。病気が末期で望みがないと診断され、飼い主も世話ができないか、世話をしたがらなかったのです。この保護施設では、そのような動物に、愛情のある環境のなかで死ぬまで生きるチャンスを与えてきました。つねに動物のケアと死に対して総合的に取り組んでいます。ゲイルは電話での会話のなかでこう言いました。「伝統的な獣医学の世界では、獣医からこれ以上治療をしても助からないという診断を受けとったら、あとは安楽死させられるのを待つだけということが起きている。この場合、治療の終わりと安楽死のあいだには空白の時間があります。一方、ホスピスではこの時間が癒しの期間になる。動物はちがう方法でケアを受けます」。動物は自分がまもなく死ぬことを知っている、とゲイルは言います。死を目の前にした動物は、最後に家の真ん中にやってきて、そこに置かれたベッドに横たわるそうです。すると、ほかの動物がまわりに集まってきます。「動物は人間が考えるよりも進化した生きものです。エネルギーに満ちた別世界に住んでいる。だから、死を冷静に受け止められるのです」。

〈エンジェルズ・ゲート・ホスピス・フォー・アニマル〉はニューヨーク州デリーにある居住型のホスピスで、スーザン・マリーノが創設しました。さまざまな身体障害のある動物を引きとり、積極的にリハビリテーションをおこないながら、残りの日々を過ごせる場所を提供しています。〈ブライトヘイヴン〉と同じように、代替医療と伝統医療を組み合わせた統合医療、加工されていない生の食材《ロー・ダイエット》を用いた餌、自然死を積極的に取り入れてきました。〈エンジェルズ・ゲート〉の安楽死の割合は非常に低く、五パーセント程度だと報告されています。

ホスピスの陰の部分

ホスピスに対する消費者の興味が高まるにつれて、お金儲けに利用されることも増えています。たとえば、ホスピスと名乗ってはいるものの、じつは単なる安楽死サービスだったということもあります。注意深く見ていれば、受けられるサービスが安楽死だけだとわかるはずですが。

動物のホスピスの世界で働いている獣医と関係者が、営利目的のホスピスがあることを暗い声で語ってくれました（〝営利目的〟を強調しつつ）。小さな倉庫で営業しているらしく、動物看護師が働いていて、ときおり獣医が様子を見にくるそうです。富裕層の顧客が病気のペットや年老いたペットをずっと預けておくことのできる、自宅のように居心地の良い場所。結局、病気で死にそうな動物の様子を絶えず見て、汚した場所をきれいにする暇はないということでしょうか？　そのような場所があるとすれば、それはペットの世話を放棄したという罪悪感を和らげられるなら、喜んでお金を出す飼い主のためにあるのでしょう。

このような場所が本当にあるかどうか、いまだに確かめられずにいます。あってもなくても、このことによって、ホスピスは愛情深く、思いやりがある行為だけれど、いとも簡単に醜いものに変わるかもしれないということがわかりました。動物のホスピスの需要が高まれば、お金儲けに利用しようとする恥知らずな人間が目をつけるのは当然かもしれません。ペットの死別や思い出の品をあつかう市場はすでに活気があり、新たなビジネス・チャンスがありそうだということは、誰の目にもあきらかです。米国獣医師会がガイドラインを設けたのは、最初の一歩としては良いでしょう。しかし、残念ながら、これらのガイドラインはホスピス・サービスをおこなう獣医にしか適用されません（それも、まったくの任意で）。法律では、野心的な個人がホスピス・ショップを開くことを禁止していないのです。

獣医の団体が心配しているのは、獣医でない人々が思いつきでホスピスを開こうと決めてしまうことです。「動物を愛しているわ。死にそうな動物の世話を手伝いたいから、ホスピスを開くつもりなの」。獣医が開設したホスピスで働く職員が次のように言っています。「驚いたのは、死にそうな動物に対して、死ぬまで〝そばにいてあげる〟だけでいいと考えて動物を受け入れる人々がいることです。彼らは獣医ではありません。痛みの管理についてはなんの知識もないのです」。ホスピスをおこなっている獣医のことを単なる経営者だと思うかもしれませんが、彼らの心配は理にかなっていると思います。たとえば、ペイン・マネジメントを適切におこなうことのむずかしさを知っていれば、きちんとした訓練を受けた人々に、動物のニーズに応えてもらいたいと考えるはずだからです。〈エンジェルズ・ゲート〉のスーザン・マリーノも、〈ブライトヘイヴン〉のゲイル・ポープも獣医ではありません。そして、ゲイルがわたしに言ったように、ふたりはホメオパシーを使ったペイン・マネジメントの方法をあからさまに批判されてきました。また、疑いの目を向けられた〈エンジェルズ・ゲート〉は、〈動物の倫理的あつかいを求める人々の会〉によって覆面の〝調査〟を受けたこともあります。

動物のホスピスの世界には、少なからぬ敵意と縄張り意識があるのではないでしょうか。わたしに言わせれば、獣医も獣医以外の人も、動物のホスピスで精力的に働くのは、動物の福祉に情熱を傾けているからこそです。ほとんどすべてのことが善意でおこなわれているはずです。問題を煎じ詰めれば、ペイン・マネジメントと自然死に対する考え方のちがいということになるでしょう。さらには、生活のなかのペットの役割に対する意見のちがい。思いっきり単純化して両者を比べると、獣医が開いたホスピスは従来どおりの科学的なケアをおこないがちです。鎮痛剤を点滴するときは計算して測り、痛みの兆候を確認するときには、科学的なモデルに照らして判断します。例外はあるものの、最終的には安楽死させることになるでしょう。一方、保護施設が開いたホスピスは、自然療法などを取り入れた統合的かつ精神的なケアをおこなう傾向があります。動物の気持ちを理解して人に伝えることができると言われるアニマル・コミュニケーターが死を目前にした動物の望みを解読したり、アロマテラピーやホメオパシーを痛みの緩和のために使ったりします。保護施設が開いたホスピスは、安楽死や、鎮痛剤の使用といった従来の治療法を極力さけて、できるだけ〝自然な〟死を迎えさせようとするようです。

自然死

動物のホスピスは安楽死の代わりにはなりません。はっきり言えば、ある時点で、思いやりのある死なせ方として安楽死が選択される場合がとても多いからです。それでもまだ、ホスピスはペットの自然死を望む人々に好意的に受け入れられています。青い注射針を使うことに賛成の人も、〝自然死〟とは何か、自分のペットに有効かどうかを、じっくりと考えてほしいと思います。

先日、友人で社会学者のレスリー・アービンが電話をくれました。二十歳の飼い猫、ミズ・キトンが死にそうだから連絡したというのです。残念ながら、わたしが駆けつけたときには、すでにミズ・キトンは旅立っていました。けれども、レスリーがそのときの様子と、ここ数日の話を聞かせてくれました。

ミズ・キトンが衰えはじめたとき、苦しがっていなければ安楽死させない、とマークと約束したの。自然に旅立たせてあげたかったから。急がせる必要もなかったし。ミズ・キトンが死ぬところを見るのは怖くなかった。苦しんでいるかどうかを知るには、どうすればいいかをふたりで話し合ったわ。猫は辛さを表に出そうとしないから。わたしたちは痛みの兆候を見のがさないように、つねに気をつけていたの。誰もそばにいてほしくないのかどうかも知りたかった。ミズ・キトンは最後まで、わたしたちのそばで気持ち良さそうにしていたわ。もだえたり、息が詰まったりすることもなかった。いまになって思うんだけど、木曜日にうろうろと歩きまわっていたのは、〝最後の落ち着きのなさ〟だったのかもしれない。でも、苦痛を感じている様子はなかったわ。むしろ、いつもとあまり変わらずに、ゆっくり歩いては、ときどき立ち止まったり、休んだりしていた。

レスリーはミズ・キトンを〝自然に旅立たせたかった〟ようです。その理由を尋ねると、動物にとっても、天寿をまっとうしたほうがいいに決まっているから、と言いました。わたしはミズ・キトンの死に威厳と正しさを感じています。ミズ・キトンの死は、わたしが想像しうるかぎりのもっとも〝良い死〟に近いものです。痛みがなかったようだし、愛情あふれる家族に見守られながら、息を引きとったのだから。レスリーと彼女の夫にとって、自然死は安楽死よりもずっと良かった。とはいえ、あきらかに苦しんでいるようだったら、いつでも安楽死させる心づもりでいたようです。

死にゆくときは飛躍のときだと考えられるでしょう。人は死にゆくあいだも変わっていきます。人間の進化は死の間際までつづくからです。死にゆく過程で、その人（家族も）は、大きく成長するかもしれません。自然死に精神的な価値を見いだす人もいます。たとえば、霊魂がひとつの存在からべつの存在に生まれかわるときだと考える。動物の頭と心の中で起きている変化をうかがい知ることはできないけれど、動物も死ぬときに大きく成長する可能性があることを、人間は認めるべきかもしれません。

これが自然死の魅力であり、ほかの条件がすべて同じなら、オディーにとっても自然死が望ましいでしょう。わたしは動物の精神的な側面に関心があります。そして、動物の死を儀式化することは、動物の命の価値を認め、人間と動物の絆の強さを確かめるひとつの方法だと思いました。しかし、〝不自然な死〟（または、そのようなもの）とは対照的に、〝自然死〟を特別な死という意味で使うとしたら、それは少しおかしいのではないでしょうか。すべての死が自然なのに。たとえ星空のもとで自然に囲まれていても、冷たい金属製のテーブルの上に横たわっていても、ピアノの下に置かれたオートミール色の犬用ベッドの中にいても。安楽死による死さえ、飢え、脱水症、多臓器不全などによる死と、まったく同じように自然なのです。そして、ペットのケアをするようになった瞬間から、本当に〝自然の成り行きにまかせる〟ことができているのかわからないほど、飼い主がペットの生と死のあらゆる側面をコントロールすることになります。

確かに、自然死と安楽死を対極のものとしてあつかうことによって、倫理的な問題を単純化できるかもしれません。この意味で自然死に同意するなら、飼い主がすべきことはペットが死ぬときに寄り添い、安らぎを与えることだけになります。けれども、飼い主が求めているのはそういうことではありません。もっと広く考えれば、同じような注意がホスピス・ケアにも当てはまることがわかります。ホスピスと安楽死が正反対の選択肢として示されれば、倫理的な問題が単純化されすぎて、ペットを犠牲にすることになるでしょう。

『Geriatrics and Gerontology of the Dog and Cat（犬と猫の老年学）』（未邦訳）の著者、ジョニー・ホスキンズからの忠告を考えてみてください。ホスキンズが言うには、獣医スタッフは飼い主に、安楽死を選択させるのではなく、ホスピス・ケア（〝終末期医療〟）が利用できることを知らせなければなりません。しかし、安楽死させる代わりにホスピス・ケアを受けさせることが、動物にとっていちばん良い選択とはかぎらないのです。「動物が進行性の不治の病気の場合には、苦しみが不必要もしくは不公平なレベルまで強まるだけになるだろう。もしもホスピス・ケアがたんに苦しまないですむものとして受け止められているなら、安楽死を避ける理由を必死で見つけようとしている飼い主は、罪悪感から逃れる手段として、喜んでホスピス・ケアを受けさせるだろう」。繰り返すようだけれど、ホスピスは苦しみから逃れるための代替手段ではありません。ホスピスの目標が可能なかぎり苦しみを和らげることだというのはまちがいないけれど、最善の努力をしても、苦しみが勝ることもあるのです。

ロビン・ダウニングがわたしに言ったのは、動物のホスピスの世界のなかに、安楽死を禁じることを含め、人間のホスピスとまったく同じ原則を動物にも当てはめようとする人々がいるということです。「まったく受け入れがたいわ！　安楽死を選ぶことはいつでもできるし、動物を安楽死させる権利もある。そして、安楽死させなくてはいけない場合もある。これは倫理的にも正しい行為よ」。ダウニングの目から見れば、世論が〝すぐに安楽死させたほうがいい〟から〝自然死させたほうがいい〟へと移ってしまったというわけです。ダウニングはそのことが気に入りません。もっとバランスがとれた状態に戻る必要があると考えています。わたしはダウニングに、いままで自然死で死なせた動物は何匹かと尋ねました。開業して二十五年にしては「多くはない」とのこと。動物が天国に旅立つときまで生かしておくという考えに対して、疑問を持っているようでした。自然死が動物にとって最善の選択になることはめったにないという理由からです。

わたしは地元の獣医のひとりに、ペットを自然死させたいと希望する飼い主がどのくらいいるかを尋ねました。「意外にも、思ったほど多くはありません」。自然死が良い死であることはめったにないし、〝自然死の原因〟はたいてい、動物にとってかなり不快なもののはずだと獣医は考えています。たとえば、腎臓病は猫の死因の第一位であり、脱水症になったり、毒素が溜まって発作を起こしたりするため、穏やかには過ごせなくなるのでしょう。

どんな場合でも自然死のほうが動物にはいいと思い込むのは危険です。それでは、望ましい場合が多いのでしょうか？　飼い主は不必要に死を早めることがあります。死に臨むとき、動物がかなり苦しんでいれば、死を早めるのは思いやりのある選択だと言えるでしょう。どうやって〝かなり苦しんでいる〟と定めたり判断したりすればいいのでしょうか？　もちろん、これはかなり厄介な問題であり、ほかの人よりも動物の苦しみの兆候を読みとるのがうまい人がいるかもしれないし、痛みを伝えるのがうまい動物がいるかもしれません。しかし、飼い主の主観によって、判断が歪められる可能性があります。ましてや、自然死に強くこだわるのなら、苦しみの兆候を〝動物が苦しんでいる合図〟ではなく〝魂が変わっていく合図〟としてちがう意味に〝読みとる〟はずです。

言葉の選び方

安楽死以外の死を言いあらわすのにぴったりな言葉は何か？　〝自然死〟はもっとも理解しやすい言葉であり、直観的に魅かれるものがあるかもしれません。〝自然死〟には不必要に死を早めることを避け、暴力的な青い注射針から逃れて、自然の成り行きにまかせるというポジティブな含みがあります。しかし、この言葉にも問題があり、動物の終末期ケアの仕事をしている多くの人が、この言葉に不快感を覚えているようです。

〝自然死〟という言葉が持つひとつの危険は、死に手を貸すべきでないと言っているように聞こえる点です。とはいえ、良い死というのは多くの場合、人間の心のこもった粘り強い支援と、動物が快適に過ごせるよう痛みを管理することが必要になります。人間が後ろに控えて見守るだけで、手を出さないという消極的な死なせ方は自然かもしれないけれど、動物にとってはあまり良いものではありません。動物のホスピスの普及に努めている人の話によると、人間のホスピスができた当初と同じように、動物のホスピスも、治療をわざとしないのではないかというとても手ごわい固定観念があるそうです。こうした考え方は人間のホスピス運動の発展を遅らせる一因になっていました。家でおこなう動物のホスピスという考えを最初に広めた非営利団体の〈ペットのためのニッキ・ホスピス財団〉は、〝ホスピスが支援する自然死〟を理解してもらおうと粘り強く取り組んでいます。これはとても良いことだと思います。

注射を使って意図的にもたらされた死をなんと呼ぶかという難問がまだ残っています。安楽死？　死に至る緩和？　それとも、緩和剤による鎮静状態？　この問題は次の章でじっくりと考えたいと思います。

動物の苦しみと生活の質

生活の質（QOL）は生命倫理学と人間の医学において、とてつもなく重要なものであり、個人の全体的な生活状態を個人の視点で判断するときの評価方法として使われてきました。QOLは、治療、緩和、死について意思決定をおこなうときの根拠になっています。二〇〇〇年の初めに、獣医学でもQOLを使うようになりました。動物の終末期ケアを進めていくうえで重要な判断基準になる可能性を秘めています。

獣医のフランク・マクミランは誰よりも積極的に、動物にQOLを使うことを呼びかけてきました。マクミランによれば、生活の質は健康や精神的充足と密接にかかわっているということです。ただし、外部からの評価（人間が判断した動物のＱＯＬ）であってはいけません。ＱＯＬは〝内部からの眺め〟のはずだからです。しかし、動物のＱＯＬの判断は人間がするしかなく、そのむずかしさはすぐにあきらかになりました。つまり、評価するためには、動物の頭の中に入ろうとしなければならないし、内側からの眺めがどうなのかを見つけださなければなりません。

人間の医学では、ＱＯＬは健康や幸福を主観的に評価することです。それでは、どうやって、患者は自分の生活の肉体的な部分と感情的な部分の質を判断すればいいのでしょうか？　とはいえ、この概念がいちばんよく使われるのは、新生児、幼児、知的障害者、老人、昏睡状態の人、重病患者といった自分に対する評価を言葉で表現できない人々であり、代理の人にＱＯＬを評価してもらわなければなりません。つまり、動物の場合と同じです。しかも、代理の人間による評価はじつに厄介なのです。マクミランの指摘によると、人間の医療現場における代理の人の評価は正確さにむらがあるとのこと。たとえば、思春期の患者の調査では、感情と主観的状態の評価を両親がおこなってみたものの、患者自身の評価とうまく一致させることができませんでした。ティーンエイジャーの娘や息子よりはペットの犬や猫の感情のほうがわかりやすいかもしれません。それでも、ちがう生物のあいだでの代理評価は、かなり不正確になると言わざるをえないでしょう。行動研究のテクニック――嗜好テスト、嫌悪学習、需要曲線分析など――も使いながら、いつかは個々の動物の気持ちをもっとよく理解できるようになるかもしれないし、代理評価をもっと正確におこなう自信が持てるようになるかもしれないと、マクミランは考えています。しかし、いまのところは、自分の経験と勘で判断するしかありません。QOLを評価するためには、具体的にどんな要因を選べばいいのでしょうか？　ペットが自分の生活について感じていることをどうやって評価すればいいのでしょうか？　動物はそれぞれ自分だけの好みや主観があり、生活の質も個々でまったくちがいます。動物を幸せにするものもばらばらです。〝普通〟つまり標準はありません。マクミランが提案しているのは〝影響バランス・モデル〟。動物のQOLに影響を与えている主な要因――精神的な刺激、健康、不愉快な感情体験、コントロールの度合い――を使えば、ポジティブな影響（喜び）がネガティブな影響に勝っているかどうかを基本的に評価できるということです。生活の質はたいへん良いものから非常に悪いものまでの連続体で表されます。

マクミランは、ペットの生活でQOLに影響を与える要因のリスト作りを勧めています。動物にとって大切なことは、ひとつひとつの感情や体験に関連した快適あるいは不快な影響によって決まると言ってもいいでしょう。快適な影響にはポジティブな感情（喜び、性的刺激、精神的刺激）とポジティブな身体的感覚（良い食べ物、社会的な親密さ）の両方があります。そして、不快な影響には痛みや飢えといったネガティブな身体的感覚があり、ネガティブな感情には不安、孤独、鬱などがあります。不快な影響は快適な影響よりも動物に強い印象を残すようです。命を脅かすような差し迫った刺激には、もっとも強い不快な影響（たとえば、酸素が欠乏するという極端に不快な感覚や、組織の損傷という極端な痛み）が関係しています。したがって、基本的には、ペットのＱＯＬに影響を与えていると思われるものは良いものも悪いものもすべて考慮し、これらの影響の相対的な強さと持続時間を評価します。それから、快適な影響と不快な影響のバランスを相対的に判断することになります。そのバランスが不快なほうへと大きく傾いたとき、ペットにとって、生きつづける価値があるかどうかを考えなければなりません。

オディーのＱＯＬを測定するためには、何を選べばいいのでしょうか？　オディーが喜びを感じているのは、ベッドで横になっているとき（眠っているときもあれば、じっとこちらを見ているときもある）、短い散歩をしているとき、隣の家のバラにマーキングをするとき、チーズや自家製のスペシャルハンバーガーのライスとニンジン添えを食べているとき、マヤに鼻づらをなめられたとき、わたしたちの目が自分に向けられているとき（これに関しては、正直に言って、どちらとも言えないような気がする）、人々、とくに子供たちに「やあ」と挨拶するとき。また、裏庭に出てあたりを見てまわり、鼻を空に向けたまま立っているときも楽しんでいるように見えます。

一方、不快なことのリストはとても長い。後ろ足に何か痛みを感じているようだし、歯も痛いはずだし（獣医はそれほど痛まないと思っているけれど）、身体が思うように動かないように見えるし、いつでもトパーズに攻撃されるのを恐れて暮らしているし、オディーを置いてほかのメンバー（犬も人間も）が旅行に行ってしまうときは孤独かもしれないし（本当のところはわからない）、耳がよく聞こえないため、疎外感を感じているようだし、目がよく見えないため、神経質になっているようだし、以前ほど食べることを楽しんでいないように見えます（ハンバーガーしか食べなくなりそう。近頃は、ホットドッグにも食欲をそそられなくなった）。

これらの〝影響〟をどうやって測ればいいのかまったくわかりません。とはいっても、オディーの天秤はまだ喜びのほうに傾いているとかなり自信を持って言えます。そのバランスが変わったら、気づくことができるのでしょうか？

四肢麻痺のような身体で生きていたくはないだろう、と健康で丈夫な身体を持つわたしが言うのは簡単だけど、健康体だった人が障害を負ったあとでも、生活の質はきわめて高いままだということをよく聞きます。先天的に障害を持つ多くの人が充実した人生を送る方法を見つけ、目に見えるような障害を持っていない人より、幸福や満足を感じているかもしれません。

同じように、動物がどんな条件のもとで生きたいか、生きたくないかという問題の結論を性急に出さないように注意しなければならないでしょう。たとえば、猫は目が見えなくなるぐらいなら死んだほうがましなんじゃないかと考えてしまいがちです。ところが、グウェン・クーパーの著書『幸せは見えないけれど　盲目の猫ホーマーに教わった恋と人生』（高里ひろ訳、早川書房）を読めば、目の見えない猫のホーマーがとても勇敢でやんちゃで愛情深く、障害は天からの贈り物だということを教えてくれるでしょう。また、『奇跡のいぬ――グレーシーが教えてくれた幸せ』を読めば、生まれつき耳が聞こえなくても、白いグレート・デーンが満ち足りた楽しい一生を送ったことがわかります。足を一本もしくは二本失った犬はたくさんいるけれど、それぞれがとてもうまく自分の障害に適応しています。確かに、動物が怪我を負ったり、障害を持ったりすると、生きることが耐えがたいものになるかもしれません。けれども、このような判断は慎重にすべきでしょう。

一方、これから述べるような体験をしたり、聞いたりしたことがある人は多いと思います。それはペットに長く執着しすぎた友人や知り合いが、ペットのQOLが低くなっていることを示すあきらかな兆候を無視するというものです。まわりから見れば、ペットが生きていることを辛いと思っているのが一目瞭然なのに。ペットを愛しすぎて、現実が見えなくなることがときにはあるかもしれません。このことから、わたしは自分がオディーのQOLを判断するのにいちばん良い立場にいるとはいえ、もっと〝客観的な〟見方ができる人の意見が必要だと思うようになりました。オディーが抱えている問題を過小評価してしまうのではないかと恐れたのです。なぜなら、オディーの死を考えるのがあまりにも辛すぎたから。

友人のリズは我が家にやってくると――リズはどの友人よりもオディーのことをよく知っている――心配そうに言います。「まあ。すごく悲しいわ。オディーはもう見る影もなくなっているじゃないの」。クリスはわたしをオディーの本当の姿に気づかせようとするかのように、ここ何日も繰り返し言っています。「オディーはそろそろお迎えがきそうだね。そう思わないかい？」。

ポウスピスの評価スケール

アリス・ビラロボスのポウスピスで採用している〝HHHHHMM QOLスケール〟は動物の様子を評価する簡単な方法で、マクミランの影響バランス・スケールほど面倒ではありません。このポウスピスのスケールの良い点は、ペットを評価するための具体的な条件を示してくれること（痛み、飢え、水分補給、衛生状態、幸福度、動きやすさ、悪い日より良い日のほうが多いかどうか）。十段階評価で（一が低く、十が高い）、安楽死を決めるための総得点（三十五点）も示しています。三十五点以上なら、受け入れられるQOL、三十五点未満は受け入れられないQOLであり、安楽死がもっとも良い選択肢ということになるかもしれません。ここではペット自身の主観的なQOL評価から、ペットの肉体的な健康を人間が評価することに焦点が移っていて、当てずっぽうの判断はとりのぞかれます。もちろん、具体的な条件は人間が判断しやすくするための工夫であり、そのおかげで、評価する辛さを感じなくてすむようになっています。これまで述べてきたように、QOLを評価することはさまざまな条件から全体を統一的に見るためのひとつの手段と言えるでしょう。

ポウスピスのスケールを使って、現在（二〇一〇年十一月二十六日）のオディーの様子を評価してみました。

• 痛み（Hurt）……六点。オディーはそれほど痛がっていないと思うけれど、この評価に自信がない。獣医が言うには、オディーの足は神経に問題があって、ほとんど何も感じていないらしい（たぶん、そのせいで床にうんちをしてしまうのだろう——排便していることに気づいていないからだ）。けれども、わたしがときどき、オディーの身体を優しくマッサージしようとすると、さっと顔を上げて嚙みつこうとするか、もしくはもがきながら苦労して立ち上がり、部屋から出ていってしまう。どこかが不快なのかもしれない。それに、精神的な苦痛も味わっているんじゃないかと思う。なぜかというと、すごく不安そうに見えることがたびたびあるから。

- 飢え（Hunger）……六点。とても痩せてしまい、ドッグフードに口をつけないことがよくある。けれども、ごほうびや、自家製のハンバーガーとライスの食事なら、すごくよく食べる。
- 水分補給（Hydration）……九点。喜んで飲んでいる。十点をつけなかったのは、必要な量を飲んでいるかわからないから（なぜなら、オディーがあまり動かないため）。
- 衛生状態（Hygiene）……四点。家の中で失禁してしまうことが増えている。ときどき、うんちをしたあとで、その上に横たわるか、踏んでしまっていたが、そういうことをする回数が増えてきている。昨夜、最初におもらししたのはうんちとおしっこの両方だったけれど、吠えなかった。おしっこは少し漏れているらしく、ソファーの上で寝ると、たいてい寝ていたところにしみができている。息はとてもくさいが、少なくともオディーは気にしていない。毛が短いから、毛玉にはならないし、フケがたくさん落ちるけれど、毛並みは悪くない。
- 幸福度（Happiness）……六点。どうやって判断すればいいのだろうか？　すごく不安そうだし寂しそう。部屋に入ってきて、まるで何かを訴えているかのように、ただ立っている。ほかの犬がおやつをもらえるとわかったときに吠えたり尻尾を振ったりするのを興味深そうに見ている。また、隣の家までの短い散歩を楽しんでいるようだ。

- 動きやすさ……四点。いまのところはまだ低いソファーに上がることができるし、短い散歩もできるし、食べ物を探しまわることも、外に出ることもできる。しかし、ふせの姿勢から立ち上がるのがむずかしく、倒れてしまうこともよくある。それに、まっすぐ立っても数秒後には後ろ足から地面についてしまう。
- 悪い日より良い日のほうが多いかどうか……七点。良い日も悪い日もほとんどなく、ほぼ毎日が同じように見える（とはいえ、少しずつ衰えているのが、数週間経つとはっきりわかる）。家の中で失禁してとんでもないことになるときがあるけれど、それはオディーにとって悪い日なのだろうか、それともわたしにとっての悪い日なのだろうか？

オディーのスコア……四十二点（七十点満点中）。思っていたよりも低い点数のせいか、なんだか胃が痛い。三十五点に近づいてきている。

ペットの事前指示書《アドバンス・ディレクティブ》

研究によると、大多数の人々は病気の予後がとても悪いとか、身体の自由がこれから先、ほとんど効かないという場合には、延命措置を望まないという結果が出ています。けれども、かつての医療システムのなかでは、病気が重すぎて話すことができない患者のための選択肢は、どんなに見通しが悪くても、治療をやらないのではなく、やりすぎて失敗するというものでした。そこで、より良い終末期ケアと死を迎えるために、とくに、望まない治療と延命の悪循環に陥らないために、事前指示というものが重要になってきました。事前指示書（生前遺言状《リビング・ウィル》とも呼ぶ）というのは、自分が話すことができなくなった場合に備えて、医療に関してどんな決断をしたいと思っているかをほかの人に知らせるために、個人が用意した文書。たとえば、万が一心臓が止まった場合には心肺蘇生をおこなわないでほしい、とか、植物状態で生きつづけたくないといった意思を明記します。そして、何よりも、身体を傷つける無駄な治療を拒否するための手段として、事前指示書が用いられるようになりました。もちろん、できることはなんでもしてほしいと指示することもできます。

事前指示書には賛否両論があります。なぜなら、〝思いきった処置はしないでほしい〟などといった指示があいまいでわかりにくいこともあるからです。さらに、調査によって、いつも医者や家族がそういった指示を無視してきたこともわかりました。それでも、少しずつ、事前指示書を使おうという動きが広がってきています。推進派によると、事前指示書のもっとも重要な機能は、人々に死や臨終の過程について考えたり話し合ったりする機会を与えること。担当医や家族に、自分の死に方の希望を言える瀕死の患者はほぼいません。事前指示書によって率直な話し合いがおこなわれるようになった結果、患者の福祉が劇的に改善されて、患者と家族の苦しみが減ることになりました。

『犬と猫の老年学』のなかで、ホスキンズは動物にも事前指示書を手直しして使うことを勧めています。人間の場合と同じように、何よりも重要なのは、動物の死について考えたり語りあったりする機会を持てることかもしれません。もちろん、飼い主はペットの一生の最後に、ペットの好み、希望、価値観をペットに尋ねることはできません。けれども、事前指示書を書くことによって、飼い主は自分とペットにとって何が重要なのかを考えるようになるでしょう。ホスキンズは次のような質問の答えを考えることも勧めています。誰がおもに面倒をみているか？ ケアと意思決定にかかわっている人はほかにいるか？ 最後の時間を過ごすのは家それとも動物病院がいいか？ ペットにとっていちばん大切な活動は何か？ それから、生活の質に影響を与える要因のリストを作り、ペットの安楽死をどれほど切実に考えさせられるかによって、順位を決めることを勧めています。たとえば、動くのが辛そうだ、社会から引きこもっている、食欲がなくて餌や水を欲しがらない、毎日薬を飲む必要がある、介護が必要だ、目が見えない、耳が聞こえない、失禁する、慢性的な痛みがある、など。多くの点で、ＱＯＬの評価スケールに似ています。

ペットのための事前指示書の良いところはたくさんあります。指示書の指示（その名の示すとおり）によって、飼い主とペットにとって良い死とは何かを考えるというむずかしいプロセスが始まり、その考えが育まれ、やがて死という現実が実感できるようになるでしょう。冷静な判断を下すことがたやすくなり、家族間や、飼い主と獣医のあいだの会話が増えるでしょう。ペットの死についての価値観や好みが飼い主と獣医のあいだでは異なることや、家族間でも驚くほどちがうことがわかるかもしれません。こうした会話によって、子供たちも、ペットの死について自分がどう感じるかを理解し、感情を整理する時間が持てるでしょう。そして、ペットの世話をする人は、死を目前にしたペットの介護がどういうものかを感じとることができるはずです。

ペットの世話をする人

ＱＯＬに影響を与える要因には、動物の生活の質に関するものと、飼い主の生活の質もしくは介護のリソース（時間、お金、精神的エネルギー）に関するものがあります。リストを作るためには、動物の生活の質にじかに影響を与える項目だけを選ばなくてはならないのかもしれません。しかし、それでは現実的でないし、一方的になるでしょう。なぜなら、ペットのためにわざわざ事前指示書を書こうとする人は、愛情のこもった世話をするためにめいっぱい努力をしているし、介護のリソースはどこかにある魔法の泉から湧きでてくるものではないのだから。

コロラド州立大学アーガス研究所が運営するホスピスの小冊子に載っているリストにも、

〝ペットの生活の質について考える〟項目のあとに、〝あなた（飼い主）の生活の質について考える〟項目が挙げられています。具体的には、

- どれくらいの時間をペットの世話に使っていますか？
- どれくらいのお金をペットの世話に使っていますか？
- どんな責任を生活のなか（仕事、子育て）で担っていますか？
- 誰（パートナー、子供、ペット）のことを気にかけていますか？
- 家族の誰が手伝ってくれますか？
- 何かストレスを抱えていますか？

人間のホスピスと終末期ケアの研究によれば、平均的な介護期間は四年半で、介護者の四人中三人が女性だそうです。これと比較できる動物の終末期ケアの研究は見あたらなかったものの、ホスピス・ケアをおこなうなら、簡単なことではないため、懸命に取り組む必要があります。

それでは、どうやって飼い主はペットのニーズに対して、ほかの多くのことに費やす時間とエネルギーとのバランスをとればいいのでしょうか？　どのくらい介護をすればちょうどいいのか、どのくらいほかのことを犠牲にする必要があるのかは、簡単にはわからないでしょう。

飼い主が仕事を辞めたり長期休暇をとったりして、余命いくばくもないペットにできるだけ付き添っていようとする感動的な話を数えきれないほど聞きました。胸が打たれるけれど、罪悪感と反発も覚えました。自分はとてもそこまではできないと思ったからです。子育てをそっちのけにはできないし、仕事も辞めたくありません。どんな選択をしたとしても、罪の意識を感じる飼い主はとても多いのではないでしょうか。なかなか思ったようにはいかないものです。

人間のホスピス・ケアのチームが提供しているもっとも重要なサービスは〝息抜きケア《レスパイト・ケア》〟です。ホスピスの職員がやってきて、おもに介護をしている人を数時間または一日、介護から解放すること。残念ながら、動物のホスピスにはこのサービスがありません。家族や友人は死にそうなペットの介護がどういうものか理解できないし、手伝いをしようとは思わないかもしれません。

わたしはオディーの世話からひと息つきたいと思うことがたびたびありました。毎朝、かすんだ目でよろめきながらビックス・コーヒー・ショップに入ると――オディーの最後の数カ月はいちばん利用した客のひとりだったはず――ひと晩ぐっすり眠れたらどんなにいいかといつも考えていました。具体的に考えると、夜中に二、三回起きてオディーを外に連れていくことは我慢できました。床のおしっこやうんちを片づけることも我慢できました。とは言っても、オディーが自分の身体をコントロールできなくなるにつれて、後始末をすることが大変に感じるようになっていったのも事実です。それでも、なんとかなりました。オディーをわりと頻繁に外に連れださなければならなくなってから、ちょっとのあいだでも家を空けられなくなったけれど、それでもなんとかなりました。わたしは家で仕事をしていて、娘の学校も、夫のオフィスも近くにあったからです。それでも、ひとり暮らしの会社勤めの人や、遠くへ出張しなければならない人や、家計が苦しくてだめになったカーペットを買いかえられない人にとっては、わたしと同じことをするのはとてもむずかしいのではないでしょうか。

適切にリソースを使う

アメリカ動物病院協会がおこなった調査では、ペットの飼い主の六十三パーセントが毎日ペットに向かって、「愛している」と言っているという結果が出ました。その回数はきっと、ほとんどの配偶者や何人かの子供たちに向かって言うよりも多いのではないでしょうか。多くの飼い主がペットと同じベッドで寝ています。しかも、犬や猫だけでなく、豚、フェレット、ウサギ、鳥、あらゆる種類のもぞもぞ這う動物であっても。配偶者や子供に治療を受けさせるのと同じように、ペットにもできるだけ治療を受けさせようとする飼い主がいても不思議ではありません。動物が生きつづけられるのなら、どんな治療でも試す価値があるかもしれないからです。腎臓透析から、化学療法、人工股関節置換手術、さらには幹細胞移植まで。

もしも動物のための終末期ケアをもっと広い視野で見たら、考え方は変わるでしょうか？

どういうことかと言うと、たとえば、医療を全体的に見て、どこに住んでいても利用できて持続できるものでなければならないと思ったら、大金をはたいて自分のペットのためだけに効果が証明されていない幹細胞治療や、数カ月か一年ほど寿命を延ばすだけの癌治療のような、珍しい高額な治療を受けさせるでしょうか？

ペットに関するブログでわたしが気に入っているのはパティー・クーリーの〝フーリー・ベティッド（じゅうぶんな診察）〟（以前は〝ドリトル〟というブログだった）。ある日、そのブログに獣医のナンシー・ケイが寄稿しました。『Speak for Spot（スポットの代わりに話します）』（未邦訳）の著者であり、ペットの飼い主に複雑な医療の世界における意思決定の方法を紹介しています。そのなかで、ケイ博士はペットの健康のいちばんの代弁者になれるような知恵を読者に授けようとし、もっとも進んだ獣医医療とそのアクセス方法の紹介にたくさんのページを割いています。ケイ博士は寄稿した記事のなかで、〝ファンからのメール〟について述べていました。そのうちのひとつが次の電子メールです。

ここ十年ぐらいで、どうして犬がそんなに大切にされるようになったのかを考えると腹が立ちます。ただのペットなのに。ただの動物なのに……わたしは最近、アフリカのある村の、大変な暮らしと貧しさを綴った本を読みました。そしてすごく恥ずかしくなったんです。その村の人たちがそんな暮らしをしているのに、アメリカの犬はデザイナーブランドの服を着て、身のまわりの世話をしてもらい、最高の医療サービスを受けて、最高級の餌を食べ、人間から褒めそやされ……いったい、アメリカに何が起きているのでしょうか？

もしも癌に苦しむ犬が化学療法を受けるための千ドルと、アフリカの飢えに苦しむ村を救うための千ドルが等しいものかどうかを単純に問われれば、答えはすぐに出るでしょう。けれども、この問題はそんなに簡単に解決できるものではありません。子供のころ、親に次のようにたしなめられた記憶がよみがえりました。「豆もひとつ残らず食べなさい。アフリカでは飢えに苦しむ子供たちがいるんだから」。ひねくれた子供だったらこんなふうに答えるかもしれません。「じゃあ、この豆を封筒に入れて、貧しい子供たちに送ってあげようよ」。残念ながら、豆を送ったぐらいではそう簡単にアフリカは救えないのです。結局、ペットを飼っている人たちは、ほかのものを買う代わりに、ペットにお金を使うことを選んだのかもしれません。もしかしたら、ペットを飼っていない人よりも安い車に乗っているかもしれないし、テレビの台数も少ないかもしれません。浪費はペットの飼い主だけの問題ではなく、ほとんどのアメリカ人にとっての問題なのです。アメリカ人は許しがたいほどたくさんの食料を無駄にしています。一方、ペットの飼い主はほかの人々より無駄が多いかというと、そういうわけでもなく、むしろペットが残り物を食べてくれるので、無駄が少ないかもしれません。

もちろん、ペットへのお金のかけ方には良いものと悪いものがあります。犬用のデザイナーブランドの服とダイヤモンドをちりばめた首輪は、人間用のデザイナーブランドの服とダイヤモンドをちりばめた携帯電話と同じように、道徳的には悪いわけではありません（それに、服装が問題だとしたら、どうしてペットの格好だけ非難されるのか？）。とはいえ、やはりデザイナーブランドの服を着せるのはやりすぎだと思われるかもしれないけれど、良い餌を与えたり良い治療を受けさせたりすることはやりすぎではありません。自分のペットに〝最高〟の餌（ここで言う〝最高〟は、高品質の材料から作られた栄養のある餌という意味）を買い与えるのは、正しいことだと思います。〝最高〟の餌は高価なことが多いけれど、それを言ったら、人間の食べ物も同じではないでしょうか。犬用のジャンクフードは確かにすごく安い。けれども、もしも与えていた食べ物のせいで、ペットが肥満や糖尿病や癌で苦しむことになった場合、こうした病気から救ってあげるのが飼い主の責任ではないでしょうか？　結局、最初から最高の餌を与えていたほうが良かった（そして、長い目で見れば安くすむ）ということにならないでしょうか？　予防医学は概して、救命医療よりもはるかにコストパフォーマンスがいいものです。

わたしのペットに関しては、消費の問題に悩んでいます。とくに、肉食動物を飼っているので、肉を買わなければなりません。人間が食べる肉よりも上質な肉を与えるとき、後ろめたい気持ちとやりすぎているような気分になります。けれども、この悩みを解決するには、良い餌を与えるのをやめるのではなく、犬たちの調子を整えることにエネルギーを注げばいいのです。餌以上の悩みの種が、特別なおやつやフリスビーなどの臨時の出費です。トパーズはフリスビーを目にも留まらぬ速さで追いかけていき、いったん捕まえると、何があっても放そうとしません（フリスビーがぼろぼろになるまで）。飼い主は毎日、ペットに愛していると伝え、友人や知り合いにも、「わたしは犬の動物好きなの！」と、はっきり言っているはずです。それでも、人々の動物に対する思いには隔たりがあるのも事実です。アメリカ人が一年間でペットの餌、医療、おやつ、おもちゃなどに使うお金は四十七億ドル以上。どんなに自分のペットに愛情を注いでいても、その一方では毎年六百万匹もの動物が捨てられ、誰にも愛されないまま殺処分されているのです。

また、健康や医療に関するもっと具体的なお金の問題を見てみましょう。米国動物愛護協会によれば、毎年平均すると、獣医の診察代に犬の飼い主は二百四十八ドル、猫の飼い主は二百十九ドルを支払っています。きっと、年をとったり、重い病気にかかったりしているペットの飼い主はこれよりもずっと多く支払っているし、この金額には薬代が含まれていません。しかし、平均とはいえ、この金額はかなり低い。人間の医療費と比べてみると、カイザー家族財団の調べでは、アメリカ合衆国でひとりの人間が支払った平均的な医療費は、約五千七百十一ドル。参考までに、平均的なアメリカの消費者がアルコール飲料に使う金額は、一年間で四百五十七ドル、娯楽費は二千六百九十八ドルです。いったいアメリカに何が起きたというのでしょう。

人はお金をいちばん価値があると思うことに使います。つまり、自分を幸せにしてくれること、生活の質を向上させてくれることに使う。そして、動物を飼っていることによって、とても幸せになる人もいます。ケイ博士が述べているように、また、多くの研究で裏づけられているように、人間と動物の絆は人間にポジティブな影響を与えてくれます。ペットを飼うことによってストレスが減り、健康状態も良くなり、ほとんどの飼い主が幸せを感じ、情緒が安定するため、社会にもいままで以上に貢献できるようになるでしょう。バドライト〔低アルコールビール〕半ダースパックや、フラットスクリーンテレビにお金を使った場合でも、はたして同じことが言えるでしょうか？

いくら使うと使いすぎか？

わたしにとって、もっとも悩ましい問題は、飼い主なら誰でも直面する問題にちがいありません。自分のペットにいくらお金をかけるか、どんなケアにお金を使うかということです。資金が限られているなかで、ほとんどの人が悩む問題かもしれません。ペットのニーズと、自分たちの欲求や願望のどちらを優先するかを、どうやって決めたらいいのでしょうか？　もしも犬のための高額な治療費を子供の大学資金から出すしかないとしたら、もう少しよく考えなければならないでしょう。この問題を簡単に解く公式はどこにもなく、誰かが出した答えに、身が縮む思いをするかもしれません。たとえば、ペットが歯の病気でとても痛がっているのに、

「犬だから」という理由で治療をうけさせない、とか。判断を急ぎすぎないことがいちばん良いかもしれません。なぜなら、ほとんどの人が最善を尽くしているし、決めた理由は、想像するほど悪くないことが多いからです。わたしはオディーのケアを選択しました。オディーに定期的な精密検査を受けさせるのをやめました。オディーの幸せを考えて決断したと胸を張って言えるものの、まちがいなく経済的な負担も理由のひとつです。

一般的に、ホスピスのほうが積極的な治療をつづけるよりもお金はかからないかもしれません。それに、支出を減らしたいという欲求や願望に背中を押されて、病気を治そうとするのをやめる場合が多いようです。けれども、動物のホスピス・ケアも無料ではなく、すぐに安楽死させるよりも、ほぼまちがいなくお金がかかります。そんなわけで、動物のホスピスが広く利用されるようになるには、お金が障害になるでしょう。

ペットを〈ブライトヘイヴン〉のような寄付で賄われている保護施設に預けたり、コロラド州立大学のホスピス・ケアセンターに通わせたりする以外は、ホスピス・ケアを受ければ受けるほど、お金がかかるかもしれません。鎮痛剤自体は比較的安いし、人間の慰めや愛情にはお金はかかりません。したがって、基本的なプランなら、まったく無理なく利用できるでしょう。しかし、変更はつきものです。たとえば、獣医や看護師が自宅に来て薬を与えたり、飼い主にそのやり方を教えたりすれば、もっとお金がかかります。鍼治療、ホメオパシー、マッサージ、リハビリテーションを受けさせるかどうかも決めなければなりません。たぶん、かなり高価な特別食も勧められるでしょう。人間の医療現場と同じように、動物の場合も階級制度が存在し、裕福な患者のほうが良いサービスを受けられるものです。比較的少数しかペット保険に加入していないため、人間の医療の場合以上に、お金の問題は切実になるでしょう。

オディーがかなり衰弱しはじめたとき（ちょうど、ホスピスをおこなうようになったころ）、一カ月間の出費は、犬用ウォーターベッド代七十ドル、血液検査代百六十ドル、往診代八十ドルが二回、サイロキシン代十五ドル、抗炎症剤プレドニソロンが十五ドル、追加の甲状腺機能検査が百ドル。当然、オディーに少しでも長く生きてもらおうとすればするほど、お手製のスペシャルハンバーガーのライス添え、ホットドッグ、ペーパータオル、〈ナチュラルミラクル〉の尿汚れとりにもお金がかかります。獣医が強く勧めているリハビリテーション療法は一回につき百ドル、レーザー治療はまだ値段を調べていません。それに加えて、絶対に試したほうがいいと言われているのが鍼治療。値段はまだわからないけれど、オディーが車で出かけられなくなったら、家に来てもらうしかないので、百ドル以上かかるのではないでしょうか。

動物の死への新たなアプローチ

膨大な数の動物が、ホスピス・ケアを受ければまだまだ生きられるにもかかわらず、安楽死させられています。ペットが天寿を全うできる方法があることを、飼い主が知らないというだけの理由で。この国では、ペットの安楽死が当たり前になってしまったため、人々はほかの可能性があるとは考えもしません。動物のホスピスを支持する人のなかには、〝治療しないなら死なせる〟というのが獣医の標準的なアプローチだと非難する人もいます。これ以上治療をしても完治する可能性がなくなったり、介護する人間がこれ以上治療を受けさせたいと思わなくなったりしたとき、〝安楽死〟と書かれた該当欄にチェックを入れるにちがいありません。ほかに選択肢がない（ように見える）ため、介護の次の段階は〝あきらめること〟になります。そう考えると、ホスピスは動物の死を考えるための革命的な方法と言えるかもしれません。動物のホスピスによって、さまざまな可能性が広がり、動物の死に方や思いやりのある介護について、飼い主は創造的に考えるきっかけをもらえるでしょう。

もちろん、わたしは動物のホスピスに大賛成です。ホスピスが安楽死の代わりとして重要な役目を果たすと強く信じているものの、ホスピス・ケアが安楽死にとって代わるとか、ホスピス・ケアがあれば安楽死はいらないとは思っていません。最善を尽くせば、ホスピス・ケアは安楽死が埋めていたギャップを代わりに埋め、終末期ケアの選択の幅を広げるでしょう。やがて飼い主の関心が緩和ケアに向けられると、その重要性に気づくようになるにちがいありません。緩和ケア、ホスピス、安楽死が一体となり、動物が死を迎える絶妙なタイミングを教えてくれるでしょう。早すぎず、遅すぎず、ちょうどいいタイミングを。

ホスピスはいろいろなことができます。診断結果が出てから安楽死までの時間を延ばしたり、良い死を迎えるためのさまざまな可能性を示しながら安楽死しか選べなかった状況を変えたり、死にゆく動物の生活の質を高めたり、死にゆく過程をただ引きのばすのではなく、命を延ばす方法を示したり（はっきりと区別できていないかもしれないが）、死にゆく過程の痛みを減らして長引かないようにしたり、動物が孤独を感じないで、威厳を保てるようにしたり、人々が病気や高齢のペットの終末期ケアについて創造的に考えられるようにしたり、悲しみやペットの差し迫った死から目を背けようとすることに率直に向き合えるようにしたりします。その結果、飼い主は自分の欲求ではなく、ペットのニーズにしたがって選択するようになるでしょう。何よりも、ホスピスは死の谷にゆっくりと下りていけるなだらかな道を示してくれるはずです。乱暴に絶壁から突き落とすのではなく、ペットと手（と足）をつなぎ、ゆっくりと歩いていける道を。どうしても、もう一度言っておきたいのは、ホスピスがペットに良い死を迎えさせてくれるということ、六番目の自由を与えてくれるということです。

二〇一〇年十月二十五日から十一月二十八日まで

二〇一〇年十月二十五日

今朝、オディーはなかなか立ち上がれなかった。後ろの右足がまっすぐ立たないから、左足と交差してしまう。問題は、オディーが痛みを感じていないこと。少なくとも、肉体的な痛みは感じないらしい。痛みを感じないと、生活の質を評価することがなおさらむずかしくなる。精神的な痛みには苦しんでいるようだ。不安がって荒い息をしていることが多い。とはいえ、オディーはいつだって不安そうにしている。

二〇一〇年十月三十日

排便がうまくできないようだ。庭に出たオディーはしゃがんだまま、尻尾を震わせてよろよろと移動している。緩い便を腰からぽたぽたと垂らしながら家に入ってきた。身体についた便を拭こうとすると、噛みつこうとした。

いまはもう、どんなドッグフードも食べてくれない。缶詰の柔らかいものもだめだ。食べるのは、切り刻んだホットドッグ、細かくしたランチョンミート、缶詰の犬用シチュー。大きな塊は噛みきれない。歯の調子があまり良くないから。塊が大きすぎると、下に落としてしまう。それを拾って食べることもできない。

二〇一〇年十月三十一日　ハロウィーンの夜

朝六時ごろ、何かが擦れたような、滑り落ちる音で目が覚めた。自分のオフィスに行くと、オディーが部屋の隅のカーペットが敷かれていないところで滑って動けなくなっていた。起きあがろうとしてもうまく立てない。身体を持ち上げて立たせてあげると、そのまま足をぎこちなく引きずって外に出ていってしまった。わたしはベッドに戻り、もうしばらく眠ろうとした。八時に起きて廊下に出ると、うんちのにおいがする。オディーが床に失禁して自分のうんちを踏んでしまったため、家中に足跡がついていた。それをたどると、キッチンに向かい、それからピアノの下、オフィス、そして戻ってきている。すべてきれいに拭きとるにはだいぶ時間がかかりそうだ。

わたしたちは三時間ほどかけて床を掃除した。カーペットを全部洗い、あちこちにこびりついているうんちを取り除き、家中にモップをかけた。それでもまだ、見のがしている場所があって、どこかにうんちが残っているんじゃないかと思うと、嫌な気分になった。

オディーの足にうんちがついているため、洗ってあげなければならない。ぶるぶると震えながら息を荒げているオディーを抱えてバスタブに入れ、お湯を溜めはじめる。すると、オディーが足を滑らせてしまった。汚れた足を持ち上げて洗ってあげることはできない。なぜなら、オディーは三本足で立っていられないからだ。それに、オディーの身体を抱えたまま足を持ち上げることも、重すぎてできなかった。わたしはオディーを抱えたまま、途方に暮れてしまった。

助けを求めて大声で呼ぶと、クリスが聞きつけて、来てくれた。そして、バスタブの縁に腰かけ、上からオディーの身体を抱えたため、ようやく足を洗うことができた。ところが、わたしがタオルをとろうと手を伸ばしたとき、クリスはもう洗いおわったと勘違いをし、オディーから手を放してしまった。オディーはつるっと滑って仰向けにひっくりかえり、うんちで汚れたお湯に全身が浸かってしまい、一気に不安が増したようだ。洗い流したうんちと一緒に、赤褐色の毛の塊がいくつも流れていく。猛烈に抜け落ちている。禿げてしまうのか、それとも病気のせいで抜けるのか。オディーの濡れた身体を撫でるたびに、手に毛がいっぱいつく。オディーの〝種〟が流れていってしまう。

カーペットをすべて洗ってしまったため、今日一日オディーにはフローリングの床で我慢してもらうしかない。結局、少なくとも三度は転び、わたしが手を貸さなければ立ち上がれなかった。今日は、終わりが近づいていると感じた。オディーを見るたびに、不安と憐れみが溢れてくる。「かわいそうなオディー」。一日に何度も、オディーと自分に向かってつぶやいた。我が家を訪ねてくる客も、そう口に出しはじめている。〝客観的〟な声に耳を傾けなければならないような気がしている。なぜなら、自分が世話をしているから、あまりに近くにいすぎて、ほかの人に見えるものが見えなくなっている（見たくもない）気がするから。オディーがわたしのそばで生きつづける姿を見ていたいから。

クリスが優しい口調で言った。「もうすぐやってくると思わないかい？」。それが何かということとを口にするのを避け、遠巻きにして見ている。そう、今日はもう、オディーの苦しみが喜びに勝ってしまったと言わざるをえない。ホットドッグさえあまり食べたいと思わないようだ。それに、わたしが愛情を注ごうとしても、気持ちが遠く離れてしまっている。毎日、何度も隣に座って、「良い子ね、愛してるわ」と言っている。けれども、以前のように尻尾を振って応えてはくれなくなった。

オディーも訳がわからなくなっているようだ。家の中を幽霊のように歩きまわっている。壁の前で立ちどまり、身体の向きをどうやって変えたらいいかわからなくなってしまった。外に出ては中に入ることを何度も繰り返す。まるで、忘れ物を探しにいっているみたいに。

わたしとクリスはそのときが来たかどうかが、どうすればわかるかということを話し合った。わたしたちの結論は、

立ち上がれなくなって、自分の排泄物の上で寝てしまったら。
とても痛がっていたら。
楽しさよりも苦しみを感じている時間のほうが長くなったら。
喜びを感じられなくなったら。

二〇一〇年十一月一日

今日はオディーの左目がちょっと変だ。朝には少し赤く腫れていたのに、いまは落ちくぼみ、

半分つぶっているように見える。

二〇一〇年十一月二日

モルフェウスは眠りと夢の神だ。わたしはモルヒネと、終末期セデーション（終末期にある患者の耐えがたい苦痛を鎮静するために、意識の喪失に至るまで麻酔薬を投与する処置）のことを考えている……オディーをゆっくりと眠りにいざなうことができるだろうか。

『Final Crossing（最後の航海）』（未邦訳）の十三ページより抜粋：一九〇七年に、人類学者、アルノルド・ヴァン・ジェネップは〝通過儀礼〟という言葉を作った。すべての生命には、共通する大きな三段階の移行がある。

- 分離：古い生き方に終わりを告げること
- 境界：ふたつの世界を移行する時期
- 再統合：新しく生まれ変わること

神話学者、ジョゼフ・キャンベルは著書『千の顔を持つ英雄』（平田武靖・浅輪幸夫監訳、人文書院、〈新訳版〉倉田真木訳、早川書房）のなかで、ある人間の生涯《ライフ・ストーリー》（と、ある文化の神話）のことを英雄の旅のようなものだと述べている。旅の途中では、大航海が待ちうけている。英雄伝説はたき火を囲んで語られるものだ。オディーの生涯はわたしたちがたき火を囲んで語らなければならない。

二〇一〇年十一月三日

今日のオディーは良いことも悪いこともあった。良いこと：本当によく食べた（ランチョンミート、ホットドッグ、缶詰のドッグフード）。悪いこと：後ろ足の状態が悪化した。筋肉がけいれんしたみたいに、左足が三十分間こわばっていた。ほとんど歩けず、何度立とうとしても、右足が弱すぎて体重を支えられずに膝から地面についてしまった。できるだけ、わたしのそばにいようとする。とても不安そうに見えるし、ハアハアと息を荒げている。痛がってはいないと思うけど、よくわからない。しばらくすると、足のこわばりがとれたようだった。

昨夜は大変だった。三回以上起こされた。トパーズに一回（セージの部屋から出たがった）、マヤに一回（外に出たがった）。もちろん、オディーにも（マヤはオディーとも外に出た）。そして、オディーは隣家の窓の下で、激しく吠えた。セージにも起こされた。わたしたちのベッドにもぐりこんできて、数えきれないほど何度もわたしたちのお腹を蹴ったり、上に乗ったり、毛布を横取りしたりした。ぐっすり眠れたらいいのに……眠りの神モルペウスよ、どうぞお助けください。

二〇一〇年十一月四日

今朝、オディーはわたしたちと散歩に行きたがった。いままでよりも歩くペースはゆっくりだったけれど、三軒先のトッドとデビの家まで行き、においを嗅いだり、新鮮な空気を吸ったりして楽しんでいた。それでも、気づくと、歩き方が変になっている。腰が曲がり、カニのような歩き方だ。身体の後ろ側が前側についていかず、横を向いてしまう。とくに後ろの左足を一歩前に出すたびにしゃがみそうになる。昨日と比べても、あきらかにちがう。不安が増していく。

それに、まったく落ち着かないらしく、午前中ずっと家の中をうろうろしていた。朝食は食べてくれた。よかった（生ベーコンと缶詰のドッグフード）。

わたしは自分の両親と昼食をとるために出かけ、帰りがけにセージを学校から歯科医院に連れていき、食料品店で買い物をして家に戻ってきた。四時三十分。家に入るとすぐに異臭に気づいた。マヤとトパーズが興奮して出迎える。出入口とキッチンには何も見あたらない。リビングルームに入っていくと、オディーの姿が見えた。部屋の隅にある犬用ベッドの木枠とピアノの脚のあいだで、ぐちゃっと音を立てている。近寄らなくても、オディーが自分のうんちの上に座っているのがわかった。後ろ足は外に投げだされ、前足はフローリングの床で滑り、座っているのがやっとのようだ。わたしは腹這いで近づき、自分の手をオディーのお尻の下（うんちの中）につっこみ、そのままお尻を持ち上げた。オディーは立ち上がると、そのままふらふらと裏口に向かって歩いていった。お尻にはウグイス色のどろどろのうんちがべったりとついている。

セージが外から走ってきて、慌てて立ちどまった。「うわあっ！」と叫ぶと、ふたたび外に飛びだした。今日の宿題はベランダでやることにしたようだ。

わたしはどこから手をつけていいかわからなかった。食料品を車に残したまま、古い服に着替えて、バスタブにお湯をはり、オディーを連れてきた。ペーパータオルでできるだけうんちを拭きとってから、オディーを抱えてバスタブに入れた。今週は背中が痛む。六十五ポンド〔約二十九キログラム〕の身体を持ち上げたり、運んだりしたのがこたえた。オディーの身体をごしごしとこすってからお湯で洗い流す。流れていく水が透明になるまで同じことを繰り返した。タオルで身体を拭きながら、良い子ね、と声をかけて落ち着かせる。

ひと休みしてから、獣医に電話をかけた。それから、ピアノの下のフローリングの床を拭き、カーペットを洗った。それでも、家中がまだ臭い。セージが家の中に入ってきたとき、鼻の頭にしわを寄せて言った。「老人ホームみたいな匂いがする」。

獣医への質問は、(a)抗不安薬を与えれば、立てなかったり歩けなかったりしても気が動転しなくなるのではないか、(b)オムツをつけてみたらどうか、の二点。オムツについては、つけないほうがいいと言われた。抗不安薬についても、飲ませないほうがいいとのこと。その代わり、ステロイドを飲ませてみてはどうかと聞かれた。ただし、調子が悪くなる可能性もあるそうだ。この時点で、選択肢がほとんどなくなってしまった。ステロイドは肝酵素値を上昇させるからずっと避けてきた。しかし、神経障害がひどければ、思いきってやってみるのもひとつの手だと獣医は考えているようだ。一日か二日で効果があるかどうか、あるいは具合が悪くなるかどうかがわかるらしい。わたしは気が進まず、少し考えさせてほしいと答えた。

また、獣医は最後の試みとして鍼治療とリハビリテーション療法を受けさせたらどうかと言った。さらに、レントゲン検査も受けさせて、脊椎に障害がないかを確認したほうがいいと。もしも問題があれば、腰部の手術が必要になるはずだ。「手術は年齢的に、お勧めしません」。それでは、なぜレントゲン検査を受けさせようとするのか。獣医には、「考えておきます」とだけ伝えた。

オディーの最後について、いままで以上に考えるようになったとはいえ、安楽死のことは、考えただけでもぞっとする。なぜかといえば、オディーはどう見ても死にそうではないからだ。まだぴんぴんしている。散歩をつづけていて、新鮮な空気を嗅ぎ、マーキングをし、大好物のホットドッグを食べる。思うに、状況が変わるのは、オディーが立てなくなったときではないだろうか。この調子では、数日中にそうなるかもしれない。

二〇一〇年十一月八日

真夜中にオディーがエリプティカル・トレーナー〔ペダルを踏むと足が楕円形を描くように動く運動器具〕に挟まって身動きがとれなくなっているところを発見した、とクリスが言った。足がペダルとペダルのあいだに挟まっていたらしい。どうしてわざわざリビングルームの隅まで行ったのかがわからない。犬たちはみんな、そこまで行ったことがなかったからだ。ひとつだけ考えられるのは、オディーが自分の居場所がわからなくなったのではないかということ。がたがたという音がしたから（目が覚めるほど大きい音だった）、クリスが様子を見にいった。運が良い！　もしも足が挟まったまま転んだら、足の骨を折っていただろう。

昨日、ふたたび獣医と電話で話をした。そして、オディーにステロイドを試したいと伝えた。リスクはあるものの、やってみる価値があると思いはじめている。獣医はよかったと言い、さっそく処方箋を用意して、バーサド峠にあるオフィスの外の保管箱に入れておくとのことだった。けれども、土曜日は忙しくて薬を受けとりにいく時間がなかった。今日も行かなかった。もっとも、執筆を中断すれば、少しは時間がとれたはずだが。自分なりに、どうして行かなかったのかを考えてみた。あきらかに、抵抗している。ステロイドを恐れているのだ。オディーを辛い目に遭わせたくないから。

同じような気持ちを獣医が勧めるリハビリテーションにも感じている。来週、予約を入れたけど、気が進まない。オディーにとって、車に乗って見知らぬ場所に行くのは、相当なストレスになるだろう。それに、そこまでする価値が本当にあるのだろうか。沈んでいくタイタニック号を救おうとしていじくりまわしているようなものだ。動けるようになれば、オディーにとって大きなメリットになるだろうけど、いまの心身の状態を考えれば、リハビリは有害無益かもしれない。もちろん、試さずに結論を出してはいけないと思うから、予約した日にオディーを連れていくつもりでいる。

クリスはステロイドを試すことを、たとえリスクがあったとしても、良い考えだと思っている。

二〇一〇年十一月十日

昨晩から、プレドニソロンを飲ませはじめた。奇跡的に、今日は四つ足でしっかり立っている。後ろ足も普通の状態に戻ったように見える。そうは言っても、肝臓が心配だ。副作用（正確にはどんなものかわからない）が現われはしないかと、警戒している。

二〇一〇年十一月十二日

オディーがプレドニソロンを服用して四日が過ぎた。状態は良くなっている。確実にいままでより動けるようになった。ところが、そのせいで、わたしが参ってしまいそうだ。エネルギーがありあまっているらしく、わたしにつきまとい、荒い息を吐きかけるのだ。片時も離れようとしない。すぐ後ろにいたり、隣にいたりして、そのあいだもずっと息を荒げている。たぶん、お腹が空いているから、つきまとっているのだろう。どれほど痩せたかを考えれば、なんでも食べさせたい。クリスも、ステロイドには興奮させる作用があると言っていた。

二〇一〇年十一月十六日

オディーには参った！　わたしがコンピューターで仕事をしていても、ピアノを弾いていても、料理をしていても、本を読んでいても、一日中そばにいて、息を荒げている。わたしの顔をじっと見ながら、あえいでいる。いつも、鼻づらをわたしの顔に向けているため、臭い息をまともに嗅がされる。何が欲しいのだろうか？　辛いのか？　ステロイドの影響なのか？

獣医の指示どおり、この一週間はステロイドの量を少しずつ減らしている。減らせば減らすほど、動けなくなっていく。少ない量でも、飲ませないよりはましかもしれない。しかし、奇跡ははかなくも消えてしまった。良い知らせは、肝臓に悪影響が出なかったこと。とはいえ、オディーの不安が和らぐことはなかった。

おしっこが少し漏れるようになってきた。オディーが寝ているソファーの上には染みができている。ソファーにカバーを掛けておいてよかった。

二〇一〇年十一月十八日

オディーはもうあまり目が見えていないと思う。耳はほとんど聞こえていない。昨日、オディーのすぐ後ろから声をかけてみたけれど、振り向かなかった。大きい声で呼んでみたけど、やっぱり気づかなかった。最後に、両手を合わせてぱちんと音を立てたら、振り向いた。

鼻はずっと前からかさかさでひび割れたままだ。

わたしがオディーの肝臓への影響を心配していたとき、プレドニソロンを飲ませることはホスピス・ケアと同じことだとクリスが言っていた。つまり、もう緩和ケアをおこなっているということになる。たとえ、少し寿命が短くなっても、オディーに楽しく暮らしてもらえるようにするつもりだ。わたしたちは下りのエスカレーターに乗っている。引きかえすことはできない。

真夜中に、またしても、失禁したオディーのうんちを踏んでしまった。クリスが風邪を引いていびきをかいていたため、わたしは地下室で寝ていた。オディーが真上でうろうろと歩きまわっている音が聞こえてくる。きっともうすぐ外に出たくて吠えはじめるだろうから、その前に外に連れていってしまおうと決めて、暖かいベッドから這いでて、階段をおぼつかない足どりで上った。オディーは外に出たいときにはたいてい裏口のそばにいるのに、姿が見えない。と、リビングルームから物音が聞こえてきたため、キッチンに足を踏みいれると、温かくて柔らかいものが足の裏から滲んでくるのを感じた。足を下ろすまでのほんの一瞬、そのにおいが鼻を突いたが、間に合わなかった。山のような塊(たったいまつぶしてしまった)がひとつと、小さな塊がいくつか。おかしなことに、ちょっとほっとした。今回はオディーがまだうんちを踏んづけていないし、家中に跡をつけてもいないから、掃除も楽だ。とはいえ、犬のうんちというものは、いったん皮膚に染みこんでしまうと、何度洗ってみても、どうしてもにおいがとりきれない。ベッドに戻って寝ようとしたとき、かすかににおいを感じた。

二〇一〇年十一月二十一日

サッカーの試合を観に行き、夕方家に戻ったら、まぎれもなくあのにおいが家中に充満していた。オディーがリビングルームの小さなカーペットにうんちをし、それを踏んだ足でそこら中を歩きまわって足跡をつけたのだ。ウォーターベッドとピアノの下にある骨の模様のベッドまで汚れている。今度留守にするときはどこか狭い場所に閉じこめる必要がある。あるいは、あまり長く家を空けないこと。今日は四時間ぐらい出かけていたから、オディーには長すぎたのだろう。たとえ、うんちがあった場所や、においがする場所をすべてきれいに掃除したとしても、足跡を全部見つけたとは言いきれない。〈うんちだらけの家〉に住んでいるようなものだ。

これ以上、オディーにプレドニゾロンを使わないことにした（クリスが言いだして、わたしも同意した）。オディーが気の毒に見えるし、そのせいで、わたしたちの気が変になるのはまちがいないからだ。どこまでもついてくるし、いつも息を荒げている。もしもスナックを食べながらソファーに座っていれば、オディーがそばに来て、顔の近くでハアハアと息を荒げるだろう。オディーがキッチンの真ん中に立っていても、追い払うのがかわいそうに思えてくる。マヤやトパーズには、そこに立つことすらさせないのに……どうしてオディーを特別あつかいしてしまうのか？　年をとっているから、ほかの犬たちと同じルールで暮らさなくてもいいと思っているわけではない。キッチンから追い払おうとすると、オディーはいつもわたしを噛もうとする。最近のオディーは気むずかしい。「アウト」と言って部屋の外を指さしても、動こうとしない（この命令を理解しているのに）。仕方がないので、なだめつつ、両手で押してキッチンから追いだそうとすると、オディーはちょっと飛びあがって振り返り（〝義足〟でぎくしゃくと）、怯えた目つきでわたしを見ながら、腕に噛みつこうとする。そして、小走りでリビングルームに入っていくが、わたしが料理をするためにキッチンに戻ると、すかさずやってきて、あえぐ。わたしは小声で不平を漏らす。「オディー、息を止めてちょうだい」。

獣医（正直に言えば、心から信頼しているかどうか自分でもよくわからない）とふたたび電話で話をした。クリスは獣医ではないが、人間の医学の訓練を受けたため、よくわかっている。獣医はオディーをリハビリに連れていくように言い、とくにレーザー治療を勧めてきた。クリスの意見では、一度にひとつの治療だけにしたほうが（ステロイドが最初で、終わったらリハビリ）、効果があるかないかが正確にわかるということだ。レーザー治療のことを聞いたとき、クリスは疑わしげな表情を浮かべて言った。「お金の無駄だと思う」。

二〇一〇年十一月二十四日

オディーは昨日の夜からステロイドをやめ、今日も丸一日飲んでいない。すでに、だいぶ落ち着きをとり戻したように見える。絶えず息を荒げていたのもおさまった。まだ息は荒いが、朝から晩まででではなく、以前と同じになった。残念ながら、後ろ足がこわばるのも、腰が下がるのも、元どおりだ。腰はいままで見たことがないほど下がっている。

二〇一〇年　感謝祭

今日はオディーを連れて、レフト・ハンド・キャニオンでハイキングをした。最初はオディーを担いで丘を登ったが、そのあとは平らな道がつづき、オディーも楽に歩くことができて楽しんでいるようだった。

二〇一〇年十一月二十八日

今日の午後、オディーが何度も転んだ。またしても、ピアノの後ろから出てこられなくなった。後ろ足がけいれんし、つっぱったまま投げだされていた。そのあとにリビングルームの真ん中で倒れ、次はバスルームといった具合に、この数時間で少なくとも十回は倒れている。とても不安そうに見える。あえぎながら、わたしたちの後ろからゆっくりと近づいてくる。わたしをじっと見ている。「いったい、何が起きたのか？」と、わたしに問いかけているみたいな目で。

オディーがこのまま何度も倒れるようなら、水曜日までに安楽死させるべきかどうかを決める必要がある、とクリスが言った。オディーは苦しんでいるんだよ、と。わたしは何も答えられなかった。それを考えまいとしている自分には気づいている。ほんの二日前に、ポウスピスの評価スケールでオディーに四十二点――安楽死よりも七点高い――をつけたばかりなのに、そんなにあっという間に悪くなるとは信じられなかった。それどころか、リハビリに連れていけば、足が治るかもしれないとまで思っていた。きっと、何か特効薬があるはずだと。その一方、明日の朝になっても、リハビリ病院には電話をかけないこともわかっている。オディーにとって、この状態を長引かせて、まだ治せるようなふりをするのは酷に思えた。わたしは午後ずっと、オディーのあとをついてまわり、何度も立たせた。やがて、オディーはウォーターベッドに入って、眠ってしまった。

夕食には、できたてのハンバーガーとライスをがつがつと平らげた。少しほっとした。食欲は生きたいという気持ちの表れだから。明日はきっと良い日になる。

第六章

青い注射針

もしもペットに激しい痛みや長い苦しみを味わわせずに、死にゆく過程を迎えさせたければ、動物のホスピスができるだけ長く生きられるように力を貸してくれるでしょう。また、痛みをきめ細かく管理して緩和させることもできるでしょう。しかし、状況がとても厳しいものになったとき、ペットをすばやく、比較的痛くない方法で死なせてあげるという選択肢も、飼い主には残されているのです。わたしには、それがとても良いことに思えました。良い死には、さまざまなかたちがあっていい。それらの可能性を飼い主は受け入れるべきです。

それでも、動物の安楽死の問題には、わなや危険が山はどあります。ベストの状態でおこなわれる安楽死は、飼い主が世話をしていたペットを深く愛しており、その命を敬っているという証しになるでしょう。けれども、ほかの多くのものにもなりえるのです。それは殺すための道具だったり、責任を逃れるための手段だったり、残忍な武器だったり、動物の命をほとんど価値がないものと見なす気持ちの表れだったりするかもしれません。

死に関する語彙：言葉の本当の意味

安楽死（euthanasia）とは、文字どおり、良い、もしくは楽な死（ギリシャ語 eu〝良い〟＋thanatos〝死〟より）を意味します。ウェブスター英語辞典によると、助かる見込みのない病人やけが人を、できるだけ苦痛の少ない方法で人為的に死なせること。さまざまな文脈で使われてきたけれど、わずかに、あるいはすっかり意味が変わっている場合もあります。注意深く見れば、安楽死の定義が広い意味でふたつに分かれていることに気づくでしょう。思いやりのある痛みのない死という文脈では、この言葉はほぼポジティブな意味を持ちます。人間を安楽死させると言えば、ほとんどの場合、危険な雰囲気が感じとれるでしょう。

人間の終末期については、安楽死のこまかな区別がきちんとされていません。たとえば、積極的におこなわれるものと消極的におこなわれるものの区別や、決定が自発的なものと非自発的なものと反自発的なものの区別など。延命装置をとり外したり、延命を拒否したりすることが、誤って安楽死と呼ばれたり、〝限定された安楽死〟と呼ばれたりすることがあり、わたしもこれまでに何度か耳にしてきました。苦痛緩和のための鎮静に反対する人たちは、そうした終末期セデーションを〝ゆっくりした安楽死〟と呼んでいます。そして、医師の助けによる自殺に反対する多くの人々は、医師のほう助自殺を安楽死と呼ぼうとします。しかし、厳密に言えば、これは安楽死ではありません。生命倫理学者は終末期に関する語彙を整理しようと数十年間取り組んできました。というのも、言葉を注意深く使うことによって、意図や動機がはっきりし、特定の規則と手順がもたらす道徳的な影響の大きさが見えてくるからです。

同じような取り組みは動物の死についてもおこなわれなければならないけれど、やるべきことは同じではありません。人間の生命倫理学では、あまりにも多くのややこしい語彙に苦しんでいるのに、動物の生命倫理学では、語彙があまりにも少なすぎて苦労しています。そのため、動物が人間の手によってどのような死に方をさせられているのか説明できません。実際、〝安楽死〟はさまざまな死なせ方をひとまとめに言い表せる包括的な言葉になっています。そのため、幅広くカバーしすぎて、それぞれの倫理的な微妙なちがいが区別できなくなってしまいました。

本当の意味で〝安楽死〟と言っている文脈と、まだ生きられる動物を死なせることをたんに婉曲的に表現している文脈は区別しなければなりません。さまざまな安楽死をペットの飼い主が要求し、獣医が実行します。倫理的に適切なものもあれば、不適切なものもあるけれども、その多くはどちらか判断しづらい。飼い主の行動と動機をもっとはっきり区別できるような微妙なちがいを表現できる言葉はないのでしょうか？　必要に応じて安楽死という言葉に手を加えるのはどうでしょう、たとえば、〝飼い主の都合による安楽死〟とか〝時期尚早な安楽死〟のように。

さらにむずかしい問題かもしれないが、保護施設にいる健康な動物の殺処分を〝安楽死〟と呼ぶのもやめるべきだと思います。たとえ、物事全体を考えたうえで、動物たちのためを思って判断したとしても。健康な動物を殺すのは、人間の役には立っていても、動物自身のためにはなっていません。この点に関して、獣医と保護施設で働く人々はわたしに反対するでしょう。その証拠に何人かがわたしに言いました。死の過程が良ければ、動物に苦しみや痛みのない死を迎えさせてあげられるなら、理由がなんであれ、〝安楽死〟と呼ぶべきだと。正しい答えはわからないけれど、まちがいなく慎重に話し合うべきだと思います。

倫理的な要因

自分の家に動物を連れてきたとき、飼い主は動物の生涯を通じて、世話をする責任を負うことになります。動物の生活の多くの面を管理することになるでしょう。何をどれだけ食べさせるか、いつどこで排泄させるか、どこに住まわせるか、いつ家の中に入れ、いつ外に出すか、つがわせるか、相手はどうするか、子孫はどうするか、そして、いつどのように死なせるか。正確には、どんな方法で、最後の責任をとるのか？　有無を言わせずに積極的に動物の命を終わらせる理由がどこにあるのか？　オディーの命を終わらせるのは、はたして良い決断なのでしょうか？　ここではっきり言いたいのは、わたしが安楽死は正しい行為だと考えているということ。その一方で、安楽死があまりにも頻繁に、あまりにも早い時期に、まちがった理由でおこなわれていると考えているということ。安楽死という行為が倫理的に適切だと思われる条件について、慎重に考えてみたいと思います。

もちろん、何をするかというと、ペットを安楽死させることに決めるまでの思いをはっきりさせようとしています。

何を（What）

なぜ（Why）

もしもペットがあきらかに苦しんでいて、その苦しみを和らげるほかの方法がなければ、安楽死は適切な選択と言えるでしょう。ペットを心地よく過ごさせてあげることが最終目標であり、不快感を減らす方法が見つからなければ、安楽死させるのがいちばん良い選択なのかもしれません。カリフォルニア大学デイビス校の獣医倫理学教授、ジェロルド・タンネンバウムは、あきらかに安楽死が適切だと認められるケースを次のように示しています。

（1）どんなに頑張っても、獣医学では治療したり解決したりできない症状のせいで患者が苦しんでいる。

（2）その病気によって、すでに激しい痛みが起こっており、緩和ケアによる治療ができない。

（3）心理学的に見て、飼い主が自発的かつ合理的に決定を下すことができる。

これらのケースは判断がむずかしいケースについて考えるときの基準になるでしょう。安楽死のどんな場合でも、まずは自分に問いかけてみてほしい。「この子にとってどうすることがいちばん良いのか?」。それから、全力でペットの気持ちを確かめなければなりません。第五章で話した生活の質(QOL)がここで重要な役割を果たすでしょう。良い点と悪い点を比較して評価するのです。ポウスピスの評価スケール、もしくはマクミランの計算法を使えばいいでしょう。痛みはあるか? それはどれくらいの強さか? ペットが嬉しいと感じる時間はまだあるか? 悪い日が良い日より多いか? ほかの人の意見はどうか? 獣医は? 友人は? 家族は?

いつ(When)

自分のペットの死ぬ時間を選び、獣医に予約して死なせてもらうというのは異様なことだといつも思っていました。けれども、これこそが、まさに多くの飼い主がやっていることなのです。二〇一〇年十一月二十九日午後六時三十分、わたしがオディーのために予約した時間です。タイミングを決めることが飼い主にとってもっとも辛い問題になります。「そのときがいつかは、ペットが教えてくれる」とか、「そのときが来れば、わかる」という言葉をよく耳にするけれど、本当にそうなのでしょうか? わたしには信じられません。誰にもわからないし、ペットも教えることができないし、たとえ何があっても、飼い主は早すぎるのではないか、もしくは、遅すぎるのではないかと思い悩むはずです。結局、早いか遅いかはけっしてわかりません。死ぬ時間をまちがえて決めてしまったのではないかと、こんな恐れ多い役目は限界や弱点に苦しまない偉大な神の手に委ねるべきではないのか、といつまでも疑問に思うでしょう。

　正確に当てなければならない倫理的な的《まと》として〝しかるべき時間〟があるという考えは、ひとまず脇へ押しやらなければなりません。目指すのは正確に当てることではなく、早すぎず、遅すぎず、ほどほどのところをねらうこと。獣医と一緒に、飼い主はペットの病気や障害を理解して、どんなふうに悪化あるいは変化しているかを知ることが大事です。とくに、ホスピスへと気持ちを切りかえたら、治療の目標を定めましょう（事前指示書などを使ってペットが何を大切にしているか、飼い主が何を大切にしているかをはっきりさせる）。どの選択肢にするかを決めましょう（治療法や緩和ケアについて、それぞれの選択肢の利点と欠点をできるだけたくさん比較すること）。残された時間の質と量を比較して検討しましょう。

　おそらく、バランスを変えるような転機が訪れます。そのとき、ペットは目に見えない境界線を越えて苦しむようになり、〝いまならいつでもいい〟という領域に入っていくでしょう。オディーにとってはそれが立てなくなり、何度も何度も倒れて、誰かが起こしてくれるのを待つしかない日でした。日記を読みかえすと、オディーがかなりの期間、苦しみの領域で、のろのろと骨の折れる旅をしていたことがわかります。それでも、自分が決めたタイミングでよかったと自信を持って言えるかというと、まったく言えません。
ペットの終末期に関する文献のなかでよく見かける決まり文句は〝遅すぎるより、早すぎるほうがよっぽどいい〟であり、獣医学でよく使われる言葉が、〝友達を救うには、一時間遅すぎるより、一カ月早すぎるほうがいい〟。なぜなら、〝遅すぎる〟ことが動物にとっては本当に辛いことだからです。

どうしてわたしは「ペットが教えてくれる」という言葉を嫌がっているのでしょうか？　それは飼い主が責任をペットに押しつけているから。確かに、ペットは苦しいという合図を送ってくれるかもしれません（何も食べようとしない、自分の殻に閉じこもるなど）が、飼い主のほうから、その合図を読まなければなりません。そして、すでにあきらかなように、それらの合図はとらえどころがありません。動物の行動を理解しようとしつづけていなければ、痛みを読みとるのはむずかしいのです。しかも、読みとったと思っても、自分の利益、予想、無知が邪魔をして不確かになってしまうこともよくあります。そう、自分の愛情さえ邪魔になってしまうこともあるのです。

飼い主が動物からの合図をあまりに長く待ちすぎると思うかどうか、地元の獣医に尋ねたところ、「はい、まったくそのとおりです。飼い主には自分勝手になりなさい、ペットを行かせてあげなさい、と言わなければならないこともあります。どれほどペットが苦しんでいるかを教えてあげると、ほとんどの人が納得しますよ」。また、安楽死の依頼数はクリスマス休暇のまえになると、急増するそうです。「長く待ちすぎてしまった。新年を新たな気持ちで迎えなければ」と、飼い主が自分に言い聞かせているのではないかと獣医は思っているようです。

どこで（Where）

この本を書きはじめたとき、もしもペットを安楽死させなければならないのなら、当然、動物病院に連れていくものだと思っていました。オディーの病状が深刻になるずっとまえから、このことを心配していました。オディーはいつも、動物病院が嫌いだったし、健康診断を受けにいったときや、動物病院の近くを散歩するだけでも、不安でパニック状態になったものです。オディーが大嫌いなにおいのする場所で不安なまま最期を迎えなきゃならないと考えると、嫌でたまらなかった。けれども、ほかの方法は何も知りませんでした。その後、どこかで読んだのは、動物病院の駐車場にとめた飼い主の車の中で、ペットを安楽死させるという記事。オディーは車が好きだから、このほうがずっといいと思いました。けれども、駐車場というのは、静かで心地良い死に場所という、わたしが抱いている美的イメージに合いません。かかりつけの動物病院は、幹線道路の交差点のところに建っていて、向かい側にはクリーニング店の〈カート・クリーニング〉、隣には古びた〈クオリティー・リカー〉酒店があり、死に場所としてはふさわしくありません。

しばらくして、人から聞いたのは、自分の家にやってきて、安楽死させてくれる獣医がいるということでした。さっそく地元の電話帳で探したところ、見つけました。名前はキャスリーン・クーニー、〈ホーム・ツー・ヘヴン〉という在宅安楽死サービスの経営者。安楽死のことで喜ぶのは変に聞こえるかもしれないけれど、自分の選択肢──オディーの選択肢──が広がることに心からほっとしたのです。まさにぴったりのサービスに思えました。

〈ホーム・ツー・ヘヴン〉は二十四時間の緊急の安楽死サービスを年中無休でおこなっています。ドクター・クーニーは常勤の安楽死の専門医です。そして、ドクター・クーニーのチームはとても忙しく、一週間で三十件ほどのリクエストに対応しています（コロラド州北部とワイオミング州南部の、百五十平方マイル以内〔約三百八十八平方キロメートル以内〕の地域）。数年前に開業してから仕事量は着実に増えています。というのも、自宅での安楽死という選択肢に気づく人々が増えてきているからです。クーニーは死というものをひとつの結末として率直に受け止めていて、けっして自分の仕事を嫌だと思っていません。安楽死を飼い主がペットに与える解放という名の贈り物だと考え、情熱を傾けています。とても頼りになる人で、安楽死についての疑問に答えてくれて、その仕事ぶりから安楽死の今後の可能性が垣間見られました。

ドクター・クーニーは安楽死のほとんどを飼い主の家でおこなっていて、家が最高の場所だと語っています。そして、緊急の場合、その日のうちに、ほぼすべてをやりおえます。真夜中でもたくさんの往診をおこなっているのは、本当にこの仕事が好きだということと、真夜中のほうが静かだし、人々が往診を喜んでくれるから。費用は距離によって異なるものの、百六十ドルから二百五十ドルのあいだ（亡骸を処理する場合は別料金がかかる）、動物病院に行く場合と同じくらいで、救急病院の半分か三分の一程度ですみます。ペットによっては家のほうが防衛本能と縄張り意識が働くため、動物病院のほうがおとなしくいられるかもしれません。クーニーの基本方針は、ペットにとっていちばん穏やかに過ごせて、ストレスを感じない場所を選ぶことです。

また、まだ誰も試していない事業にも乗りだしています。米国初の動物の安楽死センターをオープンしました。在宅での安楽死に代わるもので、自分の家では嫌だと思う人や資金に余裕のない人が利用でき、動物病院の役目を代わりに担っています。安楽死を施すとき、ゆっくりと静かな環境でおこないたければ、昔からある総合的な動物病院では無理でしょう。計画的な安楽死が日常業務の妨げになるかもしれないし、静かで安らかな空間を用意することがほとんど不可能だからです。安楽死センターは在宅の安楽死よりも料金が安いため、幅広い層の飼い主が利用できるでしょう。

わたしがコロラド州ラブランドの郊外にできた安楽死センターを訪れたのは、正式な見学会が開かれる直前のことでした。広々とした平らな農地にぽつんとあり、北西にはロッキー山脈が見えました。ドクター・クーニーの家の車庫があった場所に建てられ、見た目も雰囲気も一軒家のように設計されています。安楽死のための部屋は、きれいに片づけられた小さな応接間といった感じで、自然光が部屋いっぱいに差しこんでいました。青色と黄褐色を基調とし、ひとり掛けとふたり掛けのソファーが一脚ずつと、小さな本棚が置かれています。ステンレスのテーブルも、医療用器具が納められたスチール・キャビネットもありません。消毒薬のにおいではなく、普通の家と同じにおいがします。カーペットの真ん中には大型犬用のかわいい柄入りのベッドが置かれていました。もっと小さな犬は飼い主やペットが望めば、ソファーの上で安楽死を施します。一緒に飼っている犬を連れてこられるように、裏手には塀に囲まれた庭があります。

誰が（Who）

誰が安楽死を施すべきでしょうか？　その答えは簡単です。じゅうぶんに訓練を積んだ思いやりのある獣医。

誰が安楽死に立ち会うべきでしょうか？　わたしの知るかぎり、ペットを動物病院か保護施設に預けたら、そのまま立ち去るという人が大勢いました。「わたしには無理だと思う」とか、「悲しすぎるから」といった理由で。あまりにも不公平ではないでしょうか。自分の手に負えないというだけで、ペットを見捨てるべきではありません。とはいうものの、安楽死に立ち会わないことが理にかなっている場合もあるようです。ペットが死ぬのを見ているうちに、感情が高ぶって、ヒステリックになることがわかっている人もいるからです。ペットは飼い主の気持ちを鋭く感じとり、感情に波長を合わせるため、心配になったり、不安になったりするかもしれません。ペットには苦しみながら死んでほしくないし、穏やかに旅立ってほしいものです。だから、愛情深く思いやりもあるけれども、感情が入りすぎないほかの人たちが立ち会うというのは、状況によっては理にかなっているかもしれません。

それでは、友人や家族を連れていくべきでしょうか？　そうしない理由はないけれど、実際に処置がおこなわれているあいだは、ペットが穏やかで静かに過ごせることが大切です。死別の専門家は安楽死させるところを子供に見せることに反対していますが、世の中の流れは、ペットの最期に子供を立ちあわせることをポジティブにとらえる方向に大きく傾いています。とはいえ、きわめて個人的な問題であり、それぞれの家庭環境と、子供がどれだけ理解できるかによるでしょう。

ほかのペットは立ち会わせるべきでしょうか？　この問題に対して、獣医や行動学者の答えは分かれました。ノーと答えた人は、ほかのペットのトラウマになるだろうと言っています。しかし、処置が済んだあとなら、仲間の亡骸を見てにおいを嗅ぐ必要があるから会わせるべきだということです。

イエスと答えた人は、最初から最後まで立ち会わせるべきだと言いました。仲間のペットがそばにいてくれるのは、これから安楽死するペットのためになるし、仲間のペットも何が起きたか理解できるかもしれないということです。わたしはクーニーが安楽死の処置を施しているあいだ、ほかの動物を立ち会わせているかどうか尋ねました。騒いだり、落ち着かなかったりするのでなければ、たいていそばにいさせる、と博士。さらに、ほかの動物は何が起きているかわかっていると思うかと尋ねると、「わかっているときもあれば、わかっていないときもある」。動物が死そのものを理解しているとは思わないけれど、何かしらの変化に気づいているかもしれない、と。

そこで、ふたつの例を挙げて説明してくれました。ある家で、黄色のラブラドル・レトリーバーを安楽死させたときのこと。ほかの部屋にいた二匹のラブラドルが、仲間が死んだ瞬間に吠えはじめたそうです。ラブラドルというのは、吠えないのが普通で、この二匹も吠えたことがありませんでした。二匹を部屋に入れると、亡骸に走りより、そばに立ってじっと見つめていたそうです。もう一軒の家では、一匹の猫をいくつかあるベッドのひとつで安楽死させました。その家には、ほかにも猫が二匹と犬が一匹いましたが、安楽死させたときにはその部屋にいませんでした。亡骸が運びだされてから部屋に入ってくると、死んだ猫が横たわっていたベッドをとり囲むように、犬も猫もうずくまったそうです。

どうやって（How）

同じ安楽死でも、熟練した獣医が適切な薬剤を使って迎えた良い死と、不必要に長くてストレスが多いやり方で迎えた死とは大きなちがいがあります。動物の安楽死の技術を向上させる方法を紹介したドクター・クーニーの著書『In-Home Pet Euthanasia Techniques（ペットの在宅安楽死の技術）』（未邦訳）を読んで、その手順の複雑さに驚きました。ただの注射とはまったくちがい、投薬量、さまざまなタイプの注射液のメリットとデメリット、患者の健康状態に合わせた対処法、すべての複雑な意思決定をおこなう方法について、細かい点まで理解しなければなりません。それと同時に、気持ちが高ぶったり、取り乱したりしている飼い主の家族に見守られていることも意識しなければならないのです。この本を通して、クーニーが言いたいのは、ちょっとしたミスをきっかけに、悪い死に方をさせてしまう可能性があるということ。たとえば、溶液が足りなくなったり、心内注射の途中で心臓を見失ったり、静脈を破裂させたりといったこと。そして、これらの落とし穴をどうやって避けるか、予期せぬ出来事にどうやって備えるかを知っておく必要があるのです。

安楽死を引き起こす薬剤の基本的なメカニズムは、次の三つになります。

（1）直接的もしくは間接的な低酸素症の発症（全身、もしくは脳などの身体の一部が酸欠になる）。

（2）生命維持に必要な神経細胞の直接的な機能低下。

（3）物理的な破壊による脳活動の停止と、生命維持に必要な神経細胞の破壊。

米国獣医師会は適切な二十四の方法と、不適切な十七の方法を細かく調べました。適切な方法には、吸入剤（吸入麻酔薬、二酸化炭素、窒素、アルゴン、一酸化炭素）、非吸入性薬剤（バルビツール酸誘導体、ペントバルビタール化合物、抱水クロラール）、T-61（トリカインメタンスルフォネート、麻酔下の塩化カリウム）、物理的方法（貫通ボルト、頭部への強打、銃撃、頸椎脱臼、断頭、電撃、マイクロ波照射、胸部の圧迫、捕殺用罠、粉砕、放血、気絶、脊髄破壊）などがあります。

米国獣医師会によると、注射可能な薬剤（非吸入性薬剤）を、〝動物に恐れや苦しみを感じさせずに使うことができれば〟、信頼性がもっとも高い人道的ですばやい方法になるとのことです。ペットを安楽死させるために動物病院に行く、あるいは獣医に家に来てもらう場合には、この方法が用いられるでしょう。通常、致死注射ではなく、注射による安楽死（EBI）と言われています。ほとんどの獣医はペントバルビタールナトリウムや、ペントバルビタール化合物などのバルビツール酸誘導体を使います。バルビツール酸誘導体は人間が手術を受けるときの麻酔として使われている薬物群で、意識と痛覚を失わせ、高用量なら循環系および呼吸器系の機能を抑えるでしょう。したがって、動物は意識を失ってから、ほんの数秒で心臓と肺の機能がとまります。与えるべきではないという医療上の正当な理由がないかぎり、クーニーはキシラジンのような鎮静剤を先に与えます。鎮静剤の使用は獣医のあいだではまだ一般的ではないけれども、クーニーは安楽死をおこなううえで、欠かせないものになると信じています。というのも、鎮静剤を使ったほうが動物はより安らかな死を迎えられるし、家族は心穏やかに過ごすことができるからです。

無名のロックバンドのような名前のフェイタル・プラスは一般的に使われている安楽死用薬剤の商品名で、ほかにも、ユサゾール、スリーパウェイ、ビューサネシアD、ソクンブ6、リポーズ、ソムレザルなどがあります。少し気味が悪い名前ばかり並んでいると思われるかもしれません。

フェイタル・プラスはオディーの注射液に使われました。混ざり物のないペントバルビタールナトリウムであり、スケジュールIIの規制物質（アメリカでは規制物質法により、乱用の危険性のある薬物を、スケジュールIからスケジュールVまでの五段階に分けて規制している）として、麻薬取締局が取り締まっています。ビューサネシアD（ペントバルビタールナトリウムとフェニトインナトリウムを混合したもの）などの複合製剤はスケジュールIIIに属し、スケジュールIIよりも乱用の危険が少ないため、若干規制が緩くなっているのです。一般的に、これらの液剤を買うには獣医の免許が必要だけれども、保護施設では安楽死用の薬物を大量に購入しています。多くの州では安楽死が施設を運営するうえで欠かせないものだと理解を示し、獣医がいなくても購入して使用することを認めているからです。フェイタル・プラスは獣医に言わせるとすごく安くて、一ミリリットル当たり三十三セント（オディーの注射には二ドル分必要だった）。安楽死製剤は普通、ピンク色か青色に染められていて、治療用のものと区別されています。結局、ここ数年間、オディーがソファーをもう一台ぼろぼろにするか、もう一回、カウンターの上からクッキーの皿を盗んだら、ピンク色の注射を打つからね、と脅かしていたけれど、実際に使われたのは、青色の液体でした。

医者の処方箋が必要な薬を買うときには、薬の明細書も一緒にもらいます。そこには有効成分、添加物、作用、副作用、そして、病気を悪化させる恐れがあるため、使用を避けなければならない薬品や食品などが記載されています。

フェイタル・プラスの明細書

適用：すべての動物に対する迅速で人道的な安楽死

投与：体重十ポンド〔約四・五キログラム〕につき一ミリリットル

有効成分：ペントバルビタールナトリウム

作用：大脳皮質、肺、心臓の機能を順次低下させて、標準的な安楽死を引き起こす。圧倒的なスピードと有効性と特異性を持ち、標的臓器に作用することによって、人道的に安楽死させることができる。動物が瞬時に無意識状態になると同時に虚脱する。ペントバルビタールによる深い麻酔は血圧の低下、呼吸の停止、脳死をともなう。すばやく心臓機能が停止し、蘇生しない。

関係者によると、開発中の新薬が承認されれば、ペントバルビタールナトリウム製剤よりも優れたものになるだろうということです。プロポフォール複合製剤（医師のコンラッド・マレーがマイケル・ジャクソンに処方して、死なせた薬として有名）で、フェイタル・プラスよりも一ミリリットル当たり十五セント高いとはいえ、使ってみる価値がじゅうぶんにあるし、「いずれ国中の獣医が使うだろう」と、関係者は言いました。プロポフォールは催眠剤のひとつで、快楽を得るために使えると思うかもしれないけれど、ほかの薬剤と混ぜ合わせて使うため、安楽死のためだけにしか使用できません。したがって、乱用される恐れもなく、フェイタル・プラスやほかのバルビツール酸系催眠剤よりも規制が緩くなるでしょう。この新薬が食用の家畜に使用しても安全だということになれば、バルビツール酸系薬剤は使われなくなります。もっとも、残留薬剤の詳しい調査はおこなわれていませんが（バルビツール酸系薬剤が残留している肉を食べているせいで、野生動物や家畜が死ぬ可能性があり、これはペントバルビタールナトリウムの重大な欠点と言われている）。

関係者がもっとも興奮して語っていたのは、プロポフォール複合製剤を使えば、〝副作用〟がいっさい起こらないという点です。安楽死にはどんな副作用が現われるのかと一生懸命頭を働かせて考えてみたものの、わからないので尋ねることにしました。獣医が副作用と呼んでいるものは、けいれん、死期のあえぎ、そのほかの兆候で、安楽死するペットを見守っている家族を動揺させるようなものです。理想的な薬剤は眠るように安楽死させることができなければいけません。

〝死〟とはいったい何か？

厄介な質問がわたしの頭に浮かんできました。死とはいったいどんなものか？　眠るようなものなのか？　動物や人間が死ぬとき、これが死だとはっきり言えるものなのか？

死はわかりやすい命題ではありません。専門的に言えば、生命を維持するさまざまな生物学的機能が止まること。とはいえ、生物学的機能は少しずつ動きを止めます。死は生理的な過程であり、長期にわたることもあるのです。

なぜなら、この過程のあいだに、死が正式に始まっていると判断できるさまざまなポイントがあるからです。それでは、呼吸が止まったときや、脳が機能しなくなったときに死は始まっているのでしょうか？　少なくとも、誰かが死ぬときに関しては、大きく意見が分かれます。医学の進歩によって、死というものの概念が変わりつづけていることも、意見が分かれる理由のひとつにちがいありません。呼吸の停止という伝統的な死の定義は一九六〇年代から一九七〇年代にかけて、脳の機能に重点を置く定義へと移っていきました。人間の身体は、人工呼吸器をつけて呼吸をつづけるなど、基本的な機能を維持できたとしても、脳の活動が止まったら、その人は死んでいると見なされ、死を宣告されます。死の法的な定義が変化した理由は、肉体ではなく意識が〝人間性〟に欠かせないものだという意見が増えたという哲学的な問題と、移植可能な臓器が不足しているという現実的な問題のせいでした。そうは言っても、脳死の定義もそれほどはっきりしていません。いまだに学者たちは、脳の電気的活動が停止してもとに戻らないこと（脳死）を死と定義すべきかどうか議論しています。現在、ほとんどの州で脳死、もしくは人格と思考の中枢と考えられている大脳新皮質の機能停止である〝高次の脳死〟を死として法的に定めています。

動物の死を定義したり、概念化したりすることに対して、同じような議論は起こっているのでしょうか？　わたしが知るかぎりでは、起こっていないようです。人々は人間の死のようには動物の死で悩みません。その理由のひとつには、動物のことをそれほど重要ではないと考えているからで、もうひとつには、動物が一般的に、〝人間性〟のような哲学的に深く考えさせる性質を持っていないと見なされているからです。ごく最近まで、動物は人工呼吸器を使ったり、胃ろうをつけたりといった、死があやふやになるような高度な延命治療は受けられませんでした（もちろん、人間のために開発された技術の実験台になるのはべつとして）。

概念のあいまいさはさておき、人や動物が本当に死んだ瞬間は、はっきりしないのでしょうか？　それはやはり、はっきりしません。身体をつついて、動くかどうか調べることはできるでしょうが、はっきりさせるためには、死後硬直や、腐敗臭がするまで待たなければなりません。人が死んだと宣告するのは誰でもいいわけではないのです。それどころか、管轄権および死の状況に応じて、医師か救急医療隊員か正看護師による医療診断が必要になります。そのような医療専門家でも、死んでいない人を死んだと勘違いして宣告してしまうことがあります。

低体温だったり、バルビツール酸系催眠剤を服用していたりすれば、医学的検査時には死んだように見えるかもしれません。報告によると、遺体安置所や死体防腐処理台の上で目覚めた人々が実際にいるとのこと。死者にまちがえられることへの恐怖心から、警報装置を内蔵した棺が発明されて、実際に販売されています。

動物の場合はどうでしょうか？　死ははっきりしているのでしょうか？　こちらもやはり、はっきりしていません。この問題にぴったりの例として、十歳のロットワイラー犬のミアの話を考えてみましょう。ミアの飼い主はミアが関節炎で苦しむ姿を見ていたため、安楽死させることにしました。獣医がやってきて、ごく普通のやり方で薬を投与しました。悲しみに暮れる飼い主はミアの亡骸を家に持ち帰ると、翌日に庭に埋めるつもりで、ガレージに置いたそうです。朝になってガレージのドアを開けたとき、ミアが生きかえって待ちかまえていました。そのときの飼い主がどんなに驚いたかは、容易に想像できます。

このケースに対してインターネット上のペットに関する討論グループには、同情する声が数多く上がりました。そして、同じように、うまく安楽死させられなかったケースがたくさん報告されたのです。いつもこんなことが起きているわけではないと断言できるでしょうか？　できないはずです。動物には死亡診断書が出ません。生物学について知っていようがいまいが、適切な証拠があろうがなかろうが、誰かが死を宣告します。もしも安楽死させられた動物が火葬されるまで、もしくはトラックが亡骸を引きとりに来るまで冷凍庫に入れられるとしたら、安楽死が完全におこなわれたかどうかを、どうやって確かめたらいいでしょうか？　獣医でジャーナリストのパティー・クーリーが、次のチェックリストで動物が本当に死んでいるかどうか確かめることを勧めています。

1. 脈拍が感じられない（触診したとき）。
2. 心拍が聞こえない（聴診器を当てたとき）。
3. 呼吸運動が見られない。
4. 歯茎がピンク色から灰色がかった色に変わっている（蒼白）。
5. 死後硬直が始まり、四肢がこわばってくる（十分後から数時間後までに始まる）。

万全を期して、さらにいくつかの手がかりを加えることもできます。死後に体がだんだん冷たくなる死冷、下側になった部分に血液が移行して皮膚に紫色の斑点が生じる死斑、腐敗とそれにともなうにおいなど。（真面目に言って、本当に死んでいるかどうか確かめるのが飼い主の責任でもあると思う）。

安楽死専門の獣医の仕事には、良い死を迎えてもらうために、注射したあとに死を迎えるまでの自然な段階に気づいて飼い主に心の準備をさせることも含まれます。そうすれば、飼い主はペットに何が起きているか理解できるでしょう。ドクター・クーニーは安楽死の技術の手引きを記した著書のなかで、死の過程を詳しく説明し、バルビツール酸系薬剤を投与したあとで、死がどのように起こるかを、安楽死をおこなう獣医たちに教えようとしています。死の身体的兆候はすべての動物（人間も含め）に当てはまるとはいえ、動物のもとの健康状態と、鎮静剤が与えられたかどうかと、安楽死の方法によって、動物ごとに異なるかたちで現われるでしょう。

脳死は注射したほぼ直後に起こります。この段階では、動物の身体は〝生きているような〟動き方をします。たとえば、脚の筋肉の伸び縮みなど。次の段階では、呼吸が止まります。このあいだ、動物の呼吸はゆっくりしたリズミカルなものから、せわしなく酸素をとり込もうとするすばやいものに変わっていき、やがて完全に止まります。たとえ、脳の呼吸中枢が機能しなくなったとしても、末期呼吸をつづけているかもしれません。長い中断をはさんだ短く不規則な吸入のように。ペットが口を大きく開けて、「〝あえぐような音〟を立てて、ひと呼吸ごとに身体を丸めるかもしれない」と、クーニーは注意をうながしています。このような末期呼吸のせいで、動物が窒息しているかのように見えるかもしれないけれども、それは純粋な反射であり、ペットは何が起きているかまったく気づいていません。獣医はこのことを説明して飼い主を安心させる必要があるでしょう。

最後の段階では、心臓が止まります。クーニーの説明によると、普通、心臓は薬が投与されてから三十秒もたたないうちに鼓動を止めるそうです。そして、生きていることを示す身体的兆候がなくなっていても、安楽死した二十八分後まで、心臓の電気的活動がつづく可能性があるとのこと。聴診器を使って心臓の音を聞いたとき、「かすかに心拍音が聞こえたとしても、死んだと言ってかまいません」。これは最後の電気的刺激の音だそうです。しかし、クーニーは用心が必要だと言いました。「静脈注射か心腔内注射を打ったあとで、九十秒ほど規則的な心拍音が聞こえたら、何かおかしなことが起きている」。ペットは死んでいません。したがって、注射部位を調べ、全用量が静脈に入ったかどうかを確認し、もしも入っていなければ、もう一度、全用量を注射する必要があるということです。

最後に、死後の副作用と呼ばれているものについて話さなければなりません。もっともよく見られる死の副作用について、クーニーが大まかにまとめています。尻尾が丸まる、排便か排尿をする、まぶたが開く、ひげやつま先がぴくぴく動く、尻尾の毛が立つ、脚、背中、首が伸びる、筋肉がけいれんする(小さな不随意筋が縮んだり、緩んだりする)。このような変化は死後数分で現われるため、心の準備ができていなければ、見守る人間はまだペットが生きているのではないかと不安になるかもしれません。

都合のいい安楽死

つい最近まで、獣医はいつものように、なんの疑問も持たずに依頼人の求めに応じて、健康な動物を安楽死させていました。誰もそれぞれの依頼人の動機を区別しませんでした。そんなことはどうでもいいとされ、道徳的観点から、あまり真剣に受け止められていなかったのです。現在は多くの獣医が健康な動物を安楽死させるのを嫌がります。そのような道徳的に疑わしい要求のことを指す言葉もできました。

〝都合のいい安楽死〟とは、飼い主の求めに応じて、飼い主の都合のために健康なペットを殺すことですが、普通はこの言葉を非難の表現だと思うかもしれません。バーナード・ローリンが便宜的な安楽死のいくつかの例を著書『獣医倫理入門』（竹内和世訳、白揚社）で紹介しています。健康な五歳のコッカー・スパニエルを飼っている女性は、引っ越しが決まったものの、新しいアパートにペットを連れていくことができません。恋人が犬嫌いだからです。そこで、獣医に安楽死を依頼しました。べつの女性は五歳のオス猫を連れてきました。女性が赤ちゃんを産んでから、猫がマーキングを始めたというだけの理由で、獣医に安楽死を頼んだのです。あるブリーダーは生後六週間のやや下の前歯が上の前歯より前に出ている子犬を連れてきました。売り物にならないからという理由で。

このような安楽死はどのくらい頻繁におこなわれているのでしょうか？　それを示す統計は見つけられなかったものの、わたしと話をしたどの獣医も、多くの不愉快な依頼を簡単に思い出せると言っていました。こうした依頼に対して、なんの問題も感じない獣医もいるにちがいありません。合法であるかぎり、どんな依頼でも応じるという前提で働いている獣医もいるでしょう。したがって、尾切り、爪の除去、耳の刈り取り、便宜的な安楽死が日常業務の一部になっているはずです。その一方で、仕事に与える影響がどうであろうと、このような安楽死の依頼をきっぱり断る獣医もごく少数ですが、います。

とはいえ、わたしと話したほとんどの獣医が、道徳的な風景には霧が立ちこめていると感じているようです。便宜的な安楽死をおこなうことには気が進まなくても、動物にとってはいちばんの利益になると信じているため、結局はおこなうことが多いようです。最初は安楽死をやめるように飼い主を説得しようとするが、うまくいかなければ、たいてい応じてしまう。その理由は飼い主が自ら手を下そうとするか（良い選択肢ではない）、ペットを保護施設に預けるか（おそらく、数日間緊張し、怖い思いをしたあとで、どんな方法であれ、とにかく殺されるだろう。これも良い選択肢ではない）、安楽死させてくれる獣医を見つけるまで車を走らせるか（まさに、途中経過を長引かせるだけだ）のいずれかになると考えるからにちがいありません。飼い主の依頼に応じれば、少なくともペットを安らかにすばやく安楽死させることができると判断するというわけです。

どっちつかずの場合

便宜的な安楽死がペットにとっていちばんの利益ではないということはあきらかです。けれども、動物がひどく苦しんでいるとか、死が目前に迫っていると言い切れないにもかかわらず、飼い主がペットの安楽死を要求するといった、厄介なケースを考えてみましょう。わたしと話したすべての獣医がこのような場合について正直に話してくれました。そして、それぞれの獣医がこういったケースに何度も出くわしていることがわかりました。クーニーは次のように書いています。「在宅安楽死のサービスをある程度長くおこなっていれば、まだ生活の質が高いと思われるペットを、安楽死させたいという飼い主の要求に応じることもある」。何度も言われたのは、ほとんどの獣医が依頼人に判断を任せているということ。クーニーに言わせると、「獣医が判断してはいけない」（とにかく、やりすぎない）。

クーニーは、人々の要求に困惑したことはめったにないと言い、結局は理にかなっていると感じた要求をいくつか例に挙げてくれました。そのひとつひとつがこの話題について考えるきっかけを与えてくれました。はっきり正しいとは言えないものの、はっきりまちがっているとも言えず、結局、クーニーの言ったとおり、飼い主に判断してもらうのがいちばん良いのでしょう。

休暇で出かけるまえに、病気の末期だと診断されたペットを安楽死させてほしいと依頼される場合があるということですが、クーニーにとって、この要求は筋が通っています。飼い主が出かけてしまうとストレスがたまり、出かけているあいだに死んでしまったり緊急事態に陥ったりするかもしれません。クーニーは骨肉腫と診断された犬を例に挙げました。診断を受けたその日に、飼い主が電話で安楽死を頼んできたそうです。この依頼も筋が通っていました。骨肉腫を患うと、骨がとてももろくなります。散歩やハイキングに連れていったら、骨折してしまうでしょう。そうなれば、犬が苦しみ、怯えたまま、ストレスの多い状況で安楽死させられるかもしれません。

クーニーはところかまわずおしっこをしてしまう猫を安楽死させたこともあります。健康な猫だけれど、家中の敷物や家具にマーキングすることをやめませんでした。飼い主は考えられることはなんでも試したそうです。獣医に診てもらい、マーキング防止用のスプレーを撒き、新しいアパートにも引っ越しました。依頼を断っていれば、保護施設に向かっただろうけれど、施設はどこもいっぱいで、年齢や行動の問題を考えれば貰い手が現われそうにないと判断して安楽死させたそうです。保護施設に入っても、数カ月ほどストレスに苦しんだあとで、殺処分されてしまうでしょう。クーニーはまた、重度の不安神経症を患っていた二歳のボクサーを安楽死させたことがあります。飼い主自身もホスピスにいて、余命十日あまり。その犬は打ちひしがれていたそうです。貰い手を探したものの、うまく見つかりませんでした。

また、二匹一緒に安楽死させることもよくあるそうです。たとえば、母親のお腹から一緒に生まれ、ずっと一緒に暮らしてきた二匹の犬が年をとり、一方の健康状態が悪くなった場合。あるいは、長いあいだ同じ家で飼われていた犬と猫で、結びつきが強い場合もたまにあるそうです。飼い主は残されたペットが仲間を失う悲しみに耐えられないだろうから、一緒に安楽死させたほうがいいのではないかと思うのかもしれません。

人が死ぬとき、自分のペットを安楽死させてほしいと遺書に書いておくという、驚くほどよくある状況を、どう思いますか？　誰も残されたペットをきちんと世話してくれないと思ってのことかもしれないし、あるいは、残されるペットの喪失感が大きすぎるから、生きつづけさせるよりも死なせたほうがいいと思うのかもしれません。飼い主が愛するペットを同じ棺にいれてもらいたいと願う気持ちはわかるけれど、だからといってペットをすぐに安楽死させてくれと頼むのはいかがなものでしょうか？

人間の世界に残されるペットの運命を嘆く人々もいれば、動物の安楽死の問題に真剣に取りくむ人々もいるという事実を心強く思うべきでしょう。人々が良い動機と悪い動機を倫理的に区別し、どっちつかずのケースに頭を悩ませ、思いやりのある方法を作りあげようと、あれこれ考えているのだから、これはものすごく良いことだと思います。

だめな犬！

行動の問題はペットの犬が保護施設に預けられてしまう主な原因であり、預けられた犬の二十五パーセントから七十パーセントまでが毎年安楽死させられることの理由だと考えられています。また、獣医に依頼される安楽死の多くが、攻撃的だったり、失禁して家を汚したりといった解決できない行動が原因になっているようです。

おかしなことに、人間は動物に意思があるという考えを否定しがちなのに、ペットの迷惑な、もしくは受け入れられない行動のことになると、やたらとペットを人間あつかいして、あらゆる悪さやいたずらをもくろんでいると主張します。靴をかじったり、カウンターの上から食べ物を盗んだりしたときの一般的な反応が何よりの証拠です。「あの子の顔を見て！　悪いことをしたってわかっているわ！」。最新の研究によれば、犬は罪の意識や自責の念を感じません。しかし、人の気持ちをすばやく理解します。カウンターの上に置かれたステーキを食べてしまったことを後悔しているからではなく、飼い主が怒っているから身をすくめるのです。皮肉なことに、行動の問題は飼い主の落ち度であることが多く、しつけに時間とエネルギーを使わなかったり、犬の行動を理解していなかったり、知らず知らずのうちに、ペットの犬を厄介者に仕立て上げたりしているためです。

幸いにも、〝だめな犬〟の安楽死は、人々が行動の問題の原因と解決法を理解するようになるにつれて、減ってきています。行動に問題がある犬は骨の髄から悪いわけではなく、飼い主が何を期待しているのか理解していないだけなのです。なぜなら、犬が理解できる言葉で飼い主が説明してこなかったから。確かに、新薬によって、分離不安障害などの精神的な病気が治療できるようになりました。さらに、新たな研究によって、動物の感情や心理のちがいがわかるようにもなりました。問題を解決するのに協力してくれる動物行動主義者の数も増えています。それでも、まず覚えていてほしいのは、行動の問題の多くは、付き合いやしつけがじゅうぶんにできなかった結果だということ、飼い主も一緒になって、ペットの犬と同じくらい学ばなければいけないということ。失禁して家の中を汚すといったいくつかの行動は、医学的な問題が原因かもしれません。鬱、退屈、不安などが原因になっている場合もあるでしょう。それらすべてが、より良い世話をしたり、運動量を増やしたり、刺激を与えたりすることで改善するかもしれないし、やってみてもだめなときは、投薬によって治療できるかもしれません。

自分でおこなう安楽死

ペットを安楽死させるのは簡単そうに聞こえます。ひとつの薬剤をすばやく注射するだけだから。それでは、自分でやってみたらどうでしょうか？　ちょっとやってみようかという気持ちになるかもしれません。時間と場所を自分で自由に決められるし、とても安くすむから。自宅で安楽死させている件数がどれくらいあるかは証明できないけれど、『USAトゥデイ』紙によると、この話題はインターネットで広く議論されているということで、飼い主が自分でおこなった安楽死のさまざまな事例報告を読むことができます。

問題なのは、フェノバルビタールナトリウムが家庭では使えないことです。というのも、これは規制物質で、認可を受けた獣医師や動物の保護施設しか購入できないからです。ほとんどの薬物のように、違法な手段で手に入れられるかもしれないけれど、一般的にはもっと簡単に手に入れられる薬を使うようです。ネット上で議論されているのは、〝心臓を止める薬〟を使うこと。しかし、どんなものがあるのかよくわかりません。同じように、ほかの薬でも使えるものがありそうです（家の中からいくつ毒物が見つかるでしょうか？）。

飼い主が自分の手で安楽死させようとする理由をいくつか挙げてみましょう。動物に良い死に方をさせようとする試みと比べたら、その理由のほとんどが説得力に欠けているように思われます。もちろん、まずはお金の問題。安楽死をさせるために、犬か猫を動物病院に連れていくと、二、三百ドルはかかるでしょう。節約のためというのは言い訳にならないけれど、本当に財政的に制約がある場合、料金を気にするのは当然かもしれません。それでも、ほとんどの保護施設では、安楽死のサービスを割引料金でおこなっているし、無料の場合もあるようです。地元の保護施設では、四十ドル払えばいつでも受けつけていると聞きました。

家でペットの最期を迎えるほうが、動物病院で迎えるよりも快適だと考える人もいるでしょう。ペットにとって病院まで行くのが痛くて苦しくて大変だとか、動物病院はペットが穏やかに過ごせる場所ではないと信じているのかもしれません。こんなふうに心配するのは当然ですが、自分でやらなくても、自宅にやってきて安楽死させてくれる獣医もいるのです。在宅サービスが国の隅々までは行き届いていないからとはいえ、動物病院で安楽死させる居心地の悪さと、自宅で未熟なやり方をして失敗した場合の後味の悪さは比べものにならないでしょう。

もうひとつの問題はタイミングです。安楽死させるのは週末か休日が飼い主にとっては都合がいいのに、動物病院と保護施設は休みなのです。インターネットでは、十五歳のシーズーを飼っている女性の話が紹介されていました。数日のあいだに、急に調子が悪くなったシーズーが激しい痛みにおそわれているようだったので、すぐに安楽死させたいと考えました。その週に安楽死の予約を入れられる地元の動物病院はなく、救急病院は高額の治療費がかかるため、連れていきたくありませんでした。もう一度、かかりつけの獣医に電話をかけて、鎮痛剤を打ってほしいと頼んでみましたが、断られてしまったのです。犬の状態を考えると、鎮痛剤を投与すれば死んでしまうかもしれないからという理由で（！）。女性は追いつめられた気持ちになり、自分で愛犬を死なせることにしました（ちなみに、ひどく苦痛を感じたということです）。

　人に頼らず、野心的で、獣医学に関して知識が豊富だと自負する人々がいるかもしれません。インターネットには、炭酸ガスで小動物を安楽死させる方法が詳しく紹介されています。わたしは自分が科学を悪用する気の狂った科学者《マッド・サイエンティスト》だと想像してみました。セージが飼っているラットのニンジャを大きなプラスチック保存容器かジップロックの保存袋に入れ、べつのタッパーウェアに重曹と酢を入れて混ぜ、ふたつの容器をホースの切れ端でつなぎます。あとはそわそわと手をこすりあわせながら、クックッと小さく笑って化学反応が起こるのを待つだけです。ウェブサイトによると、米国獣医師会は二ポンド（約九百グラム）未満の小動物に炭酸ガスを使うことを認めていると言っています。なんとも落ち着かない気分になりました。

　病気で苦しんでいるペットを見かねた飼い主が自宅でおこなう安楽死は、要らなくなったペットを自宅で処分することが目的でおこなわれるものとは区別されなければなりません。後者はできるだけ手間を省いて要らなくなったものを捨てるという、まったく利己的な動機でおこなわれるのです。たとえば、わたしの父親の友人は老人ホームに入ることに決めてから、飼っていた二匹の猟犬を自分の農場に連れていき、ライフル銃で撃ったと冷静に語りました。地元の新聞に載っていた話は、馬主が自分の馬を処分するために銃で馬の頭部を撃ったというものです。もうわかると思いますが、銃で馬の頭を打つのはかなりの腕前でなければむずかしいのです。この件では、ねらいが外れ、頭ではなく顔に弾丸が当たりました。どうやら、この馬主は馬が死んだかどうか確かめもせずにその場を離れたようです。馬は血だらけであえぎながら、道路脇の溝に倒れこんでいるのを通りがかった人に発見されました。

保護施設での殺処分

多くの動物愛好家や活動家から見れば、保護施設で動物を殺すことは、動物がさらに苦しむのを防ぐ慈悲の行為にあたります。慈悲深かろうとなかろうと、〝安楽死〟をすべての殺処分を含む言葉として使うことに慎重になるべきでしょう。なぜなら、この言葉が本当に起きていることを見えにくくしてしまうからです。アメリカの保護施設や収容所では、動物がさまざまな死に方で死んでいきますが、その多くがかなりひどい死に方のようです。怯えた犬が役人に捕まって、ほかの犬と一緒にコンクリートの火葬室に押しこまれ、一酸化炭素ガスで殺されることを〝良い死に方〟と考えるのは、想像力をめいっぱい働かせてもむずかしい。たとえ、保護施設の殺処分の大多数が注射でおこなわれるとしても、（条件さえそろえば）比較的ストレスや痛みを感じなくても、これらを安楽死と呼ぶかどうか、慎重に考えるべきでしょう。おそらく、〝慈悲殺〟とでもしたほうが正確かもしれません。

ここからは多くの動物の死について話そうと思います。最近のデータによれば、アメリカの保護施設で毎年安楽死させられる犬は約百五十万匹、猫は約百八十万匹で、そのうちのもっとも割合の高い地域が、中西部と大西洋沿岸南部。〈The International Institute for Animal Law（動物法のための国際研究所）〉は安楽死の方法と適用範囲に関して、保護施設のあいだで大きな隔りがあることを報告しています。イリノイ、ミシガン、ノースカロライナ、テキサスの各州はいまだにガス室の使用を認めています。このような死に方は恐ろしく、激しい痛みをともない、長引く（ときにはガス室の中で死ぬまでに三十分かかる）というたくさんの証拠があるにもかかわらず。「不適切な訓練、不十分な資金、動物の苦しみに対する無関心、安楽死の方法が変わっていることや、新しくなっていることに気づいていないことから生じる問題は、小さな村の保護施設から、大都会の施設まで、いたるところで見うけられる」と、研究所が指摘しています。人道的な安楽死の方法と、思いやりのある技術を普及させるためにも、いますぐ認識を一致させる必要があるでしょう。

保護施設での安楽死に関する国の専門家であるダグ・ファキーマは、注射による安楽死（E

BI）を強く支持しています。理想的には、保護施設での殺処分はすべてペントバルビタールナトリウム液の注射によっておこなわれるべきだということ。どうしてファキーマや動物愛護組織や獣医師がこの薬剤を使っているかというと、ペントバルビタールナトリウムの注射は痛みを引き起こすリスクが小さく、使い方を少々誤っても、許容範囲が広いため、動物にかかる負担を抑えられるからです。

アメリカの保護施設や収容所では、安楽死が獣医の手でおこなわれることはめったにありません。代わりにおこなうのは、賃金の安い保護施設の職員や動物管理局員で、正式な獣医学の訓練を受けていない者がほとんどです。州によっては、安楽死をおこなう保護施設の職員に、安楽死の技術者として認めるために必要な数時間の訓練を受けさせています。ほかの州では、正式な訓練を受ける必要がありません。ファキーマはすべての州で、十六時間の資格コースを設けるべきだと考えています。しかし、いくら技術が向上しても、それだけでは不十分でしょう。保護施設での安楽死が人道的におこなわれるかどうかは、その仕事を実際におこなう者によって大きく左右されるからです。

ファキーマが言うには、注射による安楽死でも、「実際におこなう人には、思いやりがなければならない。その動物を愛し、かわいがり、優しく触ってあげることができなければならない」。さらに、皮肉を込めて言いました。「この仕事をやりたがるような者には、やらせるべきではない」。

保護施設（たいていは資金不足で、予算上の制約が厳しい）で安楽死させる動物の数が膨大なことを考えれば、費用のことはとても重要であり、よく検討しなければなりません。ガス室はたくさんの動物をいっぺんに殺処分できるため、注射よりも安くて効率的だと考えられてきました。それに、ガスそのものがペントバルビタールナトリウムよりも安い。だから、予算が厳しいことを言い訳にして、いまでもガス室を使いつづけているのです。この言い訳を受けて、ファキーマはノースカロライナ州の複数の保護施設に対して、安楽死にかかる費用を詳しく分析しました。平均すると、毎日約十五匹の動物が安楽死させられています。作業にかかる費用（装置、人、物、労働）から考えると、一酸化炭素のガス室でおこなわれる動物一匹当たりの平均的なコストは二ドル七十七セント。鎮静剤を使わず、操作係がひとりで装置を動かしておこなうため、時間もかかり、動物に与えるストレスは大きいと思われます。もっとも理想的な方法は、鎮静剤を使い、ふたりの操作係がおこなう場合で、コストは四ドル九十八セント。ガス室に比べると、注射による安楽死はたったの二ドル二十九セントです。

ファキーマの理想とする世界では、アメリカのすべての保護施設が注射による安楽死をとりいれ、最初から鎮静剤の費用を予算案に組みこむでしょう。もちろん、保護施設の職員は健康な動物を殺処分するという日々の業務から解放されます。現在、殺処分されている動物の数を見ると、この理想的な世界が実現するのは恐ろしく先の話に思えて仕方ありません。それでも、ファキーマはかすかな希望を与えてくれました。データから読みとれるのは、健康な動物が日常的に安楽死されることのない日にわずかでも近づいているということ。殺処分された動物が三百四十万匹というのは、最近のデータのなかではいちばん少ない。アメリカは最近になってようやく、犬や猫の避妊手術と去勢手術に本腰を入れて取り組みはじめました。この取り組みが数値に反映されるまで、十年ほどかかるでしょう。

ペットを評価する

この本を執筆するために調査をしているとき、一本のドキュメンタリー映画に出会いました。タイトルは、『シェルター・ドッグズ（保護施設の犬）』。舞台はニューヨーク州北部の〈ロンドウト・バレー・ケンネルズ〉。主人公はこの保護施設の持ち主で責任者のスー・スターンバーグ。スターンバーグとスタッフは犬たちを引きとってもらえるよう努力しているものの、うまくいかなければ、躊躇せず、殺処分しています。

その映像はとても痛ましいものでした。カメラは保護施設の中にあるコンクリート製犬舎の列の前を通っていきます。そこで一生を過ごす犬もいるそうです。犬たちの生活の質はとても低い。大きなストレスを抱え、基本的に、人間やほかの犬との交流はなく、楽しい時間もほとんどありません。引きとってもらえない犬の命を絶つことは、保護施設に残すよりも人道的だと見なすスターンバーグの妥協しない道徳的姿勢には、説得力があります。

『シェルター・ドッグズ』はさまざまな理由で、わたしの心を道徳的に揺さぶりました。しかし、〈ロンドウト・バレー・ケンネルズ〉における生と死を分ける目安のひとつに、わたしははっきりと不快感を覚えたのです。それは気質テストプログラムをかたくなに守っていること。気質テストは犬のパーソナリティのさまざまな側面を評価します。たとえば、内気さ、攻撃性、反応性、防御性など。あるテストでは、犬にいろんな刺激や脅威を与えます。聞いたことのない音やうるさい音、傘が目の前でいきなり開いたり、変な服装の見知らぬ人が近づいたりする視覚的な驚きなど。ほうきの先にはめられたゴムの手が近づいてきて触ろうとしたとき、嚙みつくかどうかも試します。多くの保護施設でこのような気質テストをおこない、引きとってもらえるかを評価して、犬が危険かどうか、もしくは深刻な行動の問題を抱えている可能性があるかどうかを見きわめようとします。テストは十五分から三十分で終わる簡単なものです。

スターンバーグは自らを全国的に知られた気質テストのエキスパートだと名乗りました。全国でワークショップを開いて、商標登録した〈ペットの評価プログラム〉を広めています（そう、商標登録しているのだ！）。ウェブサイトでは、次のように紹介しています。「スターンバーグの全国的に有名な気質テストを保護施設で使えば、それぞれの犬の行動が理解でき、引きとられたときにうまくいくかどうかがわかるでしょう。このプログラムによって、愛想の良いペットが見つけられるため、保護施設が誰でも愛犬を見つけられる最高の場所になるにちがいありません」。

わたしは動物行動主義者ではないため、このプログラムがどれほど信頼できるのか、実用性があるのかといったことはわかりません。このテストの価値は認めるけれども（子供に危害を加えてしまうような動物を引きとらせたくない気持ちはわかる）、このテストの何かがわたしを不快にさせました。あまりにもパッケージ化されているように思えたのです。ちょうど、自動販売機で売られている同じ形のパンのように。さらに、愛想の良い従順な犬を強調している点が気がかりです。すべての犬を特定の（人懐っこい）イメージに当てはめようとすることは、犬の多様なパーソナリティに対する侮辱ではないかと思います。生まれつき従順で愛想の良い人間はそんなにいません。なのに、どうして犬にはそれを望むのでしょうか？　それから、真面目に考えても、見知らぬ人が近づいてきて、いきなり、ほうきの先にくっつけた大きなゴムの手で自分に触れたら、おそらく、わたしだって噛みつくでしょう。

これらの気質の評価は理不尽な気がします。ストレスのたまった犬がきわめて人工的な設定で三十分間のテストを受けさせられ、その結果次第で生死が決められてしまうのだから。多くの保護施設がこの方法を信頼しているけれど、このテストの信頼性は経験から得られたものとは言えません。つまり、安楽死させられた〝攻撃的〟な犬が、いままで人を噛んだことがあるかどうかを誰も知らないのだから。それでも、多くの動物愛護団体や科学者は、動物の気質を継続的に研究していくことが動物の福祉に良い影響を与えられると信じている（とわたしは思う）。どう見ても、気質テストには、もっと経験的な裏づけが必要です。気質を評価することによって、将来の問題行動が本当にわかるかどうかを確かめなければなりません。さらに、どの動物も唯一無二の存在であり、魅力的なパーソナリティを持っていることを理解すれば、より良い評価や共感ができるようになるでしょう。また、犬と人間のパーソナリティが合うかどうかを見極めるときにも役立ち、相性がぴったり合った場合には、この上ない幸せを感じられるはずです。わたしにとって肝心なのは、動物をもっとよく理解すれば、動物の命の終わりに、より良い状況で、意思決定ができるということです。

殺すべきか生かすべきか、それが問題だ

犬の名前はターゲットといい、英雄にふさわしい姿形をしています。金色の毛におおわれ、顔のラインはシェパードらしい気品を感じさせるメス犬です。アフガニスタンからやってきた三匹の野良犬の一匹で、自爆テロ犯が米軍の宿舎内で自爆しようとしたのを阻止しました。男が建物に侵入しようとしていたところ、三匹の犬がすぐに気づいて男を止め、玄関口で唸ったり、吠えたてたりしたのです。男は入口で自爆したものの、死んだのはその男と三匹のうちの一匹だけでした。ターゲットとルーファスは生き残った英雄として、兵士たちに飼われることになり、やがてアメリカにやってきました。アメリカでは少しばかり有名になり、ターゲットはトーク番組の〈オプラ・ウィンフリー・ショー〉にも出演したほどです。

アリゾナ州フローレンスの新たな住居となった家の庭から逃げだしたとき、ターゲットは動物管理局に捕まり、地元の保護施設に連れていかれました。首輪もマイクロチップもつけていなかったため、保護施設では飼い主が名乗りでるのを期待して、写真を撮り、ウェブサイトに載せました。それが金曜日のこと。翌週の月曜日、飼い主が保護施設を訪れてターゲットを探したところ、すでに薬で眠らされていた、つまり安楽死させられていました。どうやら、ちょうどその日に、職員がほかの犬とまちがえて安楽死させてしまったようです。ターゲットの悲劇を受けて、殺処分ゼロをめざす〝ノーキル運動〟が盛んになりました。

『シェルター・ドッグズ』のスー・スターンバーグのように、保護施設で殺処分するのは、ほかの悪事よりましだと信じている人々がいます。〈動物の倫理的あつかいを求める人々の会〉も安楽死に賛成の立場です。犬を安楽死させたほうが、一生を犬舎や路上で過ごさせるよりもましだと考えているようです。路上では、〝飢えたり、凍えたり、車にひかれたり、病気で死んだり〟するかもしれないし、もしかすると、〝残酷な若者に拷問されたり、殺されたりするか、動物を研究施設に売る業者に捕まる〟という、もっと好ましくないことが起こるかもしれません。〈動物の倫理的あつかいを求める人々の会〉が出した結論は、「捨てられたペットの数に対して、引きとって世話してくれる家が足りないため、保護施設の職員ができるいちばん人道的な行為は、犬や猫を〝あまりもの〟だと見なす世界から静かに解き放つこと」でした。

ペットの増えすぎが大きな問題となり、要らなくなったペットを殺処分することが唯一の実行可能な解決策だという信念のもとで、保護事業は組織されています。人々がペットに責任を持つようになるまで（なったとしても、当分先のことだろう）、要らなくなったペットを殺処分するというとても不幸な仕事はつづくでしょう。ついでに言えば、保護施設で死ぬのは犬や猫だけではありません。たくさんのフェレット、モルモット、ラット、マウス、ハムスター、鳥、その他の動物が屋外に設けられた保管箱の中や、放置された机の上で死んでいます。

このような根強い思考パターンにこの十年間ずっと挑んできたのが保護の新たな哲学である〝ノーキル運動〟です。弁護士であり活動家のネイザン・ウィノグラッドがノーキル運動の先頭に立ち、保護施設の動物について異なる考え方を示しました。まず、施設内の動物が過密状態になっているという誤解を暴き、次に、どのように保護施設を日々運営していくかを見なおしました（資金集め、ビジネスモデル、地域社会との交流）。ウィノグラッドによれば、保護施設にいるすべての動物の九十パーセントが〝救える〟とのこと（重い病気や怪我、凶暴性などがなければ）。いまよりもあと三パーセントだけ、多くの保護犬や保護猫が引きとってもらえるようになれば（ペットショップやブリーダーから買わないようにすることで）、保護施設での殺処分をゼロにできると言っています。

ウィノグラッドの主張には、耳を傾ける価値がじゅうぶんあると思われます。動物が保護施設で殺されているという事実を快く思う人はいません。しかし、このように殺処分してしまうことを〝残念だが仕方がない〟と決めこむのは、重大な責任逃れになるのではないでしょうか。

保護施設の動物を殺処分しなければならないと嘆くよりも、そのエネルギーを使って、解決法を考えたほうがいいかもしれません。

集団的責任

二〇一〇年九月、フロリダ州マイアミ・デイド郡にある動物保護施設で、生後四カ月の子犬が安楽死させられている実際の映像がテレビで放送されました（その場面はその後、カットされた）。施設の管理者、シオマラ・モルドコビッシュによると、その光景をテレビで中継させた目的は、保護施設の中で何が起きているかを地域の住民に知らせること、ペットが増えすぎていることに対して、人々に良心の痛みを感じさせること、ペットを飼うことに責任を持たせることだそうです。「人々は何が起きているか知るべきだし、これがそのことの結果だと気づくべきです。人間の最高の友のために」。

わたしはこのニュースに落ち着かない気持ちになりました。テレビ局に投書した多くの視聴者も同じ気持ちだったのでしょう。どうしてそういう気持ちになったのでしょうか？　もちろん、動物が死ぬのを見ると、心がかき乱されるからです（映画で人が死ぬのを見るほうがずっと楽だと思う）。けれども、もっと悪いことには、この子犬が見せしめにされ、不当な死が見世物になったと感じたのです。それと同時に、この残酷でむごい出来事から、人々はこの保護施設が味わっている絶望を真剣に受け止め、管理者が透明性を望み、動物にもっと責任を持つよう視聴者に訴えたことを評価しなければなりません。

安楽死の代償

動物のケアにかかわる職業（主に獣医や保護施設の職員）に就いている人々は、動物の命を終わらせるという嫌な仕事の責任も負わなければなりません。このパラドックスを、社会学者は〝ケアリング・キリング・パラドックス〟と呼んでいます。自分の仕事は動物に大切な贈り物を渡すことだと考えているクーニーのような獣医でさえ、日々の仕事によって動物への同情からストレスを溜めてしまい、共感性疲労を感じるなど、個人的な犠牲を払っています。依頼人からポジティブな反応をたくさん受けとっていても（獣医は安楽死させたことへのお礼状を受けとることがいちばん多いとクーニーは言う）、その仕事は過酷です。

保護施設の職員が払う個人的な犠牲はとくに大きい。なぜなら、しばしば健康な動物まで大量に安楽死させなければならないからです。死なせることが動物にとっていちばんの利益だと自分に言い聞かせたとしても、この仕事の苦しみからは逃れられないのでしょう。保護施設の職員に関する社会学的調査では、仕事がらみの高レベルのストレス、不満、道徳的不快感にさらされていることがわかりました。米国獣医師会の『安楽死に関するガイドライン』でも、注意を促しています。「安楽死の処置につねにかかわっていれば、仕事の強い不満や疎外感によって特徴づけられた精神状態を引き起こす可能性がある。その結果、常習的に欠勤したり、好戦的な態度をとったり、動物を不注意かつ無神経にあつかったりするようになる」。ノースカロライナ州の調査では、施設の職員には高血圧、腫瘍、鬱病、解消されない悲しみ、薬物乱用、自殺のリスクがあることがわかりました。

関連した話では、英国の調査によって、獣医の自殺率が高いことがわかりました。一般の人々の四倍、ほかの医療従事者の二倍になります。薬物の過剰摂取がいちばん多く、その理由は、おそらく動物を安楽死させるための致死性の薬剤が容易に手に入るし、その薬剤を効果的に使えるからでしょう。安楽死の人的代償について、クリスタ・シュルツが獣医のニュース雑誌に次のように書いています。

獣医は生命を守りたいという熱意と、効果的な治療ができないという思いを抱えて、不快な緊張感を味わっています。それを改善するために、命を守ろうとする姿勢から、安楽死をポジティブな結果としてとらえようとする姿勢に変わるのでしょう。死を受け止める姿勢が変化することによって、自分を正当化するようになり、自殺すれば、自分の問題も合理的に解決されると考えるようになるのです。

わたしが驚いているのは、ペットの終末期にした選択について、人々がじつに熱心に話す点です。この本の執筆を始めたころ、機会があればいつでも、人々の体験談を聞いてきました。わたしが尋ねることもあるけれど、たいてい相手から次のようなことを話しだします。「人にも認められたらいいのに」。愛する人が長く患った末にひどい死に方をするのを多くの人々が目の当たりにしてきました。わたしと話したほとんどの人が（とりわけ獣医が）、人間の死のほう助に賛成だと言いました。「きっと解決策があるはず」。

トム・ワトキンズがCNNのニュース番組で、獣医の自殺に関するイギリスの調査を伝えています。「安楽死は獣医が頻繁におこなわなければならない仕事であり、安楽死という行為について依頼人に説明したり、勧めたり、正しいものだと理解させたりしなければなりません。このように依頼人と絶えず交流したり、動物を安楽死させたり、安楽死の補助をしたりすることによって、一般的に死に対する獣医の考え方が変わっていくようです。ヨーロッパの小規模な調査によると、獣医学の医療従事者の九十三パーセントが人間の安楽死に賛成だと答えています」。わたしが興味をそそられたのは、この本の調査をしていたときに、繰り返し聞いた言葉を裏づけているように思えたからです。もしも、安楽死が自分のペットに認められているのなら、どうして自分たちの仲間である人間には認められないのでしょうか？

わたしが挙げた実例は確かに偏っているし、ここで言っていることは憶測にすぎません。それでも、次のようなことを考えてしまいます。ペットの飼い主――病んでいるか死にかけているペットを安楽死させたことがある飼い主――は、一般的に安楽死を受け入れやすくなっているのでしょうか？　獣医も人間のための終末期ケアに対する考え方の影響を受けているのでしょうか？

興味深いのは、人間のための医師（少なくとも調査した時点で）がまったく異なる考えを持っていることです。最近のアメリカ合衆国における医師の調査では、六十九パーセントが医師の助けを借りた自殺（安楽死に近いもので、PASと呼ぶ）に反対し、十八パーセントが終末期の苦痛を緩和することに反対し、五パーセントが生命維持装置を外すことに反対しているという結果が出ました。

主な反対理由としては、緩和医療がじゅうぶん良くなっているので患者がどうしようもない痛みに耐える必要がないから（したがって、患者が死にたがる理由もない）、医師が誤って、不治の病だと診断するかもしれないから、治療するという医者の役割に背いているから、そして最後に、生命倫理学では〝テントの下にあるラクダの鼻〟として知られている議論があるから。この議論というのはアラビアの古いことわざ、「もしもラクダにテントの中へ鼻を入れさせたら、すぐに身体も入れてきて、テントを占領されるだろう」に由来し、一部の患者にPASを認めたら、死にたくない患者を殺すことになるのはまちがいないという考えです。

医学倫理学者による安楽死の議論では、獣医学や動物の安楽死のことが触れられていないとジェロルド・タンネンバウムが指摘しています。「関心がまったくないことに驚かされる。というのも、人間の医学界で安楽死を反対する意見が多いのは、経験がほとんどないからだ。患者の安楽死に関して豊富な経験を持つ獣医がいるにもかかわらず。人間を診る医師は長いあいだ、人間の安楽死が正当な行為と認められるのはいつか、どのようにおこなわれるのか、患者の近親者にどんな影響が出るだろうかと悩んできた」。さまざまな専門分野をまたいだ議論をおこなうことによって、人間と動物の両方の医学に新たな道が開かれるかもしれません。

タンネンバウムが見た動物の安楽死は、複雑な状況に置かれているようです。獣医学が経験してきたことからわかるのは、法律と、職務上の倫理基準と、社会的態度によって患者を殺すことを認められた獣医は、あまりにも多くの患者を殺すことがありうるということ。人間の医学において、安楽死が利用されすぎた場合に誰が責任をとるのかという不安は根拠のないものかもしれません。安楽死を望んでいるのは依頼人だからです。医師による安楽死は必ずしも患者を軽視しているわけでも、さげすんでいるわけでもありません。人々が生きものに置く価値と、その生きもののために安楽死を選ぼうとする気持ちはつながっています。そして、お金は獣医学診療において、重要な安楽死の動機になっています。人々はペットの治療や緩和医療にお金を支払うよりも、安楽死させるほうを選ぶことが多いのはそのためです。

人間の安楽死をもっと受け入れたいと思いつつ、せめてペットのことでは、もっと自制心を示したいものです。できれば、青い注射針を使う機会をもう少し減らせればいい。人間のケアから学んできたことによって、飼い主はどのようにペットとともに命の終わりに近づけばいいかがわかるかもしれません。調査によると、人間の安楽死が合法的に選択できるようになることを望む人が増えているそうです。病気が深刻な状態になったとき、物の見方が変わったり、思ったよりもはるかに我慢強くなったりするものです。けれども、ペットの場合、人間よりもずっと痛みと苦しみに弱いため、死が救いになるだろうと思われます。健康で丈夫な人は、自分自身の安楽死を考えるのと同じようにペットの死を考えがちです。死を目前にして物の見方が変化している人間とは当然、考え方が本質的にちがいます。もちろん、人間は死にかけている動物と同じように考えることはできません。動物の謎をすべて解き明かすことはできないのです。

オディーの日記

二〇一〇年十一月二十九日から十二月七日まで

二〇一〇年十一月二十九日

昨夜は十二時四十五分に起きて、オディーの様子を見にいった。見にいってよかった。どうして目が覚めたのか、どうしてベッドから出たのか自分でもよくわからない。なぜなら、静かだったから。いつものように、まず、強烈なにおいが鼻を突いた。オディーがまたしても壁とピアノの脚のあいだから出てこられなくなっている。電気スタンドの台、電気コード、床、壁、ピアノの下に敷かれたカーペットのすべてがうんちで汚れている。オディーが哀れに見える。わたしはからまっている足をもとに戻してあげて、オディーを引っぱりだした。すぐに外に連れていき、トイレに行かせる。それから浴室で身体を丁寧に洗った。それからしばらくのあいだ、うんちで汚れた部屋の片隅を見つめ、どこからどうやってきれいにしたらいいかわからずに、立ちつくしていた。ようやく、ゴム手袋をはめ、ぼろ切れを持ち、電気コードを一本ずつ拭きはじめる。オディーがああいう状態になってから、かなり時間が経ってしまったにちがいない。というのも、うんちがところどころ乾いてこびりつき、ちょっとやそっとではとれなかったからだ。

四十五分ほど経ってから、クリスが起きてきた。ふたりでピアノの脚を持ち上げて、カーペットを剥がした。これはもう捨てるしかない。あまりにも汚れていて、きれいにするのは無理だからだ。

オディーを抱えあげて、リビングルームのソファーに下ろすと、オディーはすぐに丸まって寝てしまった。わたしはシャワーを浴び、べつのパジャマに着替えてから、毛布と枕を抱えてソファーに行き、オディーの隣に腰を下ろした。オディーがふたたび目覚めたときに、助けを必要とするかもしれないと思ったからだ。それに、オディーをひとりぼっちにしたくなかった。

クリスは獣医を呼んで、安楽死させるべきだと思っている。昨日の一件から、わたしもそう思いはじめていた。とはいえ、まだどこかで抗っている自分がいる。「心の準備ができたとは言えない」と、言うつもりだったけれど、考えているうちに気づいた。準備する必要があるのはわたしではなく、オディーなのだ。わたしの気持ちはまったく関係がないのだ。

オディーの隣で横たわったまま、考えつづけた。娘が生まれたときのことを思い出してみる。わたしは心から、陣痛促進剤や麻酔を使わずに、〝自然〟な出産をしたかった。人間としての経験をたっぷり味わいたかった。気持ちの準備もできていたし、身体も丈夫だ。だが、それも陣痛が始まるまでのこと。約八時間後、産科医が分娩を早めるために麻酔を勧めたとき、わたしは言った。「自然に産むなんて、もうどうでもいい」。

自然に死んでいくオディーのイメージがわたしのなかには出来上がっていた。だんだん動きが遅くなり、やがて起きあがれなくなって（オートミール色の犬用ベッドに静かに横たわっている）、それから少し時間（三日ぐらい？）が過ぎてから、穏やかに死んでいくというもの。ところが、現実と理想はどう転んでも一致しそうにない。わたしの理想であって、オディーの理想ではないと、自分に言い聞かせなければならなかった。

決断を数時間先送りにしてから、〈ホーム・ツー・ヘヴン〉に電話をした。午前中ずっと、オディーはあえぎながら、よろよろと歩きまわっては倒れることを繰り返した。オディーの様子をクーニーに説明する。クーニーはあれこれと意見を言うことはなく、ただオディーにとっては安楽死のほうが自然な死よりも良さそうだと言った。オディーにとって、身体が言うことを聞かないのは大きなストレスだから（オディーの荒い息づかいがクーニーにも聞こえている）。まだ心臓が強いため、死までの過程は長くて辛いものになる。これからますます身体が動かなくなり、痛みが強くなっていくだろう。寝たきりになれば身体も痛む。心配性のまま神経が高ぶっていれば、発作を起こすようになるかもしれない。

クーニーは今日中に誰かをよこすと言った。わたしは明日まで待ってほしいと答えた。オディーに別れを告げる時間がいる。だが、クリスに電話をかけると、できるだけ早いほうがオディーのためだと言われた。自分たちのためではなく、オディーのためだということを思い出させてくれる言葉だった。クリスがむせび泣いている。その声を聴きながら、それが正しい選択だと思えてきた。

クーニーに電話をかけ直し、明日ではなく、今夜お願いしたいと言った。クーニーは来られないが、ほかの獣医、ドクター・ミッチェルが六時半から七時のあいだに来てくれることになった。細かな場所と時間を決めたあと、クーニーがオディーの足形をとると言い、亡骸をどうしたいかと尋ねてきた。わたしは火葬してほしいと答えたけれど、オディーの遺灰が欲しかったのだろうか？　安楽死の費用は二百ドル、火葬にはさらに百ドルかかるそうだ。「かまいません」と、わたしは小さく答えた。

いきなり、がく然とした。本当に、実行してしまうんだ、と。

一日中、マヤはわたしのそばにいる。キッチンでは足もとにいた。机に向かって座っているあいだは、わたしの右側に立ち、じっとわたしの顔を見つめながら、ときどき前足でわたしの脚を引っかいた。何か良くないことがオディーの身に起きると感じているのだろうか？　何を知っているのだろうか？

とても奇妙な午後だった。今晩起きることを予期するかのように、わたしは一日中少し吐き気がしていた。オディーは大変だった朝が過ぎると、わたしにソファーに載せてもらい、そのままぐっすりと眠っている。前もって知らせておきたい人たちに電話をかけた。わたしの両親、リズとクレイグ、わたしの弟。ほかの人たちにはおいおい知らせるつもりだ。たぶん、ハガキを出すことになるだろう。オディーのために、〝Old Blue（老いぼれブルー）〟をピアノで演奏した。

セージを学校に迎えにいったとき、オディーのことを話した。セージはとにかく驚いた。「うそでしょ？！」。それから、「ひどい、あたしの一日が台なしだわ！」。家に帰ったときには、オディーにとびきり優しく接し、クリスマスツリーの下に隠してあったクリスマスプレゼントを引っぱりだしてきて、オディーのために箱を開けた。中身は最高の犬用ジャンクフードと言われている肉汁たっぷりの〈ファンシー・フィースト〉の缶詰。大きなスプーンですくってあげると、オディーはソファーに横たわったまま、ペロペロとなめた。それから、セージはオディーの隣に丸くなって座った。マヤとトパーズも並んで座っている。そこで、『あなたのイヌにきかせるとっておきのはなし』（遠野太郎訳、評論社）を読むことにした。ドアをノックするどろぼうを追いはらう話と、骨の木の話と、一日だけ野良犬になり、夕食までに家に戻ってくる話。この話の最後の部分がいまのオディーに妙に合っている。

すっかりへとへとのようです。
のらイヌになるって、とってもたいへんなんですね。
もうベッドでまるまってねています。
そのままずっとずっと、ねむりつづけました。
おしまい。

オディーはとても落ち着いていて、穏やかで、温もりに包まれて眠っているように見える。死ぬ必要なんてなさそうだ。
けれども、獣医がやってくる理由をわたしに思い出させようとしているかのように、立ち上がってソファーから下りようとして、床に倒れてしまう。オフィスの床の上であおむけになったまま、足を空中でばたばたさせている。わたしが身体を持ち上げると、ようやく立つことができた。

最後の晩餐を楽しんだようだ。ハンバーガーとライスとサラミの薄切りとチーズ。でも、息づかいが速い。まるで、何かに怯えているみたい。いったん立つと、もう座ることができなかった。時間が刻々と迫ってくる。胃のあたりが重くなってきた。

二〇一〇年十一月三十日

どうやって書きはじめたらいいのだろうか？　ずっとコンピューターの前に座るのを避けてきた。あまりにも生々しくて、書けそうになかったから。けれども、オディーの最後の夜のことを忘れてしまうのも嫌だった。

昨日の午後はとても奇妙な感じがしたまま、のろのろと過ぎていった。ふと気づくと、壁掛け時計に目をやっている。そのたびに、不安が強くなる。オディーが立ち上がって動きまわっているあいだに、人が次々とやってきた。最初にわたしの両親が来て、それからクリスが戻ってきたのが六時二十五分ごろ。そして、六時半きっかりに、獣医が到着した。表に車のヘッドライトが見えたので、玄関のドアを開ける。若い女性の獣医で、明るい色の髪を後ろできっちりとひとつに束ねている。彼女が家に入ってきたとき、部屋の中はかなり混乱していた。トパーズとマヤが吠え、わたしたちはみんな、落ち着かない様子で歩きまわっていたからだ。そのときのオディーの様子を鮮明に覚えている。ピアノのそばで、半分しゃがんだ状態で立ち、みんなを見ていた。クリスがドクター・ミッチェルと話しはじめ、オディーの遺灰をどこに運ぶかといった会話が漏れ聞こえてきた。

しかし、わたしの注意はオディーに向いている。オディーがよろよろとキッチンを横切り、外に出ようと裏口に向かった。わたしはドアを開けて、オディーのあとから外に出た。ひどく寒い。中庭をよろよろと歩いていき、その場にうずくまってわたしをじっと見ている。わたしはオディーの隣の冷たい石に腰を下ろし、オディーの首すじに顔をうずめた。時間を止めたかった。ここでオディーと一緒のまま。この瞬間は誰にも邪魔されず、ふたりだけの世界にいられた。

クリスがドアから顔を出して、言った。「準備ができたそうだ」。オディーはこれから何が起きるかほとんどわかっているように見えた。というのも、家の中に戻りたがらないからだ。いつもはわたしのあとから家の中に入るのに、いまはついて来ない。結局、オディーの後ろにまわり、ドアに向かって身体を押すしかなかった。死へと案内しているようで、すごく嫌な気持ちになる。

わたしたちはオフィスのソファーの上で安楽死させることにした。オディーがいちばん心地よく寝られるお気に入りの場所。クリスがオディーを抱えて家に入れ、紫色の古い毛布の上に横たわらせた。オディーの顔の前でクリスがひざまずき、隣にわたしが座る。セージがクリスの隣でソファーのひじ掛けに腰かけた。毛のないネズミのヘンリーを心の支えとして手に握っている。トパーズは獣医が処置をするときの邪魔になるかもしれないので、セージの部屋へ。だが、マヤはわたしが呼ぶと、膝に上がって身体を丸め、頭をオディーの背中に乗せた。オディーは横たわったとたん、この部屋の騒ぎにも、われ関せずとばかりに寝てしまった。

獣医はわたしたちのそばにひざまずくと、手順を説明した。まず、鎮痛剤を打ち、オディーをリラックスさせて、何が起きているか気づかせないようにする。五分経って鎮痛剤がしっかり効いたころ、オディーの脚に細い管を挿し、最後の薬剤を注入する。オディーが死ぬまでにどれくらい時間がかかるのかと、クリスが尋ねた。「ほぼ即死になります」と、獣医は言った。

準備はできているかと尋ねられると、わたしたちはみんな、涙を流しながら、うなずいた。獣医はオディーの肋骨の上の皮膚に小さな注射針を刺し、ゆっくりと鎮痛剤を入れる。注射を刺したときも、オディーは眠ったまま、反応しなかった。しばらくすると、呼吸が荒くなり、肋骨のあいだの筋肉がぴくぴくと動いた。次第に、オディーの眠りが深くなっていく。四、五分後、獣医がバリカンをとりだす。鎮痛剤が完全に効いているかどうか確かめるという。バリカンがブーンとうなりはじめる。マヤが頭を上げても、オディーは眠りつづけている。後ろ足の一部の毛を刈りとられても、反応を示さない。獣医が刈りとった毛を小さなプラスチック容器に入れた。オディーはもういつでも準備ができているとのこと。わたしたちはそのあいだもずっとオディーを撫でながら、それぞれが別れの言葉を告げていた。

獣医は刈りとったところにゴムの止血帯を当てて、きっちりと締めた。静脈の場所を指で確かめると、オディーの細いアキレス腱の上に細い管を挿していく。透明な液体が入った注射器をとりだすと、すかさずセージが「それは何?」と尋ねる。「水みたいなものよ。薬がちゃんと中に入っていくか確かめているの」。いよいよ、そのときが来た。獣医が次の注射器を持つ。青い注射器。その針を細い管に挿しこみ、ゆっくりと押しながら、オディーの身体に薬剤を入れていく。オディーは三、四回ゆっくりと呼吸をしてから、一度だけ鋭く息を吸うと、静かになった。あっという間のことで、たぶん二十秒もかかっていないのではないか。マヤはオディーが息をしなくなったとたんに頭を持ち上げて、いままでとちがうことに気づいたかのように、首をかしげた。

おかしな言い方かもしれないが、オディーはまったく変わってしまった。それまでと同じ格好をしているのに、いまは口が開き、目が何も見ていない。開いているけれど、落ちくぼんでいる。わたしはオディーの〝ナマズ〟を引っぱって下ろし、茶色の短い歯を隠した。

わたしはそのまま、じっとしていた。動きたくなかったし、オディーがいなくなった人生を受け入れたくなかった。獣医がほかの部屋に行ったため、わたしたちはしばらくオディーのそばにいた。それから、獣医は粘土を用意し、形見の足形をとると言った。クリスがわたしを見上げて言う。「オディーは最後まで、倒れて仰向けにならないと、背中を搔けなかったよな?」。わたしは涙を流しながら、ちょっと笑った。そのとおり。最後までそうだった。

わたしはクリスに頼んで、トパーズを部屋に入れてもらい、オディーに会わせた。マヤとトバーズに、オディーが死んだことを理解する時間をあげたかったのだ。もっとも、理解できればの話だが。たんにオディーがいなくなったことにはしたくない。トパーズの反応は興味深いものだった。走ってやってきたときは、耳を後ろに折ったまま、とても怒っているように見えた。一、二回吠えたのは、知らない人がまだ家の中にいるから用心しろという意味だろう。部屋中を走りまわってから、心配そうな顔をした。オディーの顔のにおいを嗅ぎ、次に後ろ足の細い管が挿入されたところを嗅ぐ。それから、わたしの机の下まで走っていき、耳を後ろに折ったままで伏せをしている。獣医がすべての処置を終えるまで、ふたたびトパーズにはセージの部屋に入っていてもらうことにした。マヤはわたしの膝の上に座ったまま、ずっと頭をオディーの背中に載せている。

粘土の足形をとるのは気が利いているけれども、少し奇妙な光景に見えた。というのも、分厚い粘土に足形をつけるために、オディーの足を強く押しつけなければならなかったからだ。

クリスが立ち上がった。「オディーを車まで運ぼう」。みんなでオディーを紫色の毛布でくるみ、クリスが持ち上げる。オディーは頭が垂れさがり、舌が出たままになっていて、見るからに死んでいるのがわかる。これ以上、見ていられなかった。クリスがオディーを外に運びだして、獣医の車の後部に乗せた。最後にもう一度、オディーをぎゅっと抱きしめながら、言った。「あなたは最高に良い子だったわ」。オディーの身体はまだ温かくて柔らかかった。これはただの亡骸で、ただの骨と皮だということはわかっている。けれども、これからオディーが硬直して冷たくなり、見知らぬ人に火葬場まで運ばれていくのかと思うと、胸が張り裂けそうになる。わたしがいままで思い描いていたのは、こんな終わり方ではない。

わたしたちはそれぞれちがうやり方で悲しみと向き合った。セージは自分の部屋に行き、コンピューターゲームをしていた。わたしとクリスはほかの犬たちを散歩に連れていった。それから、クリスは夕食を作り、テレビを見ていた。わたしは寝室に引きこもり、パジャマを着て、ベッドカバーの下にもぐりこんで泣いていた。

二〇一〇年十二月一日

翌朝、クリスがわたしに、獣医がテーブルの上に数冊の小冊子を置いていったと言った。残された家族の悲しみの癒し方を紹介したものだ。まだそれらを見る気にはなれない。それに、オディーの足形の粘土も焼かなければならない。まだ、そんなことをする気にもなれなかった。

とても静かだ。オディーを外に連れだすために真夜中に起きることがなくなって、すごく寂しい。オディーの荒い息づかいさえ、恋しく思う。寂しさのなかに、オディーにとってもわたしにとっても、これでよかったのだというほっとした気持ちが入りまじり、なんとも複雑な気分。オディーは十四年間ずっと、わたしがもっとも愛したもののひとつであると同時に、厄介なものでもあった。オディーが苦しんでいたことはわかっているし、正しい判断をしたと思っている。その一方で、安楽死を選んだ自分に失望している。

今日、マヤはオフィスに入るのを怖がった。廊下に座ったまま、くんくん鳴き、こっちにおいでと呼んでも、おかしな声を漏らすだけだった。前足に頭を載せて横たわり、わたしのほうをじっと見ながら、くんくん鳴いている。この部屋でオディーが死んだことを覚えているのだろうか？　トパーズはいつもよりおとなしい気がした。オディーがいなくなったことを悲しんではいないと思う。マヤに合わせているだけだろう。いつも、なんとか有利な立場に立とうとしていることや、力関係を変えようとしていたのだ。たとえオディーが力関係でいちばん下の序列だったとしても、いなくなったことで、ちょっとした変化が生まれつつある。トパーズが新たな主《ボス》になるはずだ。

正しい判断をしたと思っているものの、〝ああ、なんてことをしてしまったのだ〟という思いがふいに湧いてくることがある。オディーをもう少し長く生きられるようにしてあげることができたのではないだろうか？　今朝、セラピー犬であるゴールデン・レトリバー、バクスターの本を読みかえしたところ、最善のことをしたという自信がもろくも崩れそうになった。バクスターがサンディエゴのホスピスで見回りをしている様子が撮影されたのは十九歳のとき。関節炎がひどくて、歩けなかった。飼い主はバクスターを乳母車に乗せて、病院中を押して歩いた。オディーにも乳母車を用意してあげられたのではないのか？

わたしは古い写真を全部見ながら、オディーが写っているものを引きぬいた。血気盛んなころのオディーを見て驚いた。体つきはまったくちがうけれど、同じ目をしている。不安を宿した目。いちばん幸せなころでさえ、心には影がかかっていた。ようやく写真の準備ができたけれど、辛くて追悼用のカードは作れそうにない。まだ現実を受け入れられないでいる。

セージは学校から帰宅すると、まっすぐに自分の部屋に向かい、そのまま数時間こもっていた。オディーをテーマにした映像をコンピューターで作っていたようだ。すでにペットのネズミの映像も作ってある。こうやって、セージなりに記憶にとどめておこうとしているのだろう。

わたしは獣医が細い管を挿しこむために、オディーの足の毛を少し刈りとっていたことを思い出した。確か、プラスチック容器に入れていた。あの毛がわたしの手もとにあればよかったのに。オディーの最後の種が飛んでいってしまった。もう全部なくなった。

二〇一〇年十二月二日

昨晩、セージがオディーの追悼文を書いた。一文ずつ、ちがう色鉛筆で書かれている。

カルコ・パークの湿った空気を嗅ぎ、
エステス・パークの草原を探検し、
世界のすばらしさを体験している。
オディー、あなたはすばらしい犬。
威厳のある立ち姿と
流れるような赤い毛。
わたしたちのオディー、
オデュッセウス。歯の欠けた
奇跡の犬。
若いころは元気いっぱいで
いつも人懐っこかった。
年をとっても、
相変わらず元気だった。
全力で盗み食いをしたり、逃げたり、壊したり。
それでも、わたしたちの奇跡の犬は
いつもなんとか復活した。
わたしたちはオディーを愛している。

オデュッセウス、歯の欠けた
奇跡の犬。
わたし──わたしたち──はあなたが
いなくなってとても寂しい。
オディーは本当に特別だった。
二度とこんなにいたずら好きで
頑固な犬には出会えない。
しかも、こんなに愛嬌があって、
優しくて、やんちゃな犬には。
オディー、オディー、オディー。
あなたがいなくてとても寂しい。
さようなら、オディー、オデュッセウス、
歯の欠けた奇跡の犬。
わたしたちはずっとあなたを忘れない。
わたしたちは、ずっとあなたを愛している。

友人がわたしをなぐさめようとして、シンシア・ライラントの絵本『いぬはてんごくで…』（中村妙子訳、偕成社）を持ってきてくれた。雲のことを描いたページがとても良い。一匹の犬の絵がオディーに似ていて、一匹はトパーズ、もう一匹はマヤに似ている。「てんごくでは、かみさまがくもをうらがえして、いぬたちのためにふわふわしたベッドをたくさんつくりました。だから、いぬたちははしりまわったり、ほえたり、ハムをはさんだパンをたべたりしたあとで、つかれたときにはくものベッドでねむります。くものなかでぐるぐるまわり、しっくりきたら、からだをまるめてねむるのです」。

二〇一〇年十二月七日

昨日は動物病院に行き、オディーの遺灰を受けとった。〈ペニーレイン〉という場所で火葬されたのだ。遺灰は筒状のかわいい木箱に入っていて、黄色のリボンがかけられている。遺灰と一緒に、火葬証明書を受けとった。

日付：二〇一〇年十二月四日
あなたの忠実な友、オディーがこの日にこの火葬場で、法律に則り、敬意を持って注意深く火葬されたことを、ここに証明します。
死亡日：二〇一〇年十一月二十九日

一週間と一日が過ぎた。オディーが良い死を迎えたと思っているか？　はい。正しいときに、正しいことをしたと言えるか？　いいえ。自分の選択に対して、疑ったり、苦しんだりする瞬間がいまでもある。オディーが死んで一日か二日後よりも、そんな瞬間が増えた気がするのは、たぶん、死の直後はほっとした気持ちがとても強かったのだと思う。オディーの遺灰を抱えて動物病院から出てきたとき、強い悲しみで心が重かった。その瞬間、わたしがオディーを見捨てたのだと思った。オディーのために、もっと闘えたはずなのに。だが、いったいなんのために？　わからない。おそらく、オディーのためというよりも、自分のために闘うことになっただろう。

誰かにオディーの話をするとき、遠回しな言い方を避けようと気をつけている。「オディーを安楽死させなければならなかった」とは、言わないようにしているが、つい口から出てしまうこともあった。相手にかなり不快感を与える言い方かもしれないが、「わたしがオディーを安楽死させた。オディーの命を終わらせることに決めた」と、言っている。残念ながら、そのとおりだから仕方がない。

第七章

残されたもの

わが家には、『Animal Folk Songs for Children（こどものための動物のフォークソング）』（未邦訳）という古い本があります。赤い表紙は半分破れてなくなっていて、残りの半分は色あせて擦りきれています。破れてしまったページもあるし、子供のころに紫色のクレヨンで落書きしてしまったページもあります。この本に載っているのは動物のフォークソング。〝Mister Rabbit（うさぎさん）〟、〝Cross-eyed Gopher（寄り目のホリネズミ）〟、〝Let's go a huntin'（狩りに行こう）〟などの歌詞が載っています。好きな歌はたくさんあるけど、いちばん好きな歌が、ミシシッピー州の古いフォークソング、〝Old Blue（老いぼれブルー）〟。この歌を歌うと、自分が月に向かって遠吠えをしている犬のような気分になるのです。バール・アイヴス（俳優・作家・フォークシンガー。映画『大いなる西部』（一九五八年）でアカデミー助演男優賞を受賞）がこの歌を歌っているレコードを聴いて育ちました。よく〝老いぼれブルー〟を母にピアノで伴奏してもらい、歌ったものです。「もう一度、お願い」と、何度も何度も言いました。もの悲しいメロディーが、夜眠りに落ちるまえに頭をよぎります。ものすごく悲しい歌で、わたしの心の琴線に触れたものでした。

その歌は、ブルーという名の猟犬のことを歌っていて、病気になり、獣医に「ブルーよ、あんたはもう狩りはできない」と言われると、庭をぐるぐると走りまわり、小さな穴をいくつも掘って、死んでしまいます。最後の三節はブルーの死後のことを歌っていて、いちばん好きな部分です。

日陰に横たわらせて、
フクロネズミの頭で覆った。
ああ、ブルー、ブルー、ブルー、ああ、ブルー。
銀の鋤で墓を掘って、
金のロープで下ろし、横たわらせた。
ああ、ブルー、ブルー、ブルー、ああ、ブルー。
わたしが天国に着いたら、何をするか考えよう。
角笛を持っていき、ブルーのために吹くだろう。
ああ、ブルー、ブルー、ブルー、ああ、ブルー。

わたしはいまも時折、この本を本棚から引っぱりだして、〝老いぼれブルー〟をピアノで弾きながら歌っています。相変わらず悲しくなってしまうのですが。とくに天国に行って角笛を吹いたときにブルーが走り寄ってくるというくだりにさしかかると、かならず娘がいぶかしげな顔でこちらを見ます。わたしの頬を伝う涙に気づくと、「ママ、訳がわからないんだけど」と、言いながら。確かに、死んだ犬の歌にこんなに心を打たれるなんて、自分でもおかしいと思います。しかし、実際に愛犬を亡くしたことがある人には、きっとわかってもらえるでしょう。
死ぬことが時間の経過とともに起こる生物学的なプロセスであるように、生物学的有機体が動かなくなったといっても、そこで死が終わるわけではありません。オディーが生物学的に死んだ瞬間はわかりました。それは心臓がゆっくりと動かなくなっていった二、三十秒間であり、そのあいだの最後の呼吸には、すべてが終わるという怖さを感じました。けれども、オディーの死は、独特のやり方で、まだつづいているようです。

アフターケア

動物への敬意は肉体が死んだときに失われるのではなく、亡骸をあつかうときにも払われつづけます。子供にはこの感覚が生まれながらに備わっているようです。家で飼っていた金魚のバブルスが死んだときも、キッチンの生ごみ処理機に投げいれたり、トイレに流したりしませんでした。その代わりに、小さな宝石箱にそっと入れて、庭に穴を掘り、ペンキを塗った石をお墓の上に置いて、バブルスがどんなにすばらしい金魚だったか、わたしたちの人生をどれほど幸せにしてくれたかを真面目に言いました。敬意には多くのかたちがあるようです。たとえば、『獣医倫理入門』のなかで紹介されているジェロルド・タンネンバウムの学生に対する教えのように単純なものかもしれません。目を閉じてあげること、舌を口の中にしまってあげること、身体を清めること、清潔な毛布に包んであげること。もっと念入りな儀式をするのであれば、〝老いぼれブルー〟のように、ペットの犬をフクロネズミの頭で覆い（フクロネズミがあまりに気の毒だが)、銀のロープで墓穴に下ろすこともできます。

アフターケアとは、ペットが亡くなったあとで下さなければならないあらゆる種類の決定のことを言います。どのくらいのあいだ、亡骸と一緒にいるか？　どこに亡骸を横たえておくか？　何を使って包んだり覆ったりするか？　お葬式それとも追悼式をするか？　コリーン・エリスは動物のアフターケアの専門家と言われ、動物の死をとりまく環境を変えるために働くのが自分の使命だと思っています。八年前、エリスはアメリカ初のペットの葬儀場、〈ペット・エンジェル・メモリアル・センター〉をインディアナポリスに開きました。

愛犬のテリア・シュナウザーが死んだあとの体験と、人間の葬儀ビジネスで働いていた経験を比べてみたとき、動物が死んだあとでは、人間が死んだあとで提供されるような選択肢がまったくないことに気づいたそうです。動物の亡骸は丁寧に葬られずに〝始末〟されていました。しかし、飼い主である多くの〝ペットの親〟は、ペットの亡骸を丁重にあつかってもらいたいし、ごみ廃棄場に捨てないでもらいたいと思っています。ペットが死んだあとのことはどうすればいいのかわからないし、獣医による支援態勢は整っていません。それでは、誰がやればいいのだろうか？　エリスは人間とペットの差を失くそうと考えるようになりました。

人間と同じような儀式を動物におこなうことに対して不快感を持つ人々もいるとエリスは言います。動物のための通夜や葬儀はひそかにおこなわれることが多く、近所が見ていないときに裏庭でおこなわれます。おそらく、ペットを失った悲しみがとても深いことを他人に知られたくないのかもしれません。それでも、動物に死の儀式をおこなうことをあざ笑うべきではない、とエリスは言います。儀式をおこなうには許可が必要です。ペットの死を意味深いものにするため、ペット自身と、飼い主とペットの結びつきを称えるためにおこなうのです。儀式は簡単でも複雑でもいいし、短くても長くてもいい。亡くなったペットに敬意を示すことができれば、どんなかたちでも問題ありません。

エリスはわたしに葬儀場で提供されるいちばん重要なサービスのリストをくれました。もしも依頼人が葬式を選べば、ペットとの別れの時間を設けてくれるでしょう。ペットは棺に入れられ、飼い主の家族や友人がやってきて、最後の別れの挨拶をします。「これがどんなに大切かは、実際にやるまでわからないものです」と、エリス。とくに、動物病院で思いがけなくペットを安楽死させなければならなかった人々にとっては。安楽死させているときはあまりにも打ちのめされて、きちんと別れを言えないものです。子供にとってもとても重要だと言えるでしょう。〝学校に行っているあいだにペットがいなくなってしまう〟よりも、ペットにきちんと別れを告げる必要があるのです。

最後の別れのまえに、エリスはペットの身支度を整えます。目を閉じてあげて、舌を口の中に戻し、身体を清め、炭を飲みこませ、穴をふさぎ、脚を引っぱり、ペットが自然で安らかに見えるかどうか、全体を確認してから、肌触りの良い柔らかな毛布で包み、棺にそっと寝かせます。

別れの挨拶が終わると、葬式か追悼式を自宅でとりおこなうのが普通で、裏庭や公園でおこなう場合もあります。エリスは飼い主が聖書の言葉や祈りや追悼文を選ぶ手伝いをし、ろうそくや花や動物をテーマにした食べ物（ホットドッグ、ピッグス・イン・ブランケット〔小型のソーセージをパイ皮に包んで焼いたもの〕）など、式に彩りを添える提案をしてくれるでしょう。我が家では、裏庭で動物の葬式をたくさんおこなってきたけれど、どれもエリスが提案しているものほど良くありません。いちばん手がこんでいたのは、セージの最初のペット、ネズミのファジーズのお葬式です。裏庭でモルモン教の宣教師がとりおこなってくれました（ファジーズの亡骸に向かって祈りの言葉を唱えてほしいと言われて、とても困惑したにちがいありません）。

六千件以上のアフターケア・サービスを提案するだけにとどまらず、エリスはペット産業の新たな力を結集することに努めてきました。現在、ペットの葬儀場の住所録には、少なくとも八十社が名を連ねていて、その数は年々増加しています。エリスの仕事はたいへん順調で、いまでは自分で経営するのをやめて、ペットの葬儀ビジネスを始めようと考えている人たちの相談に乗っているようです。また、さまざまな獣医科大学やクリニックと協力し、獣医たちにアフターケアや死別について教えています。

数年前、エリスは〈ペット・ロス専門家連合〉を設立しました。あらゆる種類の動物のアフターケア産業を統括する組織で、人間のアフターケア産業の組織である〈墓地、火葬、葬儀の国際協会〉と協力して仕事をしています。主な仕事のひとつがペット・ロス・ビジネスに対して正式な手続き（および、倫理基準）をもっと守らせるようにすることです。たとえば、〝個別の火葬〟といった用語を、業界全体が同じ意味で使うことを目指しています。エリスの夢は、すべての動物病院や診療所が年老いた動物のケアに関する情報も含めた一種の〝シニアパック〟を提供するようになること。このパックには、かならず死とアフターケアを計画するための手引きがつかなければなりません。おそらく、エリスは何よりも、きれいな花とろうそくで飾られた棺や葬儀のサービスを望むペットの飼い主が、ペットを自分の子供のように考えている変わり者か、ペットの犬や猫以外に友達がいない孤独な人間だと決めつけるような世の中の固定観念を変えたいのだと思います。

亡骸の処分

アフターケアに関するもっとも重要な質問は、「亡骸はどうなるのか？」。たとえ、死んでしまった動物にはあまり感傷的にならない人にとっても、死骸の処分（もっとぞんざいに言えば、廃棄）は気になる問題です（〝死体〟という言葉は人間の身体に使い、死んだ動物の身体のことは〝死骸〟と言われることが多い）。コロラド州立大学の公開講座で教えているように、「動物の死は適切にあつかわれなければなりません。そこには少なくとも、重要な理由が三つあるからです」。健康のため（病気が広がるのを制限する）、環境保護のため（動物の死骸が朽ちるにつれて栄養素とともに、有害物質も放出されるため、それが流れでたり、水に溶けこんだりする可能性がある）、出現を防ぐため（死んだ動物が目の前に現れたら〝かなり不愉快〟に思うかもしれない）。動物の死骸を管理するための望ましい方法は、加工する、堆肥にする、埋め立て地に埋める、埋葬する（土葬）、火葬する。

土葬と火葬についてはあとでもう少し詳しく述べるつもりです。このふたつはペットの死骸を処分するときのもっとも一般的な方法です。そして、加工の世界も見てみるつもりです。加工は死骸を〝リサイクル〟する方法であり、敬意をこめて処分することの限界を押し広げようとしています。でも、もしもペットの亡骸を手放せないとか、いつまでも生きているような状態にしたいと思っているなら、まずはちょっと寄り道をして、死骸を保存する技術を見てみましょう。

愛情があって長持ちする方法

剝製術《はくせい》と冷凍乾燥法（フリーズ・ドライ）によって、動物の死骸を永久に保存できるようになりました。動物の立体的な剝製といった伝統的な剝製術は、戦利品を永遠に残しておくために用いられました。実際の皮を何かの枠に張りつけたり、人工の材料を使って再現したりする場合もあります。当然、保存された動物はぬいぐるみのような見た目になりがちです。

いまはもっと実物に近いまま保存できる方法があり、剝製術よりも好まれているようです。

その方法が、フリーズ・ドライ。このサービスを提供している会社〈パーペテュアル・ペット（永遠のペット）〉のウェブサイトでは、誇らしげな紹介文を載せています。

埋葬、火葬、伝統的剝製にとって代わる〝愛情があって長持ちする〟方法を、フリーズ・ドライの新しいテクニックを使って提供しています。フリーズ・ドライでペットを保存すれば、記念として残るだけでなく、見た目も変わらないまま、自然な状態で保存できるでしょう。飼い主はいままでどおり、ペットを見たり、触ったり、抱っこしたりできるし、ある意味で、〝もう手放す必要はありません〟。

フリーズ・ドライでは、動物の死骸は超低温の密閉した真空室に入れられます。時間をかけて、〝凍った水分がゆっくりと気体に変わっていき、やがて抽出される〟。水分をとりのぞくことによって、腐敗を止めることができます。乾燥にはかなり時間がかかるでしょう。オディーのような大型犬の場合、長くて六カ月ほどかかるかもしれません。〈パーペテュアル・ペット〉のお勧めはもっとも自然に見える眠っているポーズということですが、ほかのポーズの要望にも応えてくれるそうです。わたしだったら、ヘビのようにフェンスを越えようとするオディーの姿をフリーズ・ドライにして、裏庭に置いておくか、後ろ足で立ってちんちんをしている姿でフリーズ・ドライにして、ダイニング・テーブルの真横に立たせておくかのどちらかにするでしょう。ウェブサイトの料金表には動物の体重が二十ポンド〔約九キログラム〕までの金額しか載っていません。したがって、それよりも重い動物は、見積もってもらう必要があります。このサービスは、猫やヨークシャー・テリアといった小型のペットの飼い主には、とくに魅力的にちがいありません。というのも、小型のペットなら、テーブルの上や暖炉など、比較的手軽に飾っておけるからです。体重が七ポンド〔約三キログラム〕から十ポンド〔約四・五キログラム〕までのペットは六百九十五ドル。きっと、オディーなら、優に千ドルを超えるでしょう。

　わたしはドクター・クーニーに、フリーズ・ドライか剥製を選んだ依頼人がいるかどうか尋ねてみましたが、いないそうです。けれども、ペットの尻尾や、足の爪を残してほしいと言ってくる人はいるそうです。そうすれば、ペットの身体の一部を手もとに置いておけるから。ほかには、ひげ、まつげ、頭蓋骨なども。エリスによれば、フリーズ・ドライを選んだのは、五年間に葬儀をとりおこなった六千件中、たった二、三件だそうです。

　わたしがフリーズ・ドライについて意見を求めると、エリスは中立的な立場を崩しませんでした。「ちょっと不気味だと思いませんか?」と、わたしが尋ねても、飼い主がどんな選択をしようとも、できるだけ尊重すると答えました。しかし、飼い主にとって本当に必要なものではないと考えて、フリーズ・ドライを勧めなかったこともあると認めています。たとえば、ある女性は愛犬をフリーズ・ドライにしたがっていた。なぜなら、息子が愛犬の死を受け入れられないのではないかと心配し、ペットを触ったりなでたりできれば、安心するだろうと考えたからです。この家族にとってフリーズ・ドライは良い選択ではないとエリスは感じました。その理由は、愛犬の身体がフリーズ・ドライにされて家族の手もとに戻ってくるのが六カ月後になるから。そのときには、おそらく彼女の息子も悲しみを乗りこえているだろうから、死んだ犬が戻ってくるとかえって混乱を招くかもしれなかったからです。

動物だけにできる剝製やフリーズ・ドライとちがって、冷凍保存術はおもに人間の身体を保存する方法として開発されてきました。したがって、ペットの冷凍保存は付け足しとして始まったのです。冷凍保存もフリーズ・ドライも超低温で保存するとはいえ、両者には技術的にも哲学的にも重要なちがいがあります。人体冷凍保存研究所の説明は次のようになります。

冷凍保存術は命を救い、寿命を大きく延ばすために考えられた、先端科学による未来の技術です。死を宣告された人々は液体窒素によって腐敗が止まる温度で冷やされます。いつか生きかえり、若さと健康を回復すると考えられて冷凍保存されるので、〝凍結保存患者〟と呼ばれます。なぜなら、本当に〝死んでしまった〟わけではないからです。

動物がまだ生きているうちにできるなら、さまざまな保存法のなかでは冷凍保存術がいちばんいいかもしれません。というのも、身体の組織や脳細胞の劣化が始まっていないからです。しかし、残念ながら、ペットであっても人間であっても、それは法律で認められていません。

いまの時点で、ペットを冷凍保存させたいのなら、死んだ瞬間に凍らせて、ドライアイスで慎重に包み、ミシガン州の冷凍保存研究所に送るしかないでしょう。冷凍保存研究所の会員になる費用を除くと、オディーの場合には約六千五百ドル、これに送料と獣医の費用が加わります。冷凍保存研究所の話では、「もしもこの料金が高すぎると思っているのなら、いつか自分のペットのクローンが生まれる可能性にかけるほうがいいと思っているのなら、ペットのDNAを九十八ドルでこちらに預けることもできます」。現在、五十八匹のペットと三十一匹分のペットのDNAサンプルが保存されているということです。

もしもペットを冷凍保存するのであれば、そのペットをふたたび自宅で飼う喜びは味わえないと思ってください。というのも、その身体は冷凍保存研究所の、マイナス百九十六度に保たれた液体窒素のタンクの中に吊るされるからです。けれども、科学が進歩して、冷凍された身体を生きかえらせることができたり、未来のサイバースペースに動物の魂をアップロードできたりするようになれば、生きかえったペット（もしくはそのペットのクローン）をふたたび飼うという望みを捨てずに生きることができるでしょう。

精製

Rend（レンド）：力まかせに、もしくは暴力的にばらばらにすること。きれぎれに引き裂くこと。

Render（レンダー）：溶かすこと。溶かして抽出すること。

わたしがベジタリアンだということ以外でラードを使った食品を食べない理由があります。動物飼料精製工場で作られたものをいっさい食べたくないからです。わたしの胃はとても弱い。脂肪の精製というのは、死んだ動物と動物由来成分を使い道があるたんぱく質に変えること。ここで言う〝使い道がある〟というのは、とても大まかな定義かもしれません。馬などの大型の動物は、埋葬したり火葬したりするには運ぶのが大変でお金もかかるため、たいてい、精製工場に送られます（遠まわしには、にかわ工場として知られている。〈エルマーズ〉社の接着剤のロゴマークが雄牛だと気づいているだろうか？）。保護施設や動物病院では、処分しなければならない動物の死骸がかなり多くなります。そうすると、犬や猫が死んだとき、精製工場に送られる可能性があるかもしれません。精製することが死骸を処分する方法としては、飛びぬけて経済的だからです。

精製工場にあるばらばらになった動物の体のほとんどが食肉処理場から運ばれてきたものです。食肉処理場では、牛、豚、羊、鶏、七面鳥や、病気のために法律で食用にすることを禁じられている動物も含め、食用として売れない部分をすべて集めて運びだします。ほかには、食料品店から消費期限切れの肉、精肉店から切り落とした肉の断片、動物園からは死んだ動物、そして、お察しのとおり、動物病院や保護施設からは犬や猫が運ばれてきます。

以前、『Dirty Jobs（突撃！　大人の職業体験）』というリアリティ番組の一話を恐ろしさを感じながらも食い入るように見た記憶があります。番組のホストが精製工場で一日だけ働くというもので、乳牛の死骸をトラックから降ろし、皮を剝ぐのを手伝っていました。皮に穴を開けて、空気ポンプで風船のように膨らませることで筋肉と骨から皮を剝がすのです。皮をのこぎりで切りとってから、死骸を担いでベルトコンベヤーに載せます。死骸は木材粉砕機のような巨大なマシンの口の中へと運ばれて、粉々にすりつぶされます。次に、ホストは工場のべつの場所に移動します。そこではピューレ状になった動物の肉が巨大な釜で煮られ、脂肪が浮いて水分が飛ぶまで煮詰められるのです。脂肪が固形物から絞りとられると、残った〝かす〟は粉末状にされて食品や飼料に使われることになります。その日はまったく食欲がなくなってしまいました。いまでもこの番組のことを考えると、ぞっとします。

一方、頭の中では小さな声が異議を唱えています。これはただリサイクルしているだけだ、もしも動物を使うつもりならば、できるかぎりすべてを使うほうがいい、と。ばらばらになった部分を投げ捨てるよりも、すべて使いきるほうが動物への敬意を感じられます。〝かす〟を使った食品や肉骨粉は加工されたドッグフードやキャットフードも含めたさまざまなものに使われるでしょう。クーニーがとくに力をこめて言っていたのは、精製工場が〝必要〟だということ。どんなに精製することやそのにおいが嫌いでも。この世界には、処分しなければならない動物の死骸が山ほどあり、精製工場はそれらを安全に処理するという重要な役目を果たしています。アメリカ合衆国の精製工場の数が減っているとクーニーは言い、将来問題が起こるのではないかと危惧しています。

埋葬

人間の歴史を通してさまざまな動物が丁寧に埋葬されてきました。人間が犬を埋葬したのは、少なくとも更新世後期（約一万二千年前）までさかのぼります。考古学的資料によると、犬は人間と一緒に同じ墓地に埋められることもあったようです。シベリア地方のバイカル湖周辺の地域にあるふたつの墓地を研究している考古学チームは、約七千年前にこの地域できちんとした墓地が作られるようになると、犬も人間と同じように埋葬されるようになったと考えました。その地域の人間の墓には、〝犬の骨から作られた装飾品や装身具〟が一緒に埋葬されていたからです。

わたしがよく想像するのは、ロッキー山脈にあるわたしたちのバンガローの裏手の丘の上にオディーを埋葬することです。飼い主は自分自身で遺骸を管理しようとして、ペットを自分の土地や裏庭に埋めてしまいがちです。子供のころ飼っていたコッカー・スパニエルのベニーと、シェパードとハスキーのミックス犬、ネイザンは、バンガローの裏手に埋めました。小型の動物――セージのネズミたち、ヤモリ、ヤドカリ、金魚、グッピー――は、裏手のフェンス沿いに穴を掘って埋めました。

この本のために調査しているときに、裏庭に動物を埋めることがそんなに簡単ではないとわかりました。誰もが裏庭つきの家に住んでいるわけではないし、裏庭があっても、狭すぎてほとんど何も埋められません。しかも、国によっては、自分の所有地に動物を埋めることが違法になっています。わたしが住んでいるボールダーの土地利用規制条例では、動物の埋葬を禁じています（しまった！）。しかし、もっと田舎のラリマー（バンガローがあるところ）では、埋葬が許されているのです。隣接しているアダムスやウェルダーも埋葬できるとはいえ、一定の規制があります。たとえば、水源から少なくとも百五十フィート〔約四十六メートル〕下流の土地であり、少なくとも二十四インチ〔約六十一センチメートル〕の深さにすべての部位を埋めなければなりません。たとえ、裏庭に埋めて気が済んでも、たまたま合法だったとしても、その後、引っ越するときに、埋めたペットの死骸を残していくことが気がかりになるかもしれません（それに、新しい住人が庭を造りかえようとして土を掘ったときにどう思うだろうか）。しかも、本当に危険なのは、墓を掘ろうとして、庭に埋設された電気、ガス、水道などの管にぶつかってしまうこと。だからといって、森に行けばいいというわけでもありません。なぜなら、公有地はほぼまちがいなく埋葬が禁じられているからです。さらに、寒い地域に住んでいて、オディーのようにペットが冬に死んでしまったら、家で埋葬することはまず不可能でしょう。

最後にもうひとつ、考えなければならないのは、ペットを埋葬することによる二次的被害として、野生動物が死ぬというきわめて深刻な問題があることです。安楽死の薬剤は動物の身体に二年間は残るため、もし野生動物が汚染された死骸を掘りおこして食べてしまえば、身体に害が出たり、死んでしまったりする可能性があるでしょう。だから、獣医が農場で家畜を大量に安楽死させる必要があるときには、薬剤ではなく銃を使うというわけです。

もっと簡単な埋葬方法は、ペットの共同墓地を見つけることでしょう。現在、さまざまな場所に動物の共同墓地があります。アメリカ全体では六百カ所以上、コロラド州にも五カ所あり、〈ペットの墓地および火葬場の国際協会〉に認可されています。自宅からいちばん近いのがフォート・コリンズの〈プレシャス・メモリーズ〉（車で四十五分）と、〈エバーグリーン・メモリアル・パーク〉（車で約一時間）です。人間の共同墓地でもペットのための区画を設けているところもあるし、いくつかの州では、人とペットを同じ墓に埋葬することができます。

オディーだったらどんな墓地に埋葬しようかと思いつつ、最初にすべきことも忘れてはいけません。それは棺を買うことです。ペットを埋葬するためのさまざまな商品をあつかうウェブサイトがあり、そのなかからわたしが選んだのは、petsweloved.com。オディーでも余裕で入る大きさの、サクラ材で仕上げた手作りの棺（アイボリーの内張り生地のもの）にすると、費用は三百三十四ドル九十五セント。これに送料と手数料がかかります。〈エバーラスト〉製のポリウレタンの棺がいちばん安くて、オディーが入る大型のものでも百九十九ドル九十五セント。このいちばん安い棺を選ぶとオディーの霊が怒りそうなので、中間レベルの、〈ファーエバー〉の耐衝撃性ポリスチレンの棺にするでしょう。けれども、オディーは本当に、その中に永遠に閉じこめられたままでいたいのでしょうか？　しかも、ずいぶんお金がかかります。棺はまだ序の口で、〈エバーグリーン・メモリアル・パーク〉の埋葬費は、永代供養と地面に平らに置く墓石を選ぶと三百二十五ドル、永代供養とまっすぐ立った墓石にすると五百五十ドル。みかげ石やブロンズの墓標はいちばん安くて四百五十ドル。冬には雪かきの費用にさらに三十五ドル払わなければならないでしょう。

共同墓地は経済的に余裕のある人には良い選択とはいえ、注意も必要です。ペットの墓地には人間の共同墓地のような規制がないからです。もしも墓地の所有者が変わったり、土地が売られたりすれば、ほかの目的で使うことが法律上可能になるでしょう。なかには、動物が死んでから数年後に、遺骨を手もとに残しておきたければ、墓を掘りおこしたほうがいいと言われた人もいたようです。所有者には、共同墓地をずっとつづけていけるだけの資金があるかどうか、確認しておいたほうがいいかもしれません。

火葬

もし冷凍乾燥も、精製も、裏庭に埋葬することも良い選択ではないと思ったら、どうすればいいでしょうか？　おそらく、火葬を考えるにちがいありません。火葬はペットの死をとりまく産業の代表であり、ペットの火葬場の数は需要の増加とともに急激に増えています。そして、わたしが見た感じでは、庭や墓地に埋葬するよりも、火葬するほうが一般的になっています。火葬の方法は標準化されつつあり、さまざまな関連ビジネスがサポートするようになりました（ペット専用の火葬炉や、さまざまなサイズの骨壺が用意されている）。獣医は一般的に死の仲介者の役目を果たします。飼い主から亡骸を受けとり、（いまだによくわからない過程を経て）火葬業者に渡します。ペットが動物病院で安楽死させられる場合には、看護師が飼い主の見ていないところで、亡骸を黒いゴミ袋に入れて、火葬が予定される日に合わせて火葬業者が受けとりに来るまで、冷凍庫で保管するのが一般的です。おそらく週に一回ほどトラックが来て、同じような遺骸をたくさん積んで火葬場に運ぶはずです。在宅安楽死だったオディーの場合には、獣医が直接、亡骸を自分の車に乗せて運びました。紫色の毛布に包んだまま、火葬場まで運んだようです。はっきりしたことはわからないけれど、オディーの亡骸は指定された時間まで、火葬場の冷凍庫に保管されていたのではないかと思います。

ペットの火葬には個別、分割、混合の三つのタイプがあります。個別火葬の場合、焼却炉には一体の亡骸しか入れません。分割火葬では、複数の動物を同時に入れるものの、それぞれが分かれているため、遺骨をべつべつに拾うことができます。それでも遺骨が多少、ほかの動物と混じるのは避けられません。混合火葬は複数の亡骸を同時に火葬するため、遺骨はまったく区別できません。エリスの話では、飼い主が自分のペットの火葬がどのタイプなのかわからなくなったり、誤解したりすることがあるそうです。飼い主は自分のペットが個別に火葬されていると思い込み、遺骨を返してほしいと言ったところ、実際には分割火葬だったという具合に。遺骨はほとんど自分のペットのものだと思われるものの、ほかのペットの骨がほんのちょっと混じることもありえるでしょう。たとえ、個別火葬であっても、遺骨の残りが混じること——この業界では〝避けられない偶発的な混合〟と呼ばれている——があります。というのも、火葬と火葬のあいだに焼却炉からごく細かな物まできれいにとり除くことはほぼ不可能だからです。

もうおわかりだと思いますが、火葬はわたしがオディーの亡骸をあつかうために選んだ方法です（〝あつかう〟というのはあいまいな表現だが、〝処分する〟という言葉の響きが好きではない）。オディーが死ぬ前に、できるだけ多くの火葬場と共同墓地を訪ねるつもりでした。バンガローの近くに埋葬することができないのなら、オディーの亡骸がどうなるのかじゅうぶんな説明を受けたうえで選ぼうと思っていたからです。けれども、実際には、準備が整うよりもかなり早く、オディーの死がやってきてしまいました。

そして、わたしは不安に駆られながら、〈ペニーレイン・ペット火葬サービス〉に電話をかけて、訪ねていってもいいかと尋ねました。オディーが最後の旅に出る場所をこの目で見ておきたかったのです。けれども、見るのが怖くもありました。電話に出たのは経営者のチャック・マイヤーズ。とても感じが良く、いつでも来てかまわないし、案内すると言ってくれたので、翌日に訪れる約束をしました。

火葬場はロッキー山脈のふもとにありました。扇形に広がる平らな農耕地帯のミードにあるチャックの自宅の敷地に建っています。州間高速自動車道七〇号線を下りてから、田舎道を一マイルほど運転すると、〈ペニーレイン〉の看板が見えてきます。その向こう側の私道を入っていくと、きれいな赤い建物の前に出ました。車から降りようとしていると、黒いラブラドル・レトリーバーが庭の柵を飛びこえて、挨拶をしに走ってきました。思いっきり尻尾を振り、わたしのにおいをくんくんと嗅ぎまわっています。挨拶を終えると、今度は自分の尻尾を捕まえようとくるくる回りはじめました。チャックも向こうからやってきて、わたしと握手をし、温かく出迎えてくれました。良い感じの滑りだしです。

チャックは自分から進んで、わたしに〈ペニーレイン〉のことを説明しはじめました。ここではどんなふうに物事が進んでいるのか、オディーの亡骸が実際どうなっているのかということも。最初に、自分がなぜスーツとネクタイ姿なのかを説明してくれました。人間の葬儀場も経営しているからだそうです。むしろ、それがきっかけでペットの火葬サービスを始めたということです。四六時中、ペットを火葬してほしいという問い合わせが来ていたそうですが、当然、人間用の焼却炉をペットに使うことはできないと言って、いつも断らなければなりませんでした。そこで、本業の合間に、ペットの火葬場を始めたというわけです。ペットの火葬場を求める声が大きいことを知り、それに応えようと決めました。ビジネスはとても順調だそうです。

火葬場自体は、改造された大きな赤い納屋の中にありました。部屋の中は広々とし、とても清潔で整理されていて感じが良い。わたしが訪れたときはちょうど、焼却炉が使われていて、ブーンという低い音を立てていました。空気が重く感じられ、つんとしたにおいがし、二十分ほどここにいたら、少し吐き気がしてきました。チャックが焼却炉の仕組みを説明してくれました。遺骸が置かれている台の下にはU字型の空間があり、煙の発生を防止する装置がついているとのこと。環境保護局は大気汚染を最小限にとどめるため、焼却炉を九百十五度で使うよう求めています。温度が低すぎれば、もっと煙が出て、パイプから放出されるため、環境保護局から罰金が科せられるでしょう。焼却炉から複雑な配管がうねうねと登り、屋根を突きぬけていきます。

焼却炉は人間用のものとまったく同じ形だけれど、ひとまわり小さい。七百五十ポンド〔約三百四十キログラム〕まで耐えられるため、大きさにもよるが、七体から十体までは一緒に火葬できるとのことです。猫や犬以外にも、ヤギ、ネズミ、ヘビ、鳥などのさまざまな動物をあつかっています。アルパカの火葬を依頼されたこともあったけれど、断らなければならなかったそうです。そんなに大きな動物の焼却はできないという理由で。大型の動物を火葬するためには、最初に四つに切断しなければならず、そういう仕事をしたくはなかったと言います。火葬にかかる時間は平均して一時間から三時間まで（オディーのような犬一匹なら一時間、まとめて火葬する場合には三時間かかる）。なかには、ペットが焼却炉に入っているあいだずっとそばで待っている飼い主もいるそうです。この言葉に、罪悪感で胸が痛みました。オディーの旅の最終章を見守るために、ずっとそばに付き添っているべきだった、と。

次に見せてもらったのが〝ミキサー〟と呼ばれる装置です。火葬したあと、骨を粉々に砕いて灰にすることは知っていました。しかし、オディーの骨がミキサーにかけられることを想像すると、少し落ち着かない気分になりました。チャックによると、焼却炉から出てきたとき、骨はどの部分のものか、はっきりと見分けがつくそうです。頭蓋骨も、脚の長い骨と短い骨も。それらを工業用の金属製ミキサーに入れて、粉になるまで砕きます。ちょうど、遺灰が入った袋の口を閉じて、遺骨箱に納めるところを見せてもらいました。遺灰はほとんどが暖炉に残った灰のようにとても細かく、砂利ぐらいの少し大きめのものも混じっています。それらを見れば、かろうじて骨だということがわかるでしょう。わたしはあまり詮索しないでいようと心がけました。

作業台の後ろの壁に沿って、遺骨箱が積み重ねられていました。ちょうど、子供のころにおもちゃの飛行機を作るときに使ったバルサ材のような、とても軽い木で作られています。大きなものや、小さなものもありました。オディーの遺骨箱は中ぐらいの大きさで、ちょうど縦六インチ〔約十五センチメートル〕横四インチ〔約十センチメートル〕のものです。小さなものは猫やダックスフンド用とのこと。大きなものはラブラドル・レトリーバーやセント・バーナードといった体重が七十ポンド〔約三十二キログラム〕以上の犬用です。遺骨箱は個別に火葬されたペットの遺灰用で、混合火葬の遺灰は持ち主が引きとりたがらないため、チャックの土地に撒かれます。「けっしてゴミには出しません」と、チャックはわたしにきっぱりと言いました。農場のまわりの広大な畑か、チャックの奥さんの花壇に撒かれることでしょう。

遺灰はビニール袋に入れられて、結束バンドでしっかりと閉じられるため、遺骨箱の蓋を開けたり、うっかり落としたりしてもこぼれません。それに、遺灰を入れた箱の中には、個々の動物と一緒に焼かれた小さな丸い金属片〔IDタグ〕が入っています。これはどの遺灰がどの動物のものかわからなくなるのを防ぐひとつの方法です。チャックは遺灰と動物がきちんと合っているかを番号とIDタグとファイルを使って、念には念を入れて確認しています。「妻には、事務手続きが多すぎると叱られますが」と、冗談を言っていましたが、絶対にまちがいをしないという自信が感じられました。

次に、冷凍庫を見せてもらいました。火葬するときまで、遺骸を保管しておきます。冷凍庫の中までは見ませんでした。興味はあったものの、見たいとは言いたくなかったのです。チャックが遺骸を敬意を持ってあつかうべきだと思っていることはわかりました。それでも、〝袋に入れている〟〔しかも、ごみ袋の中に〕ことを、チャックはしぶしぶながらも認めました。「必要に迫られて、そうしているだけです。ごみのようにあつかってはいません」。ちなみに、ごみ袋を使うことは、動物のより良いアフターケアを目指している人々がやめてほしいと考えていることのひとつです。クーニーが言っていました。「動物の亡骸はごみのようにあつかわれている。ごみのように見えるから、ごみのように持ち運ぶのでしょう」。黒いごみ袋を使う代わりに、本物の遺体袋を使うべきだと思います。最近ではペット用も簡単に手に入るようですから。

人間の亡骸への態度と、ペットの亡骸への態度を比べたとき、ちがいがあるかどうかをチャックに尋ねました。なぜなら、チャックは日々、両方の状況に置かれた人々と接しているからです。チャックの印象では、人々はペットに心を砕いていて、とても熱心で愛情深い。一方、人間の葬儀場で出会う、驚くほど多くの人々が次のようなことを言うそうです。「休暇から戻るまで、母の遺体を預かってもらえませんか？」。こうは言わないまでも、亡くなった家族に対して、迷惑そうにする人々も多いそうです。すべてを終わりにしたい、さっさと済ませたい、迷惑をかけないでもらいたいと思っているのです。ペットの飼い主はちがいます。きちんとした手順が踏まれているか、ペットが死んだあとでも丁寧にあつかわれているかを心配するでしょう。

このように、多くの人々がペットの亡骸のあつかい方を気にしているけれど、実際に目にしたら、気に入らない場合もあるかもしれません。エリスの話では、なかには悪徳業者がいるからです。たとえば、ある火葬業者は悲しみに暮れる飼い主からペットの犬の亡骸とお金を受けとり、遺灰を返したが、実際はその犬を火葬しないまま、建物の外に腐るまで放置したそうです。クーニーが言っていたのは、獣医は自分のペットには、依頼人のペットと同じようなあつかいを受けさせたくないと思っていること。もしも飼い主がペットの亡骸を残して動物病院を去ったあとや、獣医が家からペットの亡骸を運びだしたあとで、その亡骸がどうなるのかを心配しているのなら、できるだけたくさん質問したほうがいいと言います。亡骸はどうなるのか？　火葬されるのか、ごみ処理場に運ばれるのか、それとも獣医科大学に寄付されるのか？　もしも飼い主が火葬を選んで、お金を支払った場合には、次のようなことを尋ねましょう。どんなふうに処理されるのか？　どんなふうに包まれて、運ばれるのか？　冷却室、それとも冷凍庫に保管されるのか？　遺灰が自分のペットのものだとどうやって確認すればいいのか？　このような話を詳しく知ることは嫌なものですが、とても重要だとわかりました。ただ、オディーが死んでからではなく、死ぬ前にこれらの質問を投げかけられたらよかったのですが。

偲ぶこと

この本を書きはじめたときには、ペットを偲ぶための世界はやたらとかわいくて、虹や足形や感傷的な詩が溢れすぎていると思っていました。ペットのことを思い出させるようなあらゆる種類の雑貨が売られています。ペットの写真がついた大理石の文鎮、ペットの名前と足跡が刻まれた庭の敷石、クリスマス用のレーザー彫刻の飾りなど。〈キャティ・シャック・クリエイション〉という会社では、ペットの毛でハンドバッグを編んでくれるでしょう。それから、ペットの遺灰もダイヤモンドに変えたり、ペンダントの中に入れたりしてもらえます。かつてはこの手のものを感傷的すぎて気持ち悪いと思っていました。けれども、飼い主の悲しみや愛情表現はひとりひとりちがうということを、さまざまなことを見聞きしていくうちに、学びました。粘土でできたオディーの足形を自分の机の上に置くことなど、まったく予想していなかったのに、実際には置いています。しかも、それには小さなハートがいくつか刻まれています。

　ウェブサイト、petloss.com が主催するキャンドル・セレモニーは、ペットを亡くしたことがある人なら世界中の誰でも参加することができ、毎週月曜日の夜にペットを偲んでロウソクに灯をともします。虹の橋《レインボー・ブリッジ》リスト（この章の〝動物の天国〟というタイトルの節で取り上げている）のすべてのペットがこのセレモニーで偲ばれるでしょう。このリストには誰でも自分のペットの名前を書きこめます。リストにざっと目を通す（名前の数は数千にのぼる）と、オデュッセウスという名前の犬を数匹見つけ、オディーという名前の犬も一匹見つけました。わたしはこのリストに感動し、申し込みフォームの小さなスペースにオディーの名前、血統、生年月日、死亡日を書きこみました。それから、〝提出〟をクリックしたのです。

　死別に関する本やウェブサイトでは、ペットとの死別に対処するためと、悲嘆の過程を乗りこえるために偲ぶことを勧めています。友人や家族とお別れ会を開いたり、ペットの遺灰を意味のある場所に撒いたり、スクラッチブックを作ったり、歌や詩を書いたり、メモリアル・キャンドルをともしたりするのです。ほかにも、わたしが良い方法だと思ったのは地元の保護施設や愛護団体に寄付をすることや、毎年花が咲くたびにペットを思い出せるようチューリップや水仙を植えること。ほろりとさせられたのは、エリスから聞いた話で、依頼人のひとりが〝皿洗いをする会〟を開いたというものです。ペットの猫、ビンゴの追悼式の締めくくりに、餌皿を洗ったそうです。

べつの方法としては、死亡記事を出すこと。主要な新聞では有名なペット以外には動物の死亡記事を載せません。けれども、『アニマル・ピープル』誌ではときどき死亡記事を出します。二〇一一年の一、二月号に載っていたのは、三十二歳のハダカデバネズミのオールドマン、カリフォルニア・アシカのナアウ、エドワード・ケネディ上院議員が飼っていたポルトガル・ウォーター・ドッグのスプラッシュ。クーニーが経営する〈ホーム・ツー・ヘヴン〉ではオンラインで死亡記事を載せています。クーニーはウェブページで死亡したペットの名前を載せています。オディーの名前も亡くなってから一週間後に掲載されて、そのまま一週間載っていました。「オディー・マッデン、ロングモント」と。それと同時に、お悔やみ状が送られてきました。定期的に通っていた動物病院と、往診してくれた獣医からも。こうしたちょっとしたやりとりがとても大切に思えます。なぜなら、多くの人々がオディーの旅立ちを残念に思っていることを思い出させてくれるからです。

娘は死んでしまったペットのネズミを埋めて、その上に石を置いて追悼します。亡くなったネズミにどこかしら（色、手触り、雰囲気、形）似ている石を注意深く選んでいたけれど、わたしにはどこが似ているのかよくわかりません。わたしが手伝おうとして石を拾いあげ、「このかわいい灰色のはどう？」と言っても、まず、却下されます。さもあきれたような口ぶりで、「こんなのだめよ、ママ。ゴーゴーにぜんぜん似てないじゃない」。セージはオディーのために、コンピューターで映像を製作しました。オディーの画像が次の画像に少しずつ変わっていくというもの。それと、〈オディーの日記〉で書いたように、長い追悼文を書きました。

オディーを追悼するのにいちばん良い方法はなんだろうと思い巡らしていると、いきなり、はっと気づいたのです。もう二年もオディーの追悼文を書いているではないかと。この本がわたしの弔辞であり、賛辞の言葉であり、赤い犬に寄せる歌《オード》であることに気づきました。そして、知らないうちに、形見の品に囲まれていました。オディーのオートミール色のベッドはまだピアノの下にあるし、餌皿も、捨てる気にはなれなくて、キッチンの棚の上に置いたままです。赤色とオレンジ色と緑色の骨の模様が入った黒い首輪は、わたしのオフィスの照明器具に吊るされ、もうひとつの首輪は裏口の脇の棚にかかっている。遺灰は小さな丸い遺骨箱に入れられて、机の片隅にちょこんと座ってわたしを待っています。机の前の壁には、オディーが死ぬ一時間ほど前に撮った写真が飾られている。オディーの横顔の写真。身体の毛は深紅色で、鼻づらのまわりは落ち着いた白色。どこか遠くをじっと見つめているように見えます。

悲しみ

ペットを失ってショックを受けている人や、悲しみが消えない人のカウンセリングをしている専門家は、大切な人を失くしたときの悲しみとまったく変わらないほど激しくて辛くていつまでもつづく（病気のような）悲しみを、飼い主が経験していることを知っています。人によっては、それ以上の悲しみを味わうかもしれません。動物に興味がない人はこの悲しみにも素っ気なくなりがちです。そういう人は「ただの犬だ」とか、「べつの犬を飼えばいい」と言うかもしれません。しかし、こんなことを言うのは、気持ちが動物に深く動かされないような、何もわかっていない人なのです。

動物の死にかかわることのなかでも、おそらく死別とペット・ロスに対しては最善の注意が払われてきたと言っていいでしょう。すべての人がペット・ロスを理解しているとか、同情しているというわけではないけれど、ペットの死を悲しんでいる人々のための書籍やウェブサイト、専門家による死別のカウンセリングやオンライン・チャットのグループなどが豊富な情報を提供してくれます。

ペットを亡くした飼い主の悲しみの強さに驚かされることがたびたびあります。エリスから聞いた話では、ペットの飼い主は人間よりもペットと死別する悲しみのほうが強い場合が多いそうです。人はときどき、自分の悲しみに順位をつけようとするため、自分の母親や夫が亡くなるときよりもペットが亡くなるときのほうが悲しいとわかったら、罪悪感を抱いてしまうでしょう。しかし、ペットに対する悲しみはもっと単純だとエリスは言います。したがって、ある意味では、人間に対する悲しみよりも、もっと純粋で凝縮されているのです。飼い主はペットに対して感情的なしこりやこだわりを持ちません。なぜなら、飼い主のペットへの愛情は、ペットの飼い主への愛情と同じように無条件だから。ペットを失うと、純粋な悲しみだけが存在するというわけです。これが本当かどうかはわかりません。ペットへの愛情が人間への愛情ほど複雑ではないというのはわかるけれど、自分の経験からすると、それほど単純ではありません。ペットへの愛情が無条件かどうかはわからないし、ペットの飼い主への愛情も無条件かどうかわからないのです。

わたしはオディーを愛していたけれど、オディーはわたしの悩みの種でした。わたしは毎日、苦労が絶えず、いつもオディーに言ったものです。「オディー、あなたがとっても愛嬌がある子でよかったわ、でなきゃいまごろ、大変な目に遭っているはずよ」。したがって、オディーを失ったわたしの悲しみには、ある程度の開放感、安堵感が入り混じっていました。

悲しみには長いサイクルがあり、予期される悲しみから始まり、死の瞬間の深い悲しみを経て、死別のプロセスへと進みます。わたしにとっては、予期される悲しみ――差し迫った喪失感――が飛びぬけて強いものでした。オディーに死期が迫るずっと前から嘆き悲しんでいました。死の瞬間は、刺すような鋭い痛みを感じ、溺れているような感覚の悲しみがありました。

けれども、この悲しみは数時間以上つづきませんでした。いまではほとんど、心の奥底に沈んだままです。何かがきっかけでオディーを思い出すとき、たとえば、机の前の壁にかかっている写真や、ガレージにある古い毛布にくっついたままの赤い毛や、べつのヴィズラを見たときは、あの突き刺すような鋭い悲しみを感じます。しかし、それ以外のときは、穏やかな気持ちで過ごしています。

動物の天国

ガース・スタインの小説『エンゾ――レーサーになりたかった犬とある家族の物語』（山田久美子訳、ヴィレッジ・ブックス）によると、モンゴルでは、犬は山のてっぺんに埋葬されるため、お墓を踏み荒らす者がいないそうです。飼い主は亡くなった飼い犬の耳に自分の願いをささやきます。来世でまた会おう、と。それから、尻尾を切りおとして犬の頭の下に敷きました。これから始まる長い旅を支えるために、ひと切れの肉を口の中に入れます。犬の魂は自由になり、モンゴル高地の砂漠を好きなだけ走りつづけるでしょう。走って、走って、どこまでも走っていく……、これこそが、わたしが思い描く天国にいる犬のイメージです。

『いぬはてんごくで…』では、次のように書かれています。「いぬはてんごくにいくと、はねがいらない。だって、はしることがいちばんすきだってことをかみさまはわかっているから。いぬには、はらっぱをつくってあげた。いくつも、いくつも。はじめててんごくにくると、いぬはとにかくはしりまわる」。走りおえると、犬はかわいがられ、どんなにおりこうか気づかせてくれます。まったくそのとおりだと思います。

ペットの死に関するもっとも有名な言い伝えが〝虹の橋〟です。この散文詩はペット・ロスをあつかっている本やウェブサイトで、驚くほどよくとり上げられています。たいてい、〝作者不詳〟と書かれていて、おそらく、誰が書いたか意見が一致しないからでしょう。それに、あまりにも多くのインターネット・サイトやパンフレットや書籍で使われすぎているからだと思います。一九八〇年から一九九二年のあいだに書かれ、作者はポール・C・ダームか、ウィリアム・N・ブリトンか、ウォレース・サイフではないかと言われているものの、確定はしていません。この散文詩の起源と考えられているのが、北欧神話の〝ビフレスト橋〟です。マーベル・コミック〔アメリカ合衆国の漫画出版社〕から出版されたアメリカン・コミックス『ソー、雷の神』を読んだ人なら、このビフレスト橋がアサ神族の国、アスガルドと地球をつなぐ輝く橋だとわかるでしょう。

この詩によれば、亡くなったペットは虹の橋のたもとに行きます。この橋を渡れば天国に行くことができます。橋のたもとには緑の草原が広がっていて、そこで、ペットは痛みや苦しみから解放されて元気になり、楽しくボールやうさぎを追いかけて遊び、犬は骨を、猫はイヌハッカを好きなだけ食べることができます。ここで走りまわりながら、いつまでも飼い主を待つのです。やがて飼い主の姿が現われたとき、ペットは全力で駆け寄ります。飼い主とペットは再会を喜び合ったあとで橋を渡り、一緒に天国へと入っていくのです。

リサ・ミラーは著書『Heaven（天国）』（未邦訳）のなかで、死後の世界の色あせることのない魅力を語っています。ミラーによると、アメリカ人のほぼ八十パーセントがある種の天国を信じているそうです。それではペットの天国は？　オンラインでもっとも頻繁に投稿されている質問が「ペットは天国に行きますか？」だそうです。さまざまな回答が書かれているというのは当然でしょう。けれども、動物が天国の門をくぐれるのか、それとも、くぐれないのかを人々が熱心に語っているとは驚きです。嬉しいことに、ビリー・グラハム（現代アメリカのもっとも著名なキリスト教福音派の宣教師）がインタビューを受けて、ペットはかならず天国に行くと言っていました。もっとも、飼い主はペット抜きでは心から幸せにはなれないからという理由のようですが。

動物の天国を考えるとき、神学的な難問が頭に浮かびます。もしも、一生のあいだにペットを何匹も飼っていたら、どうなるのだろうか？　たくさんのペットが虹の橋で飼い主に走りよってくるのだろうか？　猫と犬は喧嘩をしないだろうか？　飼い主のすぐ隣を歩くのはどの子だろうか？　古代キリスト教のアウグスティヌスやトマス・アクィナスのような立派な神学者たちは、動物が天国に行けるかどうかを真剣に考えました。動物には魂があるのか、動物は天国、地獄、それともどこか別の場所に行くのか、針の上で動物の天使は踊ることができるのか？（〝誰が知るか、人の子らの霊は上にのぼり、獣の霊は地にくだるかを〟伝道の書、第三章二十一節より）。当然、意見はほとんど一致しませんでした。

虹の橋の話はすてきだと思うものの、わたしにはかなり都合のいい話に聞こえます。ペットは本当に草原で飼い主をただ待っているでしょうか？　自分たちの謎めいた使命にしたがうのではないでしょうか？　きっと、橋のそばでちょっと飼い主と挨拶を交わしたら、耳の後ろをささっと掻いて、どこかへ行ってしまうのではないでしょうか。きっと、どこかに人間が立ち入ることのできない動物だけの天国があるのではないでしょうか。

境界線を越える

ネイチャー・ライターのテッド・ケラソテは著書『マールのドア』のなかで、北極圏の文化を通して犬の歴史に触れています。「はるか昔、地球上に人間と動物が暮らしはじめたころ、人は動物になれたし、動物も人になれた。ときには人間になったり動物になったりしても、何もちがいはなかった」。おそらく、最後の境を渡るときに、人間と動物の境界はふたたびぼやけるのでしょう。

すべてが白か黒かにはっきり分けられるわけではありません。生と死も、動物と人間も。死は現世と来世、肉体と精神、動物と人間の架け橋です。死ぬことによって、どこか野生の地に向かいます。そこでは動物が人間と融合されるため、ちがいを見つけることはできません。境界のない生きものになるのです。「すべての眼で生きものたちは開かれた世界を見ている」と、リルケは第八の悲歌に書きました。きっと、この境界のない空間こそが開かれた世界であり、動物はその先を見つめ、人間だけが恐れと臆病のせいで目をそらしてしまうのでしょう。

何か人間が知らないことを動物は知っているのでしょうか？　人間は動物を単純だと決めつけているけれど、むしろ、本当は動物には計り知れない知恵が詰まっているのではないでしょうか？　詩人のダグラス・ゲーチュはオクラホマの動物保護施設にいる犬たち（まもなく命の火が消されてしまう犬たち）について詩を書いています。

犬たちが風のにおいを嗅ぎながら、
あなたと同じ方向を見つめているとき、
未来を知っているのかもしれない。

開かれた世界へ

アスペン川はリリー・マウンテンとエステス・コーンのあいだの谷間を曲がりくねって流れています。わたしたちのバンガローを出発してアスペン川沿いの古道を登り、ウィグワム草原と呼ばれている野原を十分ほど軽く散歩すれば、リリー湖にたどり着きます。わたしが子供のころは、黒いペンキでふぞろいに〝ウィグワム〟と書かれた古い木の標識が、草原の東側に立っていた背の高いポンデローサマツに釘付けされていました。その後、このマツの木は枯れてしまい、標識もなくなり、残ったのは朽ちた切り株だけです。それでも、この切り株がしゃがれた低い声で静かに声をかけてくれる気がします。「やっとここに来てくれたんだね」。

ここは小さな草原で、おそらく端から端まで百歩ぐらいしかありません。でこぼことわだちのある道に面し、アーチのように覆いかぶさったポンデローサマツ、アオトウヒ、ダグラスモミにまわりを囲まれています。苔（くすんだ緑色のキクバゴケ、鮭のようなオレンジ色のナナバケチャシブゴケ）がまだらに生えた大きな岩があり、その岩のてっぺんがこの草原のいちばん高い地点になります。草原にはじゅうたんを敷きつめたように、キニキニックやあらゆる種類の山草がびっしりと生え、太陽が移動するのに合わせて色合いが変わり、風が吹けばヒューという小さな音が聴こえてくるでしょう。春にはオキナグサが道沿いに消え残った雪の隙間から一気に花を咲かせ、もっと高いところでは、クレイトーニアが小さな花をのぞかせます。夏には、かわいらしい白いハコベ、薄紫色のアスターなどがところどころに咲き、どこからかサルビアのにおいがほのかに香ってきます。道の向こうの斜面を少し下ったところには小川が流れていて、せせらぎが子守歌のようにここまで聴こえてきます。

わたしは子供のころ、弟とこの草原でキャンプをしました。魔法瓶に入れて持参したホットココアを飲みながら、夜の空を見上げて、消えかけた残り火のような流れ星を眺めました。大人になると、数えきれないほど何度もここまでオディーと足を運んだものです。そして、オディーがものすごい勢いで、シマリスのにおいを追いかけて走りまわるのを眺めたものです。最近ではちょっとした斜面でも、後ろ足を引きずりながら必死で登らなければならなかったけれど、鼻先を高く上げて、大好きな草原のどんなにおいも逃すまいと注意深くしていたオディーの姿を鮮明に覚えています。

この草原に、オディーの遺灰を撒くつもりです。サルビアやキニキニックの生えているあたりに。いまはまだ、淡黄色のリボンをかけた遺骨箱に入れられたまま、わたしの机の上で辛抱強く待っています。でも、別れを告げる勇気が出たら、わたしはオディーとこの草原まで最後の旅に出るでしょう。たぶん、もうすぐだと思います。地面にはまだ霜が張り、寒さで森が静まりかえっているので、春の息吹が感じられ、オキナグサが花を咲かせるころになるかもしれません。

わたしが考える犬の天国はこんな感じです。わたしがウィグワム草原にいて、角笛を吹くと、つややかな赤毛のオディーが走ってきて、わたしの腕に飛びこんできます。そして一緒に、開かれた世界へと足を踏みいれます。

オディーの日記

二〇二一年十一月二十九日　オディーの死から一年後

詩人、ロビンソン・ジェファーズの『The House-Dog's Grave（飼い犬の墓）』（未邦訳）という詩の最初の一節で、幽霊になった犬が飼い主に次のように言った。

ぼくはちょっと変わってしまった。いまはもう
一緒に夜の海岸を走ることはできない。
だけど、夢の中やきみの頭の中でなら、走れる。
ほんの一瞬夢を見れば
きみはぼくに会えるんだ。

オディーもちょっと変わってしまった。けれども、まだここにいるし、永遠にわたしの人生の一部でありつづける。オディーは自分がいた証しをこの家に焼きつけている。ソファーにはオディーがやぶったところを繕ったあとがいくつもあるし、オディーが脱走しないように建てたやたらと高いフェンスがあるし、ドアの枠には引っかいたあとがあるし、家中のすべての毛布と

ベッドカバーにはオディーが不安から逃げだそうとして開けた穴がある。それに、いままで飼ったどのペットにも負けないくらい、むしろ辛くなるほど、オディーはわたしの心に刻みこまれている。もうわたしの一部になっている。

いまでも、真夜中に幽霊の吠え声で目が覚める。オディーを外に連れていかなければと心配したり、外にいるから中に入れてあげなければと思ったり、家のどこか片隅で動けなくなっているんじゃないだろうか、後ろ足を広げたまま、自分ではどうしようもなくなっているんじゃないかと不安になったりする。アドレナリンが湧きでるのを感じながら、横たわったまま、暗闇で浅い息をして、次に聞こえるはずのしわがれた、「アゥー」という声を待つ。けれども、静けさは破られない。

昼間には、オフィスのドアの向こうから、オディーがわたしを見ている気がする。オディーの視線を感じると、身についた習慣からいつものスキンシップをしようと振り向いてしまう。夢の中にいるように、椅子を後ろに引いて、戸口へと歩きだす。そこにはオディーが待っている。わたしはその柔らかい赤い頭を両手で抱きしめる。

謝辞

わたしに多くの時間と専門的知識を与えてくれた皆様に感謝の意を表したいと思います。とくに、マーク・ビーコフ、ゲイル・ビショップ、キャシー・クーニー、ロビン・ダウニング、エリック・グリーン、レスリー・アービン、バーニー・ローリン、アリス・ビラロボス、そして〈ペニーレイン〉の人々に。

また、シカゴ大学出版局の皆様にも心から感謝します。とくに、すばらしい編集者であるクリスティー・ヘンリー、原稿整理編集者であり愛犬家仲間のイヴォンヌ・ジプター、レヴィ・スタールとマーケティング・チームに。

さまざまな方法で支えてくれた家族や友人にも心から感謝します。夫のクリスはつねに頼りになり、いつも信じる道を進むよう励ましてくれました。娘のセージはわたしに勇気を持てと言ってくれました。両親のロジャーとアレクサンドラはわたしのペットの話をすべて聞いてくれて、わたしの情熱を育んでくれました。弟のベンジャミンはお互いがどこにいても、変わらぬ存在でいてくれました。

マヤにも感謝します。郵便が届くと知らせてくれるし、優しさというものを教えてくれました。トパーズはいつも机の下でわたしの足を温めつづけてくれるし、いつもわたしを守ってくれます。

そして何よりも、オディーに感謝します。オディーのすべてに対して。わたしに考える主題を与えてくれたこと、動物が人間と同じくらい、すばらしくて神秘的なものとしてこの世界に生きていることを思い出させてくれたこと、いつもわたしの欠点を見のがしてくれたこと、わたしに老いることと美しく旅立つことを教えてくれたこと、そして、もちろん、何を考えているかわからなかったことに心から感謝します。

p.386 人間の歴史を通してさまざまな動物が丁寧に埋葬されてきました。R. J. Losey et al. "Canids as Persons: Early Neolithic Dog and Wolf Burials, Cis-Baikal, Siberia," Journal of Anthropological Archaeology 30, no. 2 (2011), 174-89.

p.386 その地域の人間の墓には、〝犬の骨から作られた装飾品や装身具〟が一緒に埋葬されていたからです。Losey et al., "Canids as Persons," 174.

p.405 ミラーによると、アメリカ人のほぼ八十パーセントがある種の天国を信じているそうです。Lisa Miller, "We Believe in Heaven, but What Is It?" Washington Post, June 7, 2007: http://newsweek.washingtonpost.com/onfaith/guestvoices/2007/06/we_believe_in_heaven_but_what.html.

p.406 ネイチャー・ライターのテッド・ケラソテは著書『マールのドア』のなかで。Ted Kerasote, Merle's Door: Lessons from a Freethinking Dog (New York: Harcourt, 2007), 213. He is quoting Marion Schwartz, A History of Dogs in the Early Americas (New Haven, CT: Yale University Press, 1997), vi.

p.407 詩人のダグラス・ゲーチュはオクラホマの動物保護施設にいる犬たち(まもなく命の火が消されてしまう犬たち)について詩を書いています。Douglas Goetsch, "Different Dogs," New Yorker, January 17, 2011, 60-61.

p.410 詩人、ロビンソン・ジェファーズの『The House-Dog's Grave(飼い犬の墓)』(未邦訳)という詩の最初の一節で。Robinson Jeffers, "The House-Dog's Grave," in The Selected Poetry of Robinson Jeffers, ed. Tim Hunt (Stanford, CA: Stanford University Press, 2002), 559.

chology 35 (2005): 119-43.

p.350 薬物の過剰摂取がいちばん多く。Tom Watkins, "Paper Delves into British Veterinarians' High Suicide Risk," CNN World. May 26, 2010, http://current.com/http://www.cnn.com/2010/WORLD/europe/03/26/england.veterinarians.suicide/index.html?hpt=T2.

p.350 安楽死の人的代償について、クリスタ・シュルツが獣医のニュース雑誌に次のように書いています。Krista Schultz, "An Emerging Occupational Threat? Study Seeks Reasons for High Suicide Rate among Veterinarians," DVM Newsmagazine, May 1, 2008: http://veterinarynews.dvm360.com/dvm/Veterinary+business/An-emerging-occupational-threat/ArticleStandard/Article/detail/514794.

p.351 トム・ワトキンズがCNNのニュース番組で、獣医の自殺に関するイギリスの調査を伝えています。Watkins, "Paper Delves." 根拠となった調査報告書は D. J. Bartram and D. S. Baldwin, "Veterinary Surgeons and Suicide: Influences, Opportunities, and Research Directions," Veterinary Record 162 (2008): 36-40.

p.352 最近のアメリカ合衆国における医師の調査では。Farr A. Curlin et al., "To Die, to Sleep: US Physicians' Religious and Other Objections to physician-Assisted Suicide, Terminal Sedation, and Withdrawal of Life Support," American Journal of Hospice and Palliative Care 25 (2008): 112-20.

p.353 「関心がまったくないことに驚かされる」。Tannenbaum, Veterinary Ethics, 355.

p.353 タンネンバウムが見た動物の安楽死は。Tannenbaum, Veterinary Ethics, 355-56.

第七章

p.374 たとえば、『獣医倫理入門』のなかで紹介されているジェロルド・タンネンバウムの学生に対する教えのように単純なものかもしれません。Tannenbaum, Veterinary Ethics, 344.

p.378 コロラド州立大学の公開講座で教えているように。Mark Cronquist, "Livestock Mortality Management," Small Acreage Series, Colorado State University Cooperative Extension, 2007, http://www.ext.colostate.edu/sam/livestock-mortality.pdf.

p.380 このサービスを提供している会社〈パーペテュアル・ペット(永遠のペット)〉のウェブサイトでは。Perpetual Pet, "Pet Preservation through Freeze Dry Technology," http://www.perpetualpet.net/.

p.382 人体冷凍保存研究所の説明は次のようになります。Cryonics Institute, "Cryonics: A Basic Introduction," 2010, http://www.cryonics.org/prod.html.

26, 2009: http://www.usatoday.com/news/nation/2009-05-26-euthanasia-side_N.htm.

p.339 最近のデータによれば、アメリカの保護施設で毎年安楽死させられる犬は約百五十万匹。"2011 Shelter Data Update," Animal People Magazine, July-August 2011, 14: https://acrobat.com/SignIn.html?d=3HWraRZtdaBBjWKSsSU1ha.

p.340 ファキーマが言うには、注射による安楽死でも。Doug Fakkema, 二〇一一年八月十八日の電話インタビューより。

p.341 この言い訳を受けて、ファキーマはノースカロライナ州の複数の保護施設に対して、安楽死にかかる費用を詳しく分析しました。Doug Fakkema, "EBI Cost Analysis Matrix 2009," and "Carbon Monoxide Cost Analysis Matrix 2009," http://www.americanhumane.org/assets/pdfs/animals/adv-co-ebi-cost-analysis09.pdf.

p.343 ウェブサイトでは、次のように紹介しています。「スターンバーグの全国的に有名な気質テストを保護施設で使えば。"Assess-a-Pet," 2006, http://www.suesternberg.com/03programs/03assessapet.html.

p.344 多くの保護施設がこの方法を信頼しているけれど。Amanda C. Jones and Samuel D. Gosling, "Temperament and Personality in Dogs (Canis familiaris): A Review and Evaluation of Past Research," Applied Animal Behavior Science 95 (2005): 1-53.

p.346 ちょうどその日に、職員がほかの犬とまちがえて安楽死させてしまったようです。Marc Lacey, "Afghan Hero Dog Is Euthanized by Mistake in U.S.," New York Times, November 18, 2010: http://www.nytimes.com/2010/11/19/us/19dog.html.

p.346 〈動物の倫理的あつかいを求める人々の会〉も安楽死に賛成の立場です。People for the Ethical Treatment of Animals, "Euthanasia: The Compassionate Option," http://www.peta.org/issues/Companion-Animals/euthanasia-the-compassionate-option.aspx.

p.347 ウィノグラッドによれば、保護施設にいるすべての動物の九十パーセントが。Nathan J. Winograd, Redemption: The Myth of Pet Overpopulation and the No Kill Revolution in America (Santa Clara, CA: Almaden Press, 2009), x-xi.

p.348 「人々は何が起きているか知るべきだし」。Miami-Dade Doggy Death Row Grows Overcrowded," 2010, http://cbs4.com/pets/Miami.Dade.Pet.2.1767060.html; 現在、このリンクは無効になっている。

p.349 米国獣医師会の『安楽死に関するガイドライン』でも、注意を促しています。American Veterinary Medical Association, AVMA Guidelines on Euthanasia (2007), 4, http://www.avma.org/issues/animal_welfare/euthanasia.pdf.

p.350 ノースカロライナ州の調査では。Charlie L. Reeve et al., "The Caring-Killing Paradox: Euthanasia-Related Strain among Animal-Shelter Workers," Journal of Applied Social Psy-

nomics, "How the Average U.S. Consumer Spends Their Paycheck," 2009, http://www.visualeconomics.com/how-the-average-us-consumer-spends-their-paycheck.

第六章

p.308 カリフォルニア大学デイビス校の獣医倫理学教授、ジェロルド・タンネンバウムは。Jerrold Tannenbaum, Veterinary Ethics: Animal Welfare, Client Relations, Competition and Collegiality, 2d ed. (St. Louis: Mosby, 1995), 342.

p.318 安楽死を引き起こす薬剤の基本的なメカニズムは、次の三つになります。American Veterinary Medical Association, AVMA Guidelines on Euthanasia (2007), 5, http://www.avma.org/issues/animal_welfare/euthanasia.pdf.

p.321 フェイタル・プラスの明細書。Drug Information Online, "Fatal-Plus Solution," http://www.drugs.com/vet/fatal-plus-solution.html.

p.325 この問題にぴったりの例として、十歳のロットワイラー犬のミアの話を考えてみましょう。Patty Khuly, "Sometimes They Come Back: A Not-So-Euthanized Dog's Tale Goes Viral, October 14, 2010, http://www.petmd.com/blogs/fullyvetted/2010/oct/dead-dog-walking.

p.327 クーニーは注意をうながしています。Kathleen Cooney. In-Home Pet Euthanasia Techniques (Loveland, CO: Home to Heaven, 2011), 93.

p.327 安楽死した二十八分後まで、心臓の電気的活動がつづく可能性があるとのこと。Cooney, In-Home Pet Euthanasia, 94.

p.328 もっともよく見られる死の副作用について、クーニーが大まかにまとめています。Cooney, In-Home Pet Euthanasia, 95.

p.329 バーナード・ローリンが便宜的な安楽死のいくつかの例を著書『獣医倫理入門』(白揚社)で紹介しています。Bernard Rollin, Introduction to Veterinary Medical Ethics (Hoboken, NJ: Wiley-Blackwell, 2006), 115, 127, 135.

p.331 クーニーは次のように書いています。「在宅安楽死のサービスをある程度長くおこなっていれば。Cooney, In-Home Pet Euthanasia, 7.

p.333 行動の問題はペットの犬が保護施設に預けられてしまう主な原因であり。Stephen R. Lindsay, Handbook of Applied Dog Behavior, vol. 1, Adaptation and Learning (Ames: Iowa State University Press, 2000), 370.

p.335 自宅で安楽死させている件数がどれくらいあるかは証明できないけれど。Sharon L. Peters, "Do-It-Yourself Animal Euthanasia Is NOT Recommended," USA Today, March

p.242　獣医学者で〈ペットのためのニッキ・ホスピス財団〉の創立者、キャスリン・マロッキーノ。Kathryn Marrochino, "In the Shadow of a Rainbow: The History of Animal Hospice," in Palliative Medicine, ed. Shearer, 492.

p.248　協会はホスピスに熱心に取り組み。American Association of Human-Animal Bond Veterinarians, "End of Life Hospice Care," 2010, http://aahabv.org/index.php?option=com_content&view=article&id=71&Itemid=93.

p.249　わたしがインタビューした獣医の話では。Kathy Cooney, personal communication, September 2, 2011.

p.249　べつの獣医によると。Amir Shanan より、二〇一一年九月二十六日にEメールをもらった。

p.252　〈エンジェルズ・ゲート〉の安楽死の割合は非常に低く。Marocchino, "In the Shadow of a Rainbow," 483.

p.259　「動物が進行性の不治の病気の場合には」。Johnny Hoskins, Geriatrics and Gerontology of the Dog and Cat (Philadelphia: W. B. Saunders, 2003), 10.

p.263　マクミランの指摘によると、人間の医療現場における代理の人の評価は。Franklin D. McMillan, "The Concept of Quality of Life in Animals," in Mental Health, ed. McMillan, 193.

p.273　コロラド州立大学アーガス研究所が運営するホスピスの小冊子。Leah Berrett, Carol Borchert, and Laurel Lagoni, What Now? Support for You and Your Companion Animal, 2d ed. (Fort Collins: Argus Institute, College of Veterinary Medicine and Biomedical Sciences, Colorado State University, 2009), 5.

p.276　アメリカ動物病院協会がおこなった調査では。Canadian Veterinary Medical Assosiation, "Pet Owners Let Love Rule." Canadian Veterinary Journal 43 (2002): 344: http://www.ncbi.nlm.nih.gov/pmc/articles/PMC339263/.

p.280　米国動物愛護協会によれば。Humane Society of the United States, "U.S. Pet Ownership Statistics," August 12, 2011, http://www.humanesociety.org/issues/pet_overpopulation/facts/pet_ownership_statistics.html.

p.280　人間の医療費と比べてみると、カイザー家族財団の調べでは。Kaiser Family Foundation, "Health Care Spending in the United States and Selected OECD Countries," April 28, 2011, http://www.kff.org/insurance/snapshot/chcmo103070th.cfm.

p.280　参考までに、平均的なアメリカの消費者がアルコール飲料に使う金額は。Visual Eco-

Veterinary Palliative Care and Hospice Patients," in Palliative Medicine and Hospice Care, ed. Tami Shearer, Veterinary Clinics of North America: Small Animal Practice, vol. 41, no. 3 (Philadelphia: W. B. Saunders, 2011), 533.

p.201 国際獣医学疼痛管理協会は、ペットに見られる痛みの兆候として、次のようなリストを作成しました。International Veterinary Academy of Pain Management, "Treating Pain in Companion Animals," 2, http://www.carolstreamah.com/ce/ivapm_petownerinfsheet112005.pdf

p.201 概況報告書『ペットの痛みに気づく方法』。National Academy of Sciences, "How to Recognize Pain in Your Dog," 2010. http://dels.nas.edu/resources/static-assets/materials-based-on-reports/special-products/dog_factsheet_final. pdf.

p.206 ロビン・ダウニングはペイン・マネジメントのピラミッド型を使います。Downing, "Pain Management," 536ff.

p.208 動物がまちがいなく喜びを経験しているということを。Jonathan Balcombe, The Exultant Ark: A pictorial Tour of Animal Pleasure (Berkeley: University of California Press, 2011), and Pleasurable Kingdom: Animals and the Nature of Feeling Good (New York: Palgrave McMillan, 2007).

p.209 獣医師のフランク・マクミランによると。Franklin D. McMillan, "Do Animals Experience True Happiness?" in Mental Health, ed. McMillan, 223.

p.213 研究者は言っています。「たとえば、ある動物がたびたび命を脅かすような出来事に遭遇する環境にいたら。Michael Mendl, Oliver H. P. Burman, and Elizabeth S. Paul, "An Integrative and Functional Framework for the Study of Animal Emotion and Mood," Proceedings of the Royal Society B 277 (2010): 2899.

p.215 たとえば、イギリスのニューカッスルの研究チームは。"Can You Ask a Pig If His Glass Is Full?" Science Daily, July 7, 2010: http://www.sciencedaily.com/releases/2010/07/100727201515.t.

p.215 先のエッセイの著者、マイケル・メンドルが犬の楽観主義と悲観主義について研究したところ。Michael Mendl et al., "Dogs Showing Separation-Related Behavior Exhibit a 'Pessimistic' Cognitive Bias," Current Biology 20 (2010): R839-R840.

p.216 メンドル、バーマン、ポールが指摘しているように。Mendl, Burman, and Paul, "Integrative and Functional Framework," 2895.

p.221 過去十年間で、動物のパーソナリティ研究の分野は大いに発展しました。Sam Gosling's Animal Personality Lab website, "Animal Personality," 二〇一一年十月十八日に修正されたものを参照。http://homepage.psy.utexas.edu/homepage/faculty/gosling/animal_personality.

in Metal Health and Well-Being, ed. McMillan, 48.

p.182 動物の感情の生理学的な根源を研究している神経生物学者のヤーク・パンクセップ。Jaak Panksepp, "Affective-Social Neuroscience Approaches to Understanding Core Emotional Feelings in Animals," in Metal Health and Well-Being, ed. McMillan, 61.

p.186 科学者によると、ストレスに対する副腎の反応は。Jonathan Balcombe, Second Nature: The Inner Lives of Animals (New York: Palgrave Macmillan, 2010), 17.

p.186 獣医によれば、動物は人間よりも痛みに苦しむようです。Bernard E. Rollin, Science and Ethics (New York: Cambridge University Press, 2006), 236. Referring to Kitchell and Guinan (1989).

p.187 哲学者が指摘しているのは、「もしも動物が本当に」。Rollin, Science and Ethics, 238.

p.190 ローリン博士は獣医大学の当時の学部長の言葉を引用しました。「麻酔剤や鎮痛剤を使うのは」。Bernard E. Rolling, The Unheeded Cry: Animal Consciousness, Animal Pain, and Science, expanded ed. (Ames: Iowa State University Press, 1989), 117.

p.192 二〇〇一年に開催された米国獣医師会の動物福祉フォーラムで。R. Scott, Nolen, "Silent Suffering: AVMA Animal Welfare Forum address pain management in animals," American Veterinary Medical Association News, December 15, 2001: http://www.avma.org/onlnews/javma/deco1/s121501c.asp.

p.194 二〇〇九年、人権擁護団体の〈ヒューマン・ライツ・ウォッチ〉は。Human Rights Watch, "Please, Do Not Make Us Suffer Any More: Access to Pain Treatment as a Human Right," 2009. http://www.painandhealth.org/sft241/hrw_please_do_not_make_us_suffer_any_more.doc1.pdf.

p.196 手術中の痛みの評価にしたがって鎮痛剤が使用されており。Kevin Stafford, The Welfare of Dogs (Dordrecht: Springer, 2006), 124.

p.197 行動に基づいた複合的評価尺度《スケール》による痛みの評価。Marijke E. Peeters and Jolle Kirpensteijn, "Comparison of Surgical Variables and Short-Term Postoperative Complications in Healthy Dogs Undergoing Ovariohysterectomy or Ovariectomy," Journal of the American Veterinary Medical Association 238 (2011): 189-94.

p.199 しかも、治療を受けている場合でも、その多くが効果のない治療を受けており。Stafford, Welfare of Dogs, 126.

p.200 米国学術研究会議では、「動物が経験する痛みの度合いを評価する、一般に認められた客観的な基準はない」。National Research Council, Recognition and Alleviation, 33.

p.200 獣医師が直面しているもっとも重要な問題は。Robin Downing, "Pain Management for

p.132 最近の調査では、回答者の八十一パーセントが。Stanley Coren, "Do We Treat Dogs the Same Way as Children in Our Modern Families?" Canine Corner: The Human-Animal Bond (blog), Psychology Today, May 2, 2011: http://www.psychologytoday.com/blog/canine-corner/201105/do-we-treat-dogs-the-same-way-children-in-our-modern-families.

p.144 高齢の動物を専門に診ている獣医のフレッド・メツガーによると。Grey Muzzle Organization, "Old Dogs and Animal Shelters," http://www.greymuzzle.org/PDF/OldDogsandAnimalShelters.aspx.

p.145 老いたペットを飼うことが飼い主にとって幸せかどうか。永澤美保、太田光明共著『イヌとの共生における有益性の個人差に関する研究』Animal Science Journal 81 (2010): 377-83. を参照。

p.146 最近では、『ニューヨーク・タイムズ』が。Joe Drape, "Ex-Racehorses Starve as Charity Fails in Mission to Care for Them," New York Times, March 17, 2011: http://www.nytimes.com/2011/03/18/sports/18horses.html.

第四章

p.170 「動物に適切でじゅうぶんな麻酔薬、鎮痛剤、鎮静剤を使っても、軽減できないような苦痛やストレスを与える処置」。Cornell University Institutional Animal Care and Use Committee, "Guidelines for Assigning Animals into USDA Pain and Distress Categories," December 2009, http://www.iacuc.cornell.edu/documents/IACUC009.01.pdf.

p.172 米国学術研究会議。National Research Council, Committee on Pain and Distress in Laboratory Animals, Recognition and Alleviation of Pain and Distress in Laboratory Animals (Washington, DC: National Academy Press, 1992), 5 (http://www.ncbi.nlm.nih.gov/books/NBK32656/).

p.173 国際疼痛学会によると。International Association for the Study of Pain, "IASP Taxanomy," last updated July 14, 2011, http://www.iasp-pain.org/AM/Template.cfm?Section=Pain_Defi...isplay.cfm&ContentID=1728.

p.173 米国学術研究会議の見解は。National Research Council, Recognition and Alleviation, 5.

p.180 動物の苦しみは外科的処置の痛みにとどまらないということを政府が認めている。National Research Council, Recognition and Alleviation, 85.

p.181 動物行動学者のマリアン・スタンプ・ドーキンズは苦悩を。Marian Stamp Dawkins, "The Scientific Basis for Assessing Suffering in Animals," in In Defense of Animals, ed. Peter Singer (New York: Basil Blackwell, 1985), 49.

p.181 「そのギャップを埋めるためには」。Marian Stamp Dawkins, "The Science of Suffering,"

p.068 ぼくらはミスター・ボーの鼻づらや足やすばらしい一生を褒めたたえながら、話しかけた。Doty, Dog Years, 147.

p.070 ジョージ・ミラーなどの心理学者は。Donald R, Griffin, The Question of Animal Awareness (New York: Rockefeller University Press, 1981), 104-5.

p.072 ステアハウスの老人病専門医、デイヴィッド・ドーサ博士がオスカーの話をニューイングランド・ジャーナル・オブ・メディシンで発表すると。David M. Dosa, "A Day in the Life of Oscar the Cat," New England Journal of Medicine 357, no. 4 (2007): 328-29.

p.074 ボビーのウェブサイトが開設され。http://www.greyfriarsbobby.co.uk/.

p.075 獣医のクラウス・ミュラーが言うには。www.thefreelibrary.com/The+bull+in+mourning%3B+Farmer's+'pet'+holds+a+two-day+vigil+atthis...-ao114754353. 現在、このリンクは無効になっている。

第三章

p.110 「老化のせいで死ぬわけではない」。Andre Klarsfeld and Federic Revah, The Biology of Death: Origins of Mortality, trans. Lydia Brady (Ithaca, NY: Cornell University Press, 2004), 36.

p.112 「最近まで、野生動物は長生きをしないものであり」。Anne Innis Dagg, The Social Behavior of Older Animals (Baltimore: Johns Hopkins University Press, 2009), 1-2.

p.114 たとえば、動物学者のカレン・マコームと同僚たちによる最近の研究では。Karen McComb et al, "Leadership in elephants: the adaptive value of age," Proceedings of the Royal Society B 278 (2011): 3270-76.

p.115 その増加率はほかのどの世代よりも高い。Chris C. Pinney, The Complete Home Veterinary Guide, 3d ed. (New York: McGraw-Hill, 2004), 641.

p.115 およそ七千八百万匹の犬。American Pet Products Manufacturers' Association, "Pet Industry Statistics and Trends."

p.118 認知症の犬の脳。David Taylor, Old Dog, New Tricks: Understanding and Retraining Older and Rescued Dogs (Buffalo, NY: Firefly Books, 2006), 76.

p.119 「老犬は経験豊かで自分のやり方にこだわる一方」。Taylor, Old Dog, New Tricks, 76.

p.132 『ニューヨーク・タイムズ』紙では、敏捷性を競う犬たちの関節置き換え手術を取りあげた記事。Vincent M. Mallozzi, "Joint Replacements Keep Dogs in the Competition," New York Times, January 17, 2010, D1.

p.060　ドイツのミュンスター動物園で暮らす十一歳のゴリラのガーナ。Marcus Dunk, "A Mother's Grief: Heartbroken Gorilla Cradles Her Dead Baby," Daily Mail, August 19, 2008: http://www.dailymail.co.uk/sciencetech/article-1046549/A-mothers-grief-Heartbroken-gorilla-cradles-dead-baby.html.

p.061　グドールは言っています。「けっして忘れられない出来事がある」。Jane Goodall, Through a Window: My Thirty Years with the Chimpanzees of Gombe（Boston: Houghton Mifflin, 1990）, 196-97.

p.061　「ハイイロガンがつがいの相手を亡くしたときには」。Konrad Lorenz, Here Am I－Where Are You? The Behavior of the Greylag Goose（New York: Harcourt）, 251.

p.061　動物学者のイアン・ダグラス＝ハミルトンによると、ゾウは死を理解する。Ian Douglas-Hamilton, "Behavioural Reactions of Elephants towards a Dying and Deceased Matriarch," Applied Animal Behaviour Science 100（2006）: 87-102.

p.062　「たとえそれが白骨であっても、ゾウの群れは立ち止まる」。Cynthia Moss, Elephant Memories（Chicago: University of Chicago Press, 2000）, 270-71.

p.062　道具を使うアフリカゾウの研究。Suzanne Chevalier-Skolnikoff and Jo Liska, "Tool Use by Wild and Captive Elephants," Animal Behaviour 46, no. 2（1993）: 209-19.

p.062　生物学者のジョイス・プールは次のように書いています。Joyce Poole, Elephants（Stillwater, MN: Voyageur Press, 1997）, 12.

p.062　コーネル大学鳥類研究所の報告によれば。Janis L. Dickinson and Miyoko Chu. "Animal Funerals," BirdScope 21, no. 1（2007）: http://www.birds.cornell.edu/Publications/Birdscope/Winter2007/animal_funerals.html.

p.063　動物行動学者のマーク・ベコフはアメリカカササギが群れのなかでとる行動を観察しています。"Magpies 'Feel Grief and Hold Funerals,'" Daily Telegraph, October 21, 2009: http://www.telegraph.co.uk/earth/wildlife/6392594/Magpies-feel-grief-and-hold-funerals.hhtm.

p.063　獣医のマイケル・フォックスは次のように主張しました。「まちがいなく、動物は多かれ少なかれ、死を理解しているのです」。Michael W. Fox, Dog Body, Dog Mind: Exploring Canine consciousness and Total Well-Being（Guilford, CT: Lyons Press, 2007）, 86.

p.064　「動物が悲しんだり、愛した人を恋しがったりする姿を見れば」。Fox, Dog Body, Dog Mind, 81.

p.064　〈ペットの悲しみを考える研究プロジェクト〉International Association for Animal Hospice and Palliative Care, "Canine Grief: 'Do Dogs Mourn?'" http://iaahpc.org/index.php/for-pet-parents/helpful-articles/item/8-canine-grief-%E2%80%93-do-dogs-mourn.

第一章

p.018　マーク・ドティが著書『Dog Years（犬の年）』（未邦訳）で語っています。「言葉を話す犬はいない」。Mark Doty, Dog Years: A Memoir (New York: Harper Collins, 2007), 1.

p.018　ドティの言葉にはつづきがあります。「言葉を持たない生き物をひとたび愛してしまうと、魔法にかかったようになる」。Doty, Dog years, 3.

p.020　一年間で、アメリカ人が買ったり譲り受けたりしたペット。American Pet Products Manufacturers' Association, "Pet Industry Statistics and Trends," http://www.americanpetproducts.org/press_industrytrends.asp.

p.020　アメリカ動物愛護協会が見積もったところ。Humane Society of the United States, "Common Question about Animal Shelters," October 26, 2009, http://www.humanesociety.org/animal_community/resources/qa/common_questions_on_shelters.html#How_many_animals_enter_animal_shelters_e.

p.022　殺すことは、人間が動物とかかわるときに、ごく普通におこなわれています。Animal Studies Group, Killing Animals (Champaign: University of Illinois Press, 2006). この書からの引用文はイリノイ州立大学出版局のウェブサイトに掲載されている。http://www.press.uillinois.edu/books/catalog/56xce4yy9780252030505.html.

p.022　たとえば、小説家のジョナサン・サフラン・フォアは。Jonathan Safran Foer, Eating Animals (New York: Little, Brown, 2009), 73.

p.029　家畜が小屋やおりの中でぐるぐる回ることができるというだけでは。農用動物福祉委員会の「五つの自由」は二〇〇九年四月十六日に更新されている。http://www.fawc.org.uk/freedoms.htm.

第二章

p.059　『ニューヨーク・タイムズ』紙では、動物が死を理解しているかを問う記事のなかで。Natalie Angier, "About Death, Just Like Us or Pretty Much Unaware?" New York Times, September 1, 2008: http://www.nytimes.com/2008/09/02/science/02angi.html.

p.059　二〇〇九年に発行された『デイリー・メール』紙には、「チンパンジーは本当に悲しんでいるのか？」という見出しの記事が載りました。Michael Hanlon, "Is This Haunting Picture Proof That Chimps Really DO Grieve?" Daily Mail, October 27, 2009: http://www.dailymail.co.uk/sciencetech/article-12223227/Is-haunting-picture-proof-chimps-really-DO-grieve.html.

www.veterinarypracticenews.com/vet-practice-news-columns/bond-beyond/pawspice.aspx.
——. "Quality of Life Scale." Veterinary Practice News. 2006. http://www.veterinarypracticenews.com/vet-practice-news-columns/bond-beyond/quality-of-life-scale.aspx.

Von Uexkull, Jacob. "A Stroll through the Worlds of Animals and Men." In instinctive Behaviour: The Development of a Modern Concept, edited by C. H. Schiller, 5–80. 1934. Reprint, New York: International Universities Press, 1957.

Wall, Patrick. Pain: the Science of Suffering. New York: Columbia University Press, 2000.

Watkins, Tom. "Paper Delves into British Veterinarians' High Suicide Risk." CNN World. 2010. http://current.com/http://www.cnn.com/2010/WORLD/Europe/03/26/england.veterinarians.suicide/index.html?hpt=T2.

Watts, Heather E., and Kay E. Holekamp. "Ecological Determinants of Survival and Reproduction in the Spotted Hyena." Journal of Mammology 90 (2009): 461–71.

Weiner, Jonathan. Long for This World: The Strange Science of Immortality. New York: Ecco/HarperCollins, 2010.

Weingarten, Gene, and Michael S. Williamson. Old Dogs Are the Best Dogs. New York: Simon & Schuster, 2008.

Whitehead Hal. Sperm Whales: Social Evolution in the Ocean. Chicago: University of Chicago Press, 2003.

Williams, J. M., E. V. Lonsdorf, M. L. Wilson, J. Schumacher-Stankey, J. Goodall, and A. E. Pusey. "Causes of Death in the Kasekela Chimpanzees of Gombe National Park, Tanzania." American Journal of Primatology 70 (2008): 766–77

Winograd, Nathan J. Redemption: The Myth of Pet Overpopulation and the No Kill Revolution in America. Santa Clara, CA: Almaden Press, 2009.

Wolfelt, Alan D. When Your Pet Dies: A Guide to Mourning, Remembering, and Healing. Fort Collins, CO: Companion Press, 2004.

Woolf, Virginia. Flush. New York: Harcourt Brace Jovanovich, 1933.（『フラッシュ ── 或る伝記』出渕敬子訳、みすず書房）。

Yao, M., J. Rosenfeld, S. Attridge, S. Sidhu, V. Aksenov, and C. D. Rollo. "The Ancient Chemistry of Avoiding Risks of Predation and Disease." Evolutionary Biology 36 (2009): 267–81.

Yeats, William Butler. "Death." In The Collected Poems of W. B. Yeats. Edited by Richard Finneran, 234. 2d rev. ed., New York: Scribner, 1996.（『イエーツ詩集』加島祥造訳、思潮社）。

Zhou, Wenyi, and Jonathan D. Crystal. "Evidence for Remembering When Events Occurred in a Rodent Model of Episodic Memory." Proceedings of the National Academy of Sciences of the United States of America 106 (2009): 9525–29.

and J. Haviland, 637–53. New York: Guilford Press, 1993.
Rylant, Cynthia. Dog Heaven. New York: Blue Sky Press, 1995.（『いぬはてんごくで…』中村妙子訳、偕成社）。
Sakson, Sharon. Paws and Effect: The Healing Power of Dogs. New York: Spiegel & Grau, 2009.
Sanders, Clinton R. "Killing with Kindness: Veterinary Euthanasia and the Social Construction of Personhood." Sociological Forum 10 (1995): 195–214.
San Francisco Society for the Prevention of Cruelty to Animals. Fospice Program Manual. 2011. http://www.sfspca.org/sites/default/files/Fospice_Manual.pdf.
Schaffer, Michael. One Nation under Dog. New York: Henry Holt, 2009.
Schoen, Allen M. Kindred Spirits: How the Remarkable Bond between Humans and Animals Can Change the Way We Live. New York: Broadway Books, 2001.
Schoen, Allen M., and Pam Proctor. Love, Miracles, and Animal Healing. New York: Simon & Schuster, 1995.
Schultz, Krista. "An Emerging Occupational Threat? Study Seeks Reasons for High Suicide Rate among Veterinarians" DVM Newsmagazine. 2008. http://veterinarynews.dvm360.com/dvm/Veterinary+business/An-emerging-occupational-threat/ArticleStandard/Article/detail/514794.
Schwartz, Marion. A History of Dogs in the Early Americas. New Haven, CT: Yale University Press, 1997.
Seeger, Ruth Crawford. Animal Folk Songs for Children. Garden City, NY: Doubleday, 1950.
Serpell, James, ed. The Domestic Dog: Its Evolution, Behaviour and Interactions with People. New York: Cambridge University Press, 1995.
——. In the Company of Animals: A Study of Human-Animal Relationships. New York: Basil Blackwell, 1986.
Shearer, Tami, ed. Palliative Medicine and Hospice Care. Vol. 41, no. 3 of Veterinary Clinics of North America: Small Animal Practice. Philadelphia: W. B. Saunders, 2011.
Shriver, Adam. "Knocking out Pain in Livestock: Can Technology Succeed Where Morality Has Stalled?" Neuroethics 2, no. 3 (2009): 115–24. doi: 10.1007/s12152-009-9048-6.
Siebert, Charles. "New Tricks." New York Times Magazine, April 8, 2007. http://www.nytimes.com/2007/04/08/magazine/o8animal.t.htm.?_r=1.
Sife, Wallace. The Loss of a Pet. 3d ed. Hoboken, NJ: Wiley, 2005.
Stafford, Kevin. The Welfare of Dogs. Dordrecht: Springer, 2006.
Stein, Garth. The Art of Racing in the Rain: A Novel. New York: Harper, 2009.（『エンゾ——レーサーになりたかった犬とある家族の物語』山田久美子訳、ヴィレッジブックス）。
Steward, Kelly. Gorillas: Natural History and Conservation. Stillwater, MN: Voyageur Press, 2003.
Stoddard, Sandol. The Hospice Movement: A Better Way of Caring for the Dying. New York: Vintage, 1992.
Tannenbaum, Jerrold. Veterinary Ethics: Animal Welfare, Client Relations, Competition and Collegiality. 2d ed. St. Louis, MO: Mosby, 1995.
Task Force on Palliative Care. Last Acts: Precepts of Palliative Care. 1997. http://www.aacn.org/WD/Palliative/Docs/2001Precep.pdf.
Taylor, David. Old Dog, New Tricks: Understanding and Retraining Older and Rescued Dogs. Buffalo, NY: Firefly Books, 2006.
Villalobos, Alice. "Bringing Pawspice to Your Practice." Veterinary Practice News. 2009. http://

Dynamics." Anthrozoos 8, no. 4 (1995): 199-205.

Patterson, Charles. The Eternal Treblinka: Our Treatment fo Animals and the Holocaust. New York: Lantern Books, 2002.

Peeters, Marijke E., and Jolle Kirpensteijn. "Comparison of Surgical Variables and Short-Term Postoperative Complications in Healthy Dogs Undergoing Ovariohysterectomy or Ovariectomy." Journal of the American Veterinary Medical Association 238 (2011): 189-94.

Pinney, Chris C. The Complete Home Veterinary Guide. 3d ed. New York: McGraw-Hill, 2003.

——. Vizslas: A Complete Pet Owner's Manual. Hauppauge, NY: Barron's Educational Series, 1998.

Pomerance, Diane. Animal Elders: Caring about Our Aging Animal Companions. Flower Mound, TX: Polaire Publications, 2005.

Poole, Joyce. Coming of Age with Elephants. New York: Hyperion Books. 1996.

——. Elephants. Stillwater, MN: Voyageur Press, 1997.

Raby, C. R., D. M. Alexis, A. Dickinson, and N. S. Clayton. "Planning for the Future by Western Scrub-Jays (Aphelocoma Californica): Implications for Social Cognition." Animal Behaviour 70 (2007): 1251-63.

Ramsden, Edmund and Duncan Wilson. "The Nature of Suicide: Science and the Self-Destructive Animal." Endeavour 34 (2010): 21-24. Doi: 10.1016/j.endeavour.2010.01.005.

Randour, Mary Lou. Animal Grace: Entering a Spiritual Relationship with Our Fellow Creatures. Novato, CA: New World Library, 2000.

Rawls, Wilson. Where the Red Fern Grows. New York: Yearling, 1996.

Reck, Julie. Facing Farewell: A Guide for Making End of Life Decisions for Your Pet. N. p.: Lulu, 2010.

Reeve, Charlie L., Steven G. Rogelberg, Christiane Spitzmuller, Natalie DiGiacomo, et al. "The Caring-Killing Paradox: Euthanasia-Related Strain among Animal-Shelter Workers." Journal of Applied Social Psychology 35 (2005): 119-43.

Reitman, Judith. "From the Leash to the Laboratory." Atlantic Monthly 286, no. 1 2000): 17-21. http://www.theatlantic.com/past/docs/issues/2000/07/reitman.htm.

Rilke, Rainer Maria. Duino Elegies. Translated by Dora Van Franken and Roger Nicholson Pierce. Longmont, CO: Center of Balance Press, 2011.（『ドゥイノの悲歌』手塚富雄訳、岩波文庫）。

Rivera, Michelle. Hospice Hounds: Animals and Healing at the Borders of Death. New York: Lantern Books, 2001.

——. On Dogs and Dying: Inspirational Stories of Hospice Hounds. West Lafayette, IN: Purdue University Press, 2010.

Roberts, William A., Miranda C. Feeney, Krista MacPherson, Mark Petter, Neil McMillan, and Evanya Musolina. "Episodic-Like Memory in Rats; Is It Based on When or How Long Ago?" Science 320 (2008): 113-15. doi: 10.1126/science.1152709.

Rollin, Bernard E. An Introduction to Veterinary Medical Ethics: Theory and Cases. 2d ed. Oxford: Blackwell, 2006.（『獣医倫理入門』竹内和世訳、白揚社）。

——. Science and Ethics. New York: Cambridge University Press, 2006.

——. The Unheeded Cry: Animal Consciousness, Animal Pain, and Science. Expanded ed. Ames: Iowa State University Press, 1989.

Rozin, P., J. Haidt, and C. McCauley. "Disgust." In Handbook of Emotions, edited by M. Lewis

University of Chicago Press, 2003.
Mehta, Pranjal H., and Samuel D. Gosling. "Bridging Human and Animal Research: A Comparative Approach to Studies of Personality and Health." Brain, Behavior, and Immunity 22 (2008): 651-61.
Mendl, Michael, Julie Brooks, Christine Basse, Oliver Burman, Elizabeth Paul, Emily Blackwell, and Rachel Casey. "Dogs Showing Separation-Related Behavior Exhibit a 'Pessimistic' Cognitive Bias." Current Biology 20 (2010): R839-R840.
Mendl, Michael, Oliver H. P. Burman, and Elizabeth S. Paul. "An Integrative and Functional Framework for the Study of Animal Emotion and Mood." Proceedings of the Royal Society B 277 (2010): 2895-2904.
Miller, Lisa. Heaven: Our Enduring Fascination with the Afterlife. New York: Harper, 2010.
Miller, Sara Swan. Three Stories You Can Read to Your Dog. New York: Scholastic, 1995. (『ワンちゃんにきかせたい３つのはなし』遠野太郎訳、評論社)。
Morris, Desmond. Dog Watching. New York: Three Rivers Press, 1986. (『ドッグ・ウォッチング』竹内和世訳、平凡社)。
Moss, Cynthia. Elephant Memories. Chicago: University of Chicago Press, 2000.
Nagasawa, Miho, and Mitsuaki Ohta. "The Influence of Dog ownership in Childhood on the Sociality of Elderly Japanese Men." Animal Science Journal 81 (2010): 377-83.
Nakaya, Shannon Fujimoto. Kindred Spirit, Kindred Care. Novato, CA: New World Library, 2005.
National Academy of Sciences. "Recognizing Pain in Animals — Dogs." 2010. http://dels-old.nas.edu/animal_pain/dogs.shtml.
National Centre for the Replacement, Refinement, and Reduction of Animals in Research. "Euthanasia." 2011. http://www.nc3rs.org.uk/category.asp?catID=15
National Research Council, Committee on Pain and Distress in Laboratory Animals. Recognition and Alleviation of Pain and Distress in Laboratory Animals. Washington, DC: National Academy Press, 1992.
New, John C., Jr., William J. Kelch, Jennifer M. Hutchison, Mo D. Salman, Mike King, Janet M. Scarlett, and Phillip H. Kass. "Birth and Death Rate Estimates of Cats and Dogs in U.S. Households and Related Factors." Journal of Applied Animal Welfare Science 7 (2004): 229-41.
Odendaal, J. S., and R. A. Meintjes. "Neurophysiological Correlates of Affiliative Behavior between Humans and Dogs." Veterinary Journal 165 (2003): 296-301.
Osvath, Mathias. "Spontaneous Planning for Future Stone Throwing by Male Chimpanzee." Current Biology 19 (2009): R190-R191.
Pacelle, Wayne. The Bond: Our Kinship with Animals, Our Call to Defend Them. New York: HarperCollins, 2011.
Packard, Jane M. "Wolf Behavior: Reproductive, Social, and Intelligent." In Wolves: Behavior, Ecology, and Conservation, edited by David L. Mech and Luigi Boitani, 35-65. Chicago: University of Chicago Press, 2003.
Panksepp, Jaak. "Affective-Social Neuroscience Approaches to Understanding Core Emotional Feelings in Animals." In Mental Health and Well-Being in Animals, edited by Franklin D. McMillan, 57-75. Oxford: Blackwell, 2005.
Patronek, Gary J., and Andrew N. Rowan. "Determining Dog and Cat Numbers and Population

Koktavy, Doug. The Legacy of Beezer and Boomer: Lessons of Living and Dying from My Canine Brothers. Denver: BBrothers Press, 2010.

Kreeger, Terry. "The Internal Wolf; Physiology, Pathology, and Pharmacology." In Wolves: Behavior, Ecology, and Conservation. Edited by David L. Mech and Luigi Boitani, 192-217. Chicago: University of Chicago Press, 2003.

Kübler-Ross, Elizabeth. On Death and Dying. New York: Scribner, 1997.

Kuzniar, Alice A. Melancholia's Dog. Chicago: University of Chicago Press, 2006.

Leigh, Diane, and Marilee Geyer. One at a Time: A Week in an American Animal Shelter. Santa Cruz, CA: No Voice Unheard, 2003.

Levine, Stephen. A Year to Live. New York: Three Rivers Press, 1997.

Lindsay, Stephen R. Handbook of Applied Dog Behavior. Vol. 1, Adaptation and Learning. Ames: Iowa State University Press, 2000.

Lindsey, Jennifer, and Jane Goodall. Jane Goodall: 40 Years at Gombe. New York: Stewart, Tabori & Chang, 1999.

Lorenz, Konrad. Man Meets Dog. New York: Penguin Books, 1954.

Losey, Robert J., Vladimir I. Bazaliiskii, Sandra Garvie-Lok, Mietje Germonpre, Jennifer A. Leonard, Andrew L. Allen, M. Anne Katzenberg, and Mikhail V. Sablin. "Canids as Persons: Early Neolithic Dog and Wolf Burials, Cis-Baikal, Siberia." Journal of Anthropological Archaeology 30, no. 2 (2011): 174-89.

MacNulty, Daniel R., Douglas W. Smith, John A. Vucetich, L. David Mech, Daniel R. Stahler, and Craig Packer. "Predatory Senescence in Ageing Wolves." Ecology Letters 12 (2009): 1347-56.

Mahoney, James. Saving Molly: A Research Veterinarian's Choices. Chapel Hill, NC: Algonquin Books, 1998.

Mann, Thomas. Bashan and I. 1923. Reprint, Philadelphia: Pine Street Books, 2003.

Marino, Susan. Getting Lucky. New York: Stewart, Tabori & Chang, 2005.

McComb, Karen, Lucy Baker, and Cynthia Moss. "African Elephants Show High Levels of Interest in the Skulls and Ivory of Their Own Species." Biology Letters 2, no. (2006): 26-28.

McComb, Karen, Graeme Shannon, Sarah M. Durant, Katito Sayialel, Rob Slotow, Joyce Poole, and Cynthia Moss. "Leadership in Elephants: The Adaptive Value of Age." Proceedings of the Royal Society B 278 (2011): 3270-76.

McCullough, Susan. Senior Dogs for Dummies. Hoboken, NJ: Wiley, 2004.

McFarland, David, ed. The Oxford Companion to Animal Behavior. New York: Oxford University Press, 1982.

McFarlane, Rodger, and Philip Bashe. The Complete Bedside Companion: No-Nonsense Advice on Caring for the Seriously Ill. New York: Simon & Schuster, 1998.

McMillan, Franklin D. "The Concept of Quality of Life in Animals." In Mental Health and Well-Being in Animals, edited by Franklin D. McMillan, 191-200. Oxford: Blackwell, 2005.

——. "Do Animals Experience True Happiness?" In Mental Health and Well-Bing in Animals, edited by Franklin D. McMillan, 221-33. Oxford: Blackwell, 2005.

——. ed. Mental Health and Well-Being in Animals. Oxford: Blackwell, 2005.

McMillan, Franklin D., with Kathryn Lance. Unlocking the Animal Mind. Emmaus, PA: Rodale, 2004.

Mech, L. David, and Luigi Boitani, eds. Wolves: Behavior, Ecology, and Conservation. Chicago:

Ilardo, Joseph A. As Parents Age: A Psychological and Practical Guide. Acton, MA: VanderWyk & Burnham, 1995.

Institute for Laboratory Animal Research. Recognition and Alleviation of Pain and Distress in Laboratory Animals. Washington, DC: National Academies Press, 1992.

International Association for Animal Hospice and Palliative Care. "Canine Grief: 'Do Dogs Mourn?'" 2010, http://iaahpc.org/index.php/for-pet-parents/helpful-Articles/item/8-canine-grief-%E2%80%93-do-dogs-mourn.

International association for Hospice and Palliative Care. The IAHPC Manual of Palliative Care. 2d ed. 2008. http://www.hospicecare.com/manual/toc-main.html.

International Association for the Study of Pain. "Do Animal Models Tell Us about Human Pain?" Pain Clinical Updates 18, no. 5 (2010): 1-5.

——. "IASP Taxonomy." 2011. http://www.iasp-pain.org/AM/Template.cfm?Section=Pain_Defi...isplay.cfm&ContentID=1728.

International Institute for Animal Law. "Humane Euthanasia of Animals." 2010. http://www.animallaw.com/Humaneeuthanasia.htm.

Jeffers, Robinson. "The House-Dog's Grave." In The Selected Poetry of Robinson Jeffers. Edited by Tim Hunt. Stanford, CA; Stanford University Press, 2002. (『ロビンソン・ジェファーズ詩集』三浦徳弘訳、国文社)。

Jennings, Bruce, True Ryndes, Carol D' Onofrio, and Mary Ann Baily. "Access to Hospice Care: Expanding Boundaries, Overcoming Barriers." Supplement to Hastings Center Report, vol. 33, no. 2 (March-April 2003).

Johns, Bud, ed. Old Dogs Remembered. San Francisco: Synergistic Press, 1993.

Jones, Amanda C., and Samuel D. Gosling. "Temperament and Personality in Dogs (Canis familiaris): A Review and Evaluation of Past Research." Applied Animal Behavior Science 95 (2005): 1-53.

Kass, PH., John C. New Jr., Jennifer M. Scarlett, and M. D. Salman. "Understanding Animal Companion Surplus in the United States: Relinquishment of Nonadoptables to Animal Shelters for Euthanasia." Journal of Applied Animal Welfare Science4, no. 4 (2001): 237-48.

Katz, Jon. Going Home: Finding Peace When Pets Die. New York: Random House, 2011.

Kaufman, Sharon R. And a Time to Die: How American Hospitals Shape the End of Life. Chicago: University of Chicago Press, 2005.

Kay, Nancy. Speaking for Spot: Be the Advocate Your Dog Needs to Live a Happy, Healthy, Longer Life. North Pomfret, VT: Trafalgar Square Books, 2008.

Kerasote, Ted. Merle's Door: Lessons from a Freethinking Dog. New York: Harcourt, 2007. (『マールのドア』古草秀子訳、河出書房新社)。

Kiernan, Stephen P. Last Rights: Rescuing the End of Life from the Medical System, New York: St. Martin's Press, 2006.

Kitchell, Ralph, and Michael Guinan. "The Nature of Pain in Animals." In The Experimental Animal in Biomedical Research. Edited by Bernard E. Rollin and M. Lynne Kesel, 1: 185-205. Boca Raton, FL: CRC Press, 1990.

Klarsfeld, Andre, and Frederic Revah. The Biology of Death; Origins of Mortality. Translated by Lydia Brady. Ithaca, NY: Cornell University Press, 2004. (『死と老化の生物学』藤野邦夫訳、新思索社)。

Kluger, Jeffrey. "Inside the Minds of Animals." Time Magazine, August 16, 2010, 36-43.

161-91. Chicago: University of Chicago Press, 2003.

Gawande, Atul. "Letting Go: What Should Medicine Do When It Can't Save Your Life?" New Yorker, August 2, 2010. http://www.newyorker.com/reporting/2010/08/02100802fa_fact_gawande.

Gilbert, Sandra M. Death's Door: Modern Dying and the Ways We Grieve. New York: W. W. Norton, 2006.

Goetsch, Douglas. "Different Dogs." New Yorker, January 17, 2011,60.

Goldenberg, Jamie L., Tom Pyszczynski, Jeff Greenberg, Sheldon Solomon, Benjamin Kluck, and Robin Cornwell. "I Am Not an Animal: Mortality Salience, Disgust, and the Denial of Human Creatureliness." Journal of Experimental Psychology 130（2001）: 427-35.

Goodall, Jane. Through a Window: My Thirty Years with the Chimpanzees of Gombe. Boston: Houghton Mifflin, 1990.（『心の窓　チンパンジーとの三十年』高崎和美訳、どうぶつ社）。

Gopnik, Adam. "Dog Story: How Did the Dog Become Our Master?" New Yorker, August 8, 2011.
http://www.newyorker.com/reporting/2011/08/08/110808fa_fact_gopnik.

Greenberg, J., S. Solomon, and T. Pyszcznski. "Terror Management Theory of Self-Esteem and Cultural Worldviews: Empirical Assessments and Conceptual Refinements." Advances in Experimental Social Psychology 29（1997）: 61-142.

Grenier, Roger. The Difficulty of Being a Dog. Translated by Alice Kaplan. Chicago: University of Chicago Press, 2000.

Grey Muzzle Organization. "Old Dogs and Animal Shelters." 2008. http://www.greymuzzle.org/PDF/OldDogsandAnimalShelters.aspx

Griffin, Donald R. The Question of Animal Awareness. New York: Rockefeller University Press, 1981.（『動物に心があるか——心的体験の進化的連続性』（桑原万寿太郎訳、岩波書店）。

Gustafsson, Lars. "Elegy for a Dead Labrador" and "The Dog." In The Stillness Of the World before Bach. Edited by Christopher Middleton. Translated by Robin Fulton, Phillip Martin, Yvonne L. Sandstroem, Harriett Watts, and Christopher Middleton. New York: New Directions Books, 1988.

Hains, Bryan C. Pain. New York: Infobase, 2007.

Harris, Julia. Pet Loss: A Spiritual Guide. New York: Lantern Books, 2002.

Hatkoff, Amy. The Inner World of Farm Animals. New York: Steward, Tabori & Chang, 2009.

Hearne, Vicki. Animal Happiness. A Moving Exploration of Animals and Their Emotions. New York: Skyhorse, 2007.

Herzog, Hal. Some We Love, Some We Hate, Some We Eat: Why It's So Hard to Think Straight about Animals. New York: Harper, 2010.

Holekamp, Kay E., and Laura Smale. "Behavioral Development in the Spotted Hyena." BioScience 48（1998）: 997-1005.

Horowitz, Alexandra. Inside of a Dog. New York: Scribner, 2009.

Hoskins, Johnny. Geriatrics and Gerontology of the Dog and Cat. Philadelphia: Saunders, 2003.

Howell, Phillip. "A Place for the Animal Dead: Pets, Pet Cemeteries and Animal Ethics in Late Victorian Britain." Ethics, Place and Environment 5（2002）: 5-22.

Human Rights Watch. "Please, Do Not Make Us Suffer Any More......": Access to Pain Treatment as a Human Right." 2009. http://www.hrw.org/en/reports/2009/03/02/Please-do-not-make-us-suffer-any-more.

Dickey, James. “The Heaven of Animals.” In The Whole Motion: Collected Poems, 1945-1992. Middletown, CT: Wesleyan University Press, 1992.
Dickinson, Janis L., and Miyoko Chu. “Animal Funerals: Do Magpies Express Grief?” BirdScope, vol. 21, no. 1 (2007). http://www.birds.cornell.edu/Publications/Birdscope/Winter2007/animal_funerals.ht-ml.
Didion, Joan. The Year of Magical Thinking. New York: Random House, 2005.
Dodman, Nicholas. Good Old Dog. New York: Houghton Mifflin Harcourt, 2010.
Dosa, David M. “A Day in the Life of Oscar the Cat.” New England Journal of Medicine 357 (2007): 328-29.
——. Making Rounds with Oscar. New York: Hyperion, 2010.
Doty, Mark. Dog Years: A Memoir. New York: Harper Collins, 2007.
Douglas-Hamilton, Iain, Shivani Bhalla, George Wittemyer, and Fritz Vollrath. “Behavioural Reactions of Elephants towards a Dying and Deceased Matriarch.” Applied Animal Behaviour Science 100 (2006): 87-102.
Downing, Robin. “Pain Management for Veterinary Palliative Care and Hospice Patients.” In Palliative Medicine and Hospice Care, edited by Tami Shearer, 531-50. Veterinary Clinics of North America: Small Animal Practice, vol. 41, no. 3. Philadelphia: W. B. Saunders Company, 2011.
Dussel, Veronica, Steven Joffe, Joanne M. Hilden, Jan Watterson-Schaeffer, Jane C. Weeks, and Joanne Wolfe. “Considerations about Hastening Death among Parents of Children Who Die of Cancer.” Archives of Pediatrics and Adolescent medicine 164 (2010): 231-37.
Dye, Dan, and Mark Beckloff. Amazing Gracie. New York: Workman, 2003.(『奇跡のいぬ――グレーシーが教えてくれた幸せ』上野圭一訳、講談社)。
Eberle, Scott. The Final Crossing: Learning to Die in Order to Live. Big Pine, CA: lost Borders Press, 2006.
Ellis, Coleen. Pet Parents: A Journey through Unconditional Love and Grief. Bloomington, IN: IUniverse, 2011.
Engh, Anne L, Jacinta C. Beehner, Thore J. Bergman, Patricia L. Whitten, Rebekah R. Hoffmeier, Robert M. Seyfarth, and Dorothy L. Cheney. “Behavioral and Hormonal Responses to Predation in Female Chacma Baboons.” Proceedings of the Royal Society B 273 (2006): 707-12. http://rspb.royalsocietypublishing.org/content/273/1587/707.full.pdf+html.
Fish, Richard E., Marilyn J. Brown, Peggy J. Danneman, and Alicia Z. Karas. Anesthesia and Analgesia in Laboratory Animals. 2d ed. Amsterdam: EL-sevier, 2008.
Flannery, Tim. “Getting to Know Them.” New York Review of Books, April 29, 2011, 12-16.
Foer, Jonathan Safran. Eating Animals. New York: Little, Brown, 2009.
Fogle, Bruce. The Dog's Mind: Understanding Your Dog's Behaviour. Hoboken, NJ: Wiley, 1990.
Fox, Michael W. Dog Body, Dog Mind: Exploring Canine Consciousness and Total Well-Being. Guilford, CT: Lyons Press, 2007.(『幸せな犬の育て方――あなたの犬が本当に求めているもの』(北垣憲仁訳、白揚社)。
Franklin, Jon. The Wolf in the Parlor. New York: St. Martin's Griffin, 2009.
Fudge, Erica. Pets. Durham, UK: Acumen, 2008.
Fuller, Todd K., L. David Mech, and Jean Fitts Cochrane. “Wolf Population Dynamics.” In Wolves: Behavior, Ecology, and Conservation, edited by David L. Mech and Luigi Boitani,

Review, 1.
Byock, Ira. Dying Well: Peace and Possibilities at the End of Life, New York: Riverhead Trade, 1998.
——. "Rediscovering Community at the Core of the Human Condition and Social Covenant." In "Access to Hospice Care: Expanding Boundaries, Overcoming Barriers." Supplement to Hastings Center Report 33, no. 2 (March-April 2003): 40-44.
Calarco, Matthew, "Thinking through Animals: Reflections on the Ethical and Political Stakes of the Question of the Animal in Derrida." Oxford Literary Review 29 (2007): 1-16. doi 10.3366/E0305149807000053.
——. Zoographies: The Question of the Animal from Heidegger to Derrida. New York: Columbia University Press, 2008.
Carbone, Larry. What Animals What: Expertise and Advocacy in Laboratory Animal Welfare Policy. New York: Oxford University Press, 2004.
Carter, Zoe Fitzgerald. Imperfect Endings: A Daughter's Tale of Life and Death. New York: Simon & Schuster, 2010.
Chevalier-Skolnikoff, Suzanne, and Jo Liska. "Tool Use by Wild and Captive Elephants." Animal Behaviour 46 (1993): 209-19.
Coetzee, J. M. Disgrace. New York: Viking, 1999.
——. The Lives of Animals. Princeton, NJ: Princeton University Press, 2001.
Cooney, Kathleen. In-Home Pet Euthanasia Techniques. Loveland, CO: Home to Heaven, 2011. E-book.
Cooper, Gwen. Homer's Odyssey. New York: Delacorte Press, 2009.（『幸せは見えないけれど盲目の猫ホーマーに教わった恋と人生』高里ひろ訳、早川書房）。
Cronquist, Mark. "Livestock Mortality Management." Small Acreage Series, Colorado State University Cooperative Extension" 2007.
Cryonics Institute. "Cryonics: A Basic Introduction." 2010. http//www.cryonics.org/prod.html.
Curlin, Farr A., Chinyere Nwodim, Jennifer L. Vance, Marshall H. Chin, and John D. Lantos. "To Die, to Sleep: US Physicians'Religious and Other Objections to Physician-Assisted Suicide, Terminal Sedation, and Withdrawal of Life Support," American Journal of Hospice and Palliative Care 25 (2008): 112-20.
Dagg, Anne Innis. The Social Behavior of Older Animals. Baltimore: Johns Hopkins University Press, 2009.
Dawkins, Marian Stamp. "The Science of Suffering." In Mental Health and Well-Being in Animals, edited by Franklin D. McMillan, 47-56. Oxford: Blackwell, 2005.
——. "The Scientific Basis for Assessing Suffering in Animals." In In Defense of Animals, edited by Peter Singer, 27-40. New York: Basil Blackwell, 1985.
DeLennart, Eleonara. Dogs Don't Cry Tears. New York: Big Apple Vision Books, 2005.
Derrida, Jacques. The Animal That Therefore I am. Translated by David Wills. New York: Fordham University Press, 2008.
——. Aporias. Translated by Thomas Dutoit. Stanford, CA: Stanford University Press, 1993.
DeStefano, Stephen. Coyote at the Kitchen Door: Living with Wildlife in Suburbia. Cambridge, MA: Harvard University Press, 2010.
De Waal, Frans, and Frans Lanting. Bonobo: The Forgotten Ape. Berkeley: University of California Press, 1997.

2007.
——. Second Nature: The Inner Lives of Animals. New York: Palgrave Macmillan, 2010.
Bartram, D. J., and D. S. Baldwin. “Veterinary Surgeons and Suicide: Influences, Opportunities, and Research Directions.” Veterinary Record 162 (2008): 36–40.
Bataille, Georges. “Animality.” In Animal Philosophy, by Peter Atterton and Matthew Calarco, 33–36. New York: Continuum, 2004.
Bates, George. “Humane Issues Surrounding Decapitation Reconsidered.” Journal of the American Veterinary Association 237, no. 9 (2010): 1024–26.
Beatson, Ruth M., and Michael J. Halloran. “Humans Rule! The Effects of Creatureliness Reminders, Mortality Salience and Self-Esteem on Attitudes toward Animals.” British Journal of Social Psychology 46 (2007): 619–32.
Becker, Ernst. The Denial of Death. 1973. Reprint, New York: Free Press, 1997.
——. Escape from Evil. 1975. Reprint, New York: Free Press, 1985.
Becker, Geoffrey S. “Animal Rendering: Economics and Policy.” Congressional Research Service Report for Congress. March 17, 2004. http://www.nationalaglawcenter.org/assers/crs/RS21771.pdf.
Becker, Marty. The Healing Power of Pets. New York: Hyperion, 2002.
Behan, Kevin. Your Dog Is Your Mirror: The Emotional Capacity of Our Dogs and Ourselves. Novato, CA: New World Library, 2011.
Bekoff, Marc. The Emotional Lives of Animals. Novato, CA: New World Library, 2007.
Bekoff, Marc, and Jessica Pierce. Wild Justice: The Moral Lives of Animals. Chicago: University of Chicago Press, 2009.
Berger, Peter L. The Sacred Canopy. New York: Doubleday, 1967.
Berrett, Leah, Carol Borchert, and Laurel Lagoni. What Now? Support for You and Your Companion Animal, 2d ed. Fort Collins, CO: Argus Institute, College of Veterinary Medicine and Biomedical Sciences, Colorado State University, 2009.
Bilger, Burkhard. “The Last Meow.” New Yorker, September 8, 2003.
Biro, Dora, Tatyana Humle, Kathelijne Koops, Claudia Sousa, Misato Hayashi, and Tetsuro Matsuzawa. “Chimpanzee Mothers at Bossou, Guinea, Carry the Mummified Remains of Their Dead Infants.” Current Biology 20, no. 8 (2010): R351–R352.
Bonanno, George A. The Other Side of Sadness. New York: Basic Books, 2009.
Boone, J, Allen. Kinship with All Life. New York: Harper & Row, 1954.
Bradshaw, John. Dog Sense: How the New Science of Dog Behavior Can Make You a Better Friend to Your Pet. New York: Basic Books, 2011.
Braithwaite, Victoria. Do Fish Feel Pain? New York: Oxford University Press, 2010.（『魚は痛みを感じるか』高橋洋訳、紀伊國屋書店）。
Brechbuhl, Julien, Magali Klaey, and Marie-Christine Broillet. “Grueneberg Ganglion Cells Mediate Alarm Pheromone Detection in Mice.” Science 321 (2008): 1092–95.
Brown, Arthur. “Grief in the Chimpanzee.” American Naturalist 13 (1879): 173–75.
Brown, Guy. The Living End: The Future of Death, Aging and Immortality. New York: Macmillan, 2008.
Buchanan, Brett. Onto-Ethologies: The Animal Environments of Uexkull, Heidegger, Merleau-Ponty, and Deleuze. Albany, New York: SUNY Press, 2008.
Burns, John F. “The Vagabond Cat That Came to Stay.” New York Times, July 25, 2010. Week in

Agamben, Giorgio. The Open: Man and Animal. Translated by Kevin Attell. Stanford, CA: Stanford University Press, 2004.

Allen, Colin. "Animal Pain." Noûs 38, no. 4 (2004): 617–43.

Allen, Colin, Perry N. Fuchs, Adam Shriver, and Hilary D. Wilson. "Deciphering Animal Pain." In Pain: New Essays on Its Nature and the Methodology of Its Study, edited by Murat Aydede, 351–66. Cambridge, MA: MIT Press, 2006.

Alper, Ty. "Anesthetizing the Public Conscience: Lethal Injection and Animal Euthanasia." Fordham Urban Law Journal, Vol. 35 (May 2008). http://www.law.berkeley.edu/clinics/dpclinic/LethalInjection/LI/documents/articles/journal/alper.pdf.

American Association of Feline Practitioners. "Veterinary Hospice Care for Cats." 2010. http://www.catvets.com/uploads/PDF/2010VeterinaryHospiceCareforCats.pdf.

American Association of Human-Animal Bond Veterinarians. "End of Life Hospice Care." 2010. http://aahabv.org/index.php?option=com_content&view=article&id=71&Itemid=93.

American Humane Association. "Animal Shelter Euthanasia." 2010. http://www.americanhumane.org/about-us/newsroom/fact-sheets/animal-shelter-euthanasia.html.

American Veterinary Medical Association. AVMA Guidelines on Euthanasia. 2007. http://www.avma.org/issues/animal_welfare/euthanasia.pdf.

——. "Contradictions Characterize Pain Management In Companion Animals." Journal of the American Veterinary Medical Association, December 15, 2001. http://www.avma.org/onlnews/javma/deco1/s121501g.asp.

——. Guidelines for Veterinary Hospice Care. 2011. http://www.avma.org/issues/policy/hospice_care.asp.

——. "Principles of Veterinary Medical Ethics of the AVMA." 2008. http://www.avma.org/issues/policy/ethics.asp.

——. "Silent Suffering: AVMA Animal Welfare Forum Addresses Pain Management in Animals," Journal of the American Veterinary Medical Association, December 15, 2001. http://www.avma.org/onlnews/javma/deco1/s121501c.asp.

——. "Veterinarian's Oath." 2010. http://www.avma.org/about_avma/whoweare/oath.asp.

Anderson, Allen, and Linda Anderson. Saying Goodbye to Your Angel Animals. Novato, CA: New World Library, 2005.

Anderson, James R, Alasdair Gillies, and Louise C. Lock. "Pan thanatology." Current Biology 20, no. 8 (2010): R349–R351.

Angier, Natalie. "About Death, Just Like Us or Pretty Much Unaware?" New York Times, September 1, 2008. http://www.nytimes.com/2008/09/02/science/02angi.html.

——. "Save a Whale, Save a Soul, Goes the Cry." New York Times, June 27, 2010. http://www.nytimes.com/2010/06/27/weekinreview/27angier.html?_r=1&ref=intelligence.

Animal Studies Group. Killing Animals. Champaign: University of Illinois Press, 2006.

Balcombe, Jonathan. "Animal Pleasure and Its Moral Significance." Applied Animal Behaviour Science 118 (2009): 208–16.

——. The Exultant Ark: A Pictorial Tour of Animal Pleasure. Berkeley: University of California Press, 2011.

——. Pleasurable Kingdom: Animals and the Nature of Feeling Good. New York: Macmillan,

ジェシカ・ピアス　Jessica Pierce

生命倫理学者。Unleashing your Dog : A Field Guide to Giving Your Canine Companion the Best Life Possible（未邦訳、2019）、The Animal's Agenda（未邦訳、2017）、Run, Spot, Run : The Ethics of Keeping Pets（未邦訳、2017）など、すでに10冊の本を出版。『ニューヨーク・タイムズ』、『ウォール・ストリート・ジャーナル』、『ガーディアン』、『サイコロジー・トゥデイ』にも定期的にエッセイを寄稿している。

栗山圭世子　くりやま・かよこ

神奈川県生まれ。出版社勤務や通訳案内業などを経て、文芸翻訳者になる。訳書には『こだわらない人はどうまくいく』（ヒカルランド）がある。

ラストウォーク

愛犬オディー最後の一年

2019年3月5日　第1版第1刷発行

著　者　　ジェシカ・ピアス

訳　者　　栗山圭世子

発行者　　株式会社 新泉社
東京都文京区本郷2-5-12
電話　03(3815)1662
FAX　03(3815)1422

印刷・製本　創栄図書印刷 株式会社

ISBN978-4-7877-1905-8 C0012